JN202332

太平洋戦争大全

［海空戦編］

平塚柾緒［編］
太平洋戦争研究会［著］

ビジネス社

はじめに

アメリカの対日経済制裁と日本軍部の反発

英米政府はもちろん、期待を寄せるドイツのヒトラー総統の真意も見抜けず開戦に向けて猪突猛進した日本の陸軍。それを阻止できなかった海軍には勝利への自信があったのだろうか――

三国同盟締結問題で大揺れの日本政府

極東の日本が日中戦争の泥沼にはまりつつある一九三七年（昭和十二）末、ヨーロッパではヒトラー率いるナチス・ドイツが、ベルサイユ体制の打破をめざして近隣諸国への侵略準備を進めていた。

第一次世界大戦で敗れたドイツは連合国とベルサイユで講和条約を結び、領土の分割、賠償、軍備の制限など厳しい〝再起の防止〟を科せられていた。このヨーロッパの国際秩序をベルサイユ体制と呼んでいたのだが、政権を獲得したヒトラーは講和条約などは無視して軍備の大拡張と勢力圏の再拡大を画策していた。

その手始めとなったのが、同じドイツ民族であるオーストリアの併合（一九三八年三月十三日）で、続いてチェコスロバキアのズデーテン地方のドイツへの割譲（三八年九月三十日）、さらにはチェコスロバキアそのものをチェコとスロバキアに分離独立させ、それぞれを保護国にした（三九年三月）。

それまでドイツに宥和的（ゆうわてき）な政策を進めてきたイギリスやフランスの目に、ドイツの次のターゲットがポーランドであるのは明白だった。イギリスのチェンバレン首相は下院で「ポーランドの独立が脅かされたときは最大限の援助をする」と演説し、ただちに徴兵制を実施して軍備の強化に入った。

イギリスとの対立が決定的になりつつあったドイツは、日独防共協定（一九三六年十一月二十五日調印）をさらに強固な軍事同盟（日独伊三国同盟）に発展させようと日本にアプローチしてきた。ドイツは日本と軍事同盟を結ぶことによってアジアに多くの植民地を持つイギリスを背後から脅かし、自らが目論むポーランド侵攻への干渉を牽制しようとしたのである。そして一九三八年五月に満州国を承認し、それまで行っていた蔣介石の国民政府に対する武器や軍需品の輸出を禁止した。さらに七月には国民政府軍に派遣していた軍事顧問団を引き揚げるなど、日本に急接近してきた。

このドイツのアプローチに陸軍が飛びついた。近衛文麿内閣は板垣征四郎陸相の提案を受けて、八月二十六日に三国同盟の交渉開始を決定した。ドイツの提案は英仏をも想定敵国に加えた軍事同盟が目的だったが、日本側はソ連だけを敵とする同盟の締結を基本方針とした。参謀本部を中心とする陸軍首脳はドイツ案に賛成だったが、元老・重臣などの宮廷グループと米内光政海相・山本五十六海軍次官ら海軍首脳は、対象はソ連に限るべきであると強硬に主張したからである。英仏を相手にすることは、その同盟国であるアメリカをも敵に回すことになるからだった。

だが、英仏を対象にすることが目的のドイツにとって、ソ連だけを相手にしようという日本案では意味がなく、交渉は進展しなかった。ドイツと同盟を結ぶことで中国を援助している英米を牽制できると期待している陸軍は、同盟の不成立を恐れ、ドイツ案の受け入れを迫った。しかし米内海相と有田八郎外相、それに池田成彬蔵相らは反対の姿勢を崩さず、近衛は閣内不統一で内閣を投げ出し、一九三九年（昭和十四）一月四日、総辞職した。

後継の首相には、保守色の濃い枢密院議長の平沼騏一郎が選ばれた。この平沼内閣が成立した翌日の一月六日、ドイツ外相リッベントロップは日独伊による三国同盟締結を改めて提案してきた。しかし、海軍をはじめ平沼内閣に留任した有田外相と板垣陸相の対立は

ポーランドに侵攻するドイツの機械化部隊。このドイツ軍侵攻で第２次世界大戦の幕が開いた。

解けず、日本の三国同盟締結問題は再び暗礁に乗り上げてしまった。

日本の南進策を決定づけた第二次世界大戦の勃発

三国同盟問題で右往左往する一方で、日本は一九三九年二月中旬に中国の海南島を占領した。南方進出の拠点にすると同時に、仏印（フランス領インドシナ＝現在のベトナム・カンボジア・ラオス）・ビルマ（現ミャンマー）の援蔣ルート遮断の航空基地を造るためである。そして翌三月三十日には、南シナ海に浮かぶ珊瑚礁の新南群島（中国は「南沙群島」、フランスは「スプラトリー礁島」と呼んだ）の領有を宣言した。こうした日本の南方進出によって、直接脅威を受けることになった植民地の宗主国である英・仏・米・蘭は抗議をしてきた。

さらに日本の北支那方面軍が、この年の六月十四日に天津のイギリス租界を封鎖するという事件を起こした。封鎖の理由は、イギリス租界で親日派の中国人が殺されたことを口実にしたのだが、事は英米の反発をまねいた。ことにアメリカは日本の相次ぐ侵出策を危険視し、対日態度を一挙に硬化させて、七月二十六日に日米通商航海条約の廃棄を通告してきた（失効は六カ月後の一九四〇年一月）。これで英仏の権益に対する圧力が、アメリカの反発を招くことが明確になったのである。

　日米開戦前の日本は、主要資源輸入の過半をアメリカに頼っていた。たとえば鉄類は約五〇パーセント、機械および同部分品は五三パーセント強、そして石油にいたっては七五パーセントをアメリカに頼っていたのだ。もしアメリカと戦争状態になり、これら重要資源の輸出を止められでもしたら日本の産業は崩壊してしまう。なによりも石油が禁輸されたら、日本海軍の最大、そして唯一の兵器である軍艦は走れず、飛行機は飛ぶことができなくなる。島国日本は戦（いくさ）ができない。海軍首脳が英仏を敵にする独伊との軍事同盟に反対するのは当然なのである。

　しかし日本の軍部、ことに陸軍のイギリスに対する強硬路線は変わらなかった。一九三九年八月には香港（イギリスの植民地）の対岸の深圳（しんせん）一帯を占領し、援蔣物資の香港ルートを遮断するなどしたが、アメリカは先の通商航海条約廃棄通告以上の具体的制裁は行ってこなかった。

　こうした情勢下の一九三九年八月二十三日、ドイツとソ連は突然「独ソ不可侵条約」を結んだ。これにはドイツとの軍事同盟締結を声高に主張してきた日本陸軍もびっくり仰天、平沼内閣は三国同盟交渉打ち切りを決定すると同時に、「欧州の天地は、複雑怪奇」なる声明を残して八月二十八日に総辞職した。

　ところが、独ソ不可侵条約締結の報で意気消沈していた日本の陸軍を元気づける大事件が起きた。平沼内閣に代わって阿部信行（あべのぶゆき）内閣が登場した直後の一九三九年九月一日、ドイツが突然ポーランドに侵攻して第二次世界大戦が始まったのだ。そして一九四〇年（昭和十五）に入るや、ドイツ軍の快進撃はとどまるところ知らずで、英仏軍は地滑り的惨敗を繰り返していた。イギリス軍はダンケルクから蹴落とされ、フランスは

ドイツのベルリンで行われた日独伊３国同盟の調印式。左からチアノ伊外相、リッベントロップ独外相、来栖三郎駐独日本大使。

降服した。日本軍の中枢部には、ドイツ軍の勝利は確実なものに映ってきた。

ドイツの快勝は、アジアにおける植民帝国イギリス・フランス・オランダの権威と勢力を失墜させた。

「バスに乗り遅れるな！」

日本の陸軍を中心に南進論が勢いを増した。南進論とは石油やゴム、鉱物資源など戦略物資の宝庫である東南アジアを攻略して、資源の米英依存から脱却すると同時に、欧米植民国家に代わって日本が盟主となる「大東亜共栄圏」を建設するというものである。言ってみれば、まもなく始まる太平洋戦争（日本の呼称は「大東亜戦争」）は、「こうした情勢を背景にした日・英・米帝国主義列強間の東南アジア植民地の再編成をめぐる角逐であった」（『太平洋戦争全史』池田清編、河出文庫）

しかし南進策を推し進めるには、阿部内閣に代わった現状維持派の米内光政内閣を倒さなければ実現できない。陸軍や近衛文麿を担いで翼賛政党を作ろうとする聖戦貫徹議員連盟などは、米内内閣を「英米追従」

1941年7月28日、日本軍は南部仏印に進駐した。写真はサイゴン（現ベトナムのホーチミン市）を走る日本の銀輪部隊。

とののしり、軍部大臣現役武官制を悪用して倒閣に出た。すなわち畑俊六陸相を辞任させ、後任を出さなかったため米内内閣は総辞職せざるを得なくなったのである。

こうして七月二十二日に発足した第二次近衛内閣は、その南進論を遂行するための「世界情勢ノ推移ニ伴フ時局処理要綱」を決めた。この政策こそが、以後の日本の針路を決定づけた。その第四項にはこうある。

「武力行使に当りては、戦争相手を極力英国のみに局限するに努む。但し此の場合に於いても、対米開戦は之を避け得ざることあるべきを以て之が準備に遺憾なきを期す」

対米戦争はなるべく避けたいが、準備だけはしておくというのだ。

そして一九四〇年九月二十三日、日本軍は「援蔣ルートを遮断する」ために中国側から国境を越えて仏印になだれ込んだ。いわゆる北部仏印進駐で、南進の第一歩である。そして四日後の九月二十七日に、近衛内閣は日独伊三国同盟に調印した。

この北部仏印進駐と三国同盟締結によってヨーロッパの戦争と日中戦争が連動し、米英の対日姿勢を決定的に硬化させた。イギリスは中止していたビルマからの援蔣ルートを再開し、アメリカは石油と屑鉄の対日輸出を許可制にし、航空機用ガソリンの輸出を禁止してきた。さらに将来の参戦を前提に軍備の大拡張に乗り出した。対日全面禁輸に踏みきらなかったのは、軍備が整うまでの時間稼ぎにすぎなかったのである。

日本軍には米英に勝つ自信があったのか

　アメリカの対日輸出制限は、日本の戦争経済にボディー・ブローのように効いてきた。日本政府はなんとか局面を打開しようと、一九四一年（昭和十六）四月十六日からワシントンで野村吉三郎大使とハル国務長官との間で日米交渉を開始した。しかし双方に妥協する姿勢は見られず、デッドロック状態になっていた。ことにアメリカには戦争を回避しようという積極性は見えず、前記したように戦争準備の時間稼ぎ的姿勢に終始した。そうした七月二十八日、日本政府はフランスのヴィシー政権に日本軍の南部仏印進駐を迫り、実行した。東南アジア侵攻の前進基地確保のためである。

　アメリカの反応は早かった。七月二十五日に日本の在米資産を凍結するや、八月一日には石油の対日全面禁輸を実施してきた。イギリスもただちに在英日本資産を凍結し、通商航海条約の破棄を通告してきた。蘭印（オランダ領東インド）やオーストラリア、ニュージーランドも同調した。

　九月六日、日本政府は御前会議で「帝国国策遂行要領」を採択した。その要領によれば、十月下旬を目標に戦争の準備をし、十月下旬になっても日米交渉がまとまらなければ、「自存自衛」のために開戦を決意するというものだった。だが、近衛首相には対米戦に勝てるという自信が持てなかった。結局、近衛は「戦争に私は自信がない。自信のある人にやってもらわねばならぬ」と言って十月十六日に総辞職してしまった。

　十月十八日、陸軍大臣の東條英機大将を首班とする新内閣がスタートした。そして新内閣は十一月五日の御前会議で、日米交渉が不調に終わった場合は十二月初旬に「武力を発動する」ことを決めたのだった。

　では日本軍には米英に勝てる自信があったのだろうか？「帝国国策遂行要領」を決めた御前会議の前日（九月五日）、開戦に不安を持つ昭和天皇は、作戦を統率する最高責任者である陸軍の杉山元参謀総長と海軍の永野修身軍令部総長を呼び、勝算をただしている。『近衛手記』や『大本営機密戦争日誌』などによれば、その中で天皇は杉山総長にこう聞かれた。

「日米事起こらば、陸軍としては幾許の期間に片付ける確信ありや」

　杉山総長は答えた。

「南方作戦だけは五カ月くらいにて片付けるつもりであります」

　すると天皇は聞いた。

「汝は支那事変勃発当時の陸相なり。そのとき『事変は一カ月くらいで片付く』と申せしことを記憶す。しかるに四カ年の長きにわたり未だ片付かんではないか」

　杉山総長は恐懼しながらも「支那は奥地が開けており、予定どおり作戦ができなかった」などと、くどくど弁明をした。すると「陛下は励声（大声）一番、総長に対せられ」たという。

「支那の奥地が広いというなら、太平洋はなお広いではないか。いかなる確信があって五カ月と申すか」

　杉山総長に対する昭和天皇の不信感は強かったようで、最後に大声でこう聞いている。

「絶対に勝てるか」

「絶対とは申しかねます。しかし勝てる算のあることだけは申し上げられます。必ず勝つとは申し上げかねます」

　すると天皇は「ああ分かった」と大声を発したという。

　海軍はどうだったのだろうか――開戦二カ月前の一九四一年（昭和十六）十月七日、及川古志郎海相は東條陸相との会談で言っている。

東條　戦争の勝利の自信はどうか？

及川　それはない。緒戦には自信があるが二年目、三年目となると果たしてどうなるか、いま研究中である。ただし、この場かぎりにしてくれ――

連合艦隊司令長官の山本五十六大将は、三国同盟が締結された一九四〇年九月当時、すでに近衛首相に日米戦争になった場合の勝算を開かれたとき、有名な答えをしている。

「それは是非やれと言われれば、初め半年から一年の間はずいぶん暴れてご覧に入れる。しかしながら二年、三年となればまったく確信は持てぬ。三国条約ができたのは致し方ないが、かくなりし上は日米戦争を回避するよう極力ご努力願いたい」

及川と山本が「二年、三年となれば無理」と言った背景には、日米の石油備蓄量があった。開戦時の日本の石油備蓄量は四二七〇万バレルで、約二年間の消費量と推定されていた。実際の消費量は開戦一年目の一九四二年(昭和十七)が二五五五万バレル、二年目の四三年が二八一一万バレル、合計五三六六万バレルに達し、この間に輸入された石油は二三八八万バレルだった。開戦時の備蓄は、山本が予言したように約一年半で消費されたのである。石油がなければ、海軍は一歩も動けない。

そして山本長官は、いよいよ開戦かという一九四一年九月二十九日、永野軍令部総長との会談でも言っている。

「戦争は長期戦となり、艦船兵器が補充困難となるばかりでなく、国民生活も窮乏し、内地はともかく朝鮮、台湾、(当時はともに日本領)には反乱が起こるおそれがあり、このような成算の少ない戦争はしてはならない」

要するに、海軍は軍令部総長、海軍大臣、そして連合艦隊司令長官というトップの三人が三人ともアメリカと戦争しても勝てないと判断していたのである。だが海軍首脳は、公式の場ではついに「戦争反対」を口にせず、身を挺した戦争阻止行動はとらなかった。

対米戦争の主役は海軍である。その海軍が「断乎反対」を貫けば、いかに傲慢(ごうまん)な陸軍といえども開戦には踏み切れなかったにちがいない。戦後、海軍関係者は、もし開戦に反対すればクーデターや内乱が起きて、強硬派の軍事政権ができて、結局、戦争に突入したであろうと自己弁護に躍起になった。

第3部　ガダルカナルの戦い

第4部　開始された米艦隊の大反攻

第5部　連合艦隊の最期

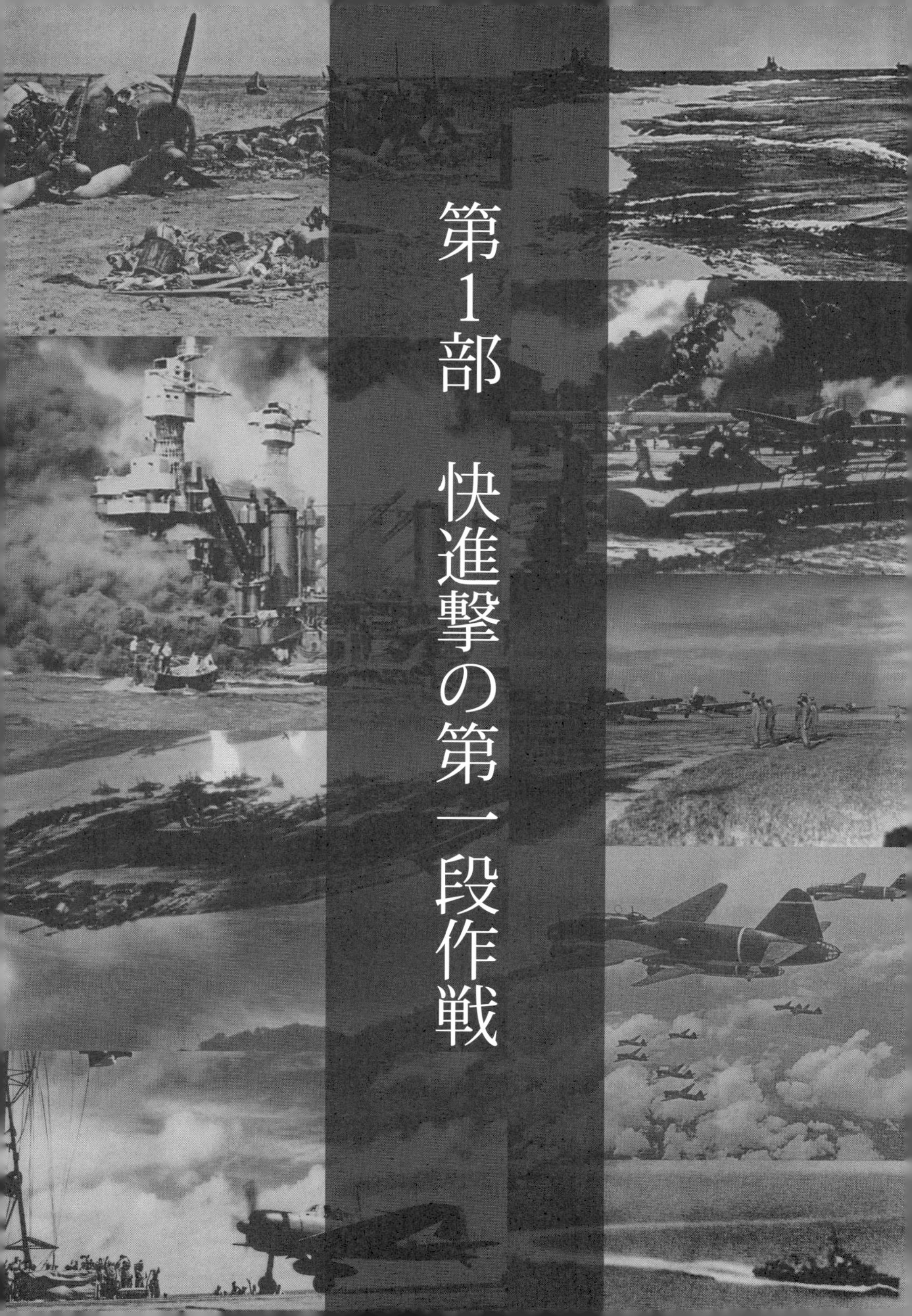

第1部　快進撃の第一段作戦

〈概説〉

開戦初期の日本軍快進撃を支えた空海のベテラン隊員たち

太平洋戦争開戦前の日本海軍の作戦構想

対米戦争＝太平洋戦争の火蓋(ひぶた)は真珠湾攻撃によって切られたが（実際には日本陸軍のマレー半島上陸が約一時間早い）、実は開戦の一年ほど前までは、日本海軍に真珠湾攻撃を実施する計画はなかった。

日本海軍は日露戦争の直後からアメリカを仮想敵国としてきたが、米艦隊とどのように戦うかについては日本海海戦の延長、すなわちロシア本国から出撃してきたバルチック艦隊を対馬海峡で迎え撃ったように、米本土から出撃する米艦隊を日本近海で待ち構える邀(よう)撃(げき)作戦を基本としてきた。その後の第一次世界大戦や、ワシントン及びロンドン海軍軍縮条約が締結された後も、米艦隊を日本近海で邀撃するという方針には変わりがなかった。

ただし、ワシントン海軍軍縮条約で戦艦の保有量（排水量）をアメリカの六割、ロンドン軍縮条約では巡洋艦以下の補助艦の保有量を七割弱とされたので、作戦構想がひと工夫された。それは戦艦同士の決戦が行われる前に、航空機や潜水艦などによってできる限り米戦艦の数を減らしておいて決戦を挑む漸減(ぜんげん)邀撃作戦となったのである。決戦海面も最初は日本近海に置いていたが、小笠原諸島、マーシャル諸島方面へと延長していった。

こうした日本海軍の伝統的な作戦に異議を唱えたのが、開戦時の連合艦隊司令長官山本五十六大将であった。

山本大将は海軍航空隊の一大教育センターとなっていた霞ケ浦航空隊の副長、海軍航空本部長、海軍次官などを歴任し、海軍航空隊の育成に力を注いできた。そのため「海軍航空育ての親」と紹介される場合も多い。また、在米日本大使館の駐在武官や軍縮会議の日本代表なども務めており、国際的視野の広い人物としても知られていた。

山本大将は常々、日本に都合の良い観点から作成された漸減邀撃作戦に疑問を抱いていた。そして、自身が海軍航空隊を鍛え上げた自負から、飛行機の発達した今日では艦隊決戦は起こりえないと考えていた。しかも、米軍の進攻を迎え撃つ守勢の状況では戦闘の主導権を敵手に委ねなければならず、邀撃するポイントが日本に近くなればなるほど、米空母による日本本土空襲の危険を招きかねない。そしてなにより、今まで行われた図上演習で、日本海軍は戦争の勝敗を決するような大勝利を艦隊決戦で収めていないではないか、というのである。

一九四一年（昭和十六）一月初め、山本大将は当時の海軍大臣及川古志郎大将に対して、私信の形で真珠湾攻撃の構想を披露している。積極的に連合艦隊が攻勢に出て、米軍に反撃するいとまを与えずに勝ち続け、その抗戦意欲を失わせる。そのための格好の目標が、米太平洋艦隊が蝟集するハワイの真珠湾であった。

同年四月には空母「赤城」「加賀」「蒼龍」「飛龍」（のちに「翔鶴」「瑞鶴」が加わる）を中心とした第一航空艦隊が誕生した。山本大将はこの部隊をもって真珠湾攻撃を実施しようとした。

しかし、山本大将の構想に海軍作戦の全てを掌握する軍令部が待ったをかけてきた。開戦劈頭に空母の全力を投入する作戦は危険が大きすぎ、南方の資源地帯を占領するために空母は必要だからというのである。連合艦隊司令部と軍令部との間で激しいやりとりが展開された。そして「この作戦が認められなければ連合艦隊司令長官の職を辞したい」と迫る山本大将に圧され、軍令部も認めざるを得なくなったのだった。

真珠湾攻撃に使用された空母部隊の搭乗員は、一九三七年（昭和十二）から始まった日中戦争で鍛え上げられており、山本大将の期待に見事に応え、米太平洋艦隊の戦艦群を開戦初日に作戦不能にした。

一方、南方攻略作戦で活躍したのが、基地航空部隊と駆逐艦を中心に構成される水雷戦隊である。機動部隊と同様、日中戦争で鍛えられたベテラン搭乗員から成る基地航空部隊は連合軍航空部隊の撃滅に威力を発揮、たちまち制空権を奪った。また、水雷戦隊は漸減邀撃作戦の構想下で三〇数年にわたって鍛練されていた部隊であり、連合軍艦隊をあっという間に蹴散らした。日本海軍の航空機搭乗員や水上艦艇乗組員の実力は、太平洋戦争開戦時にピークに達していたのである。

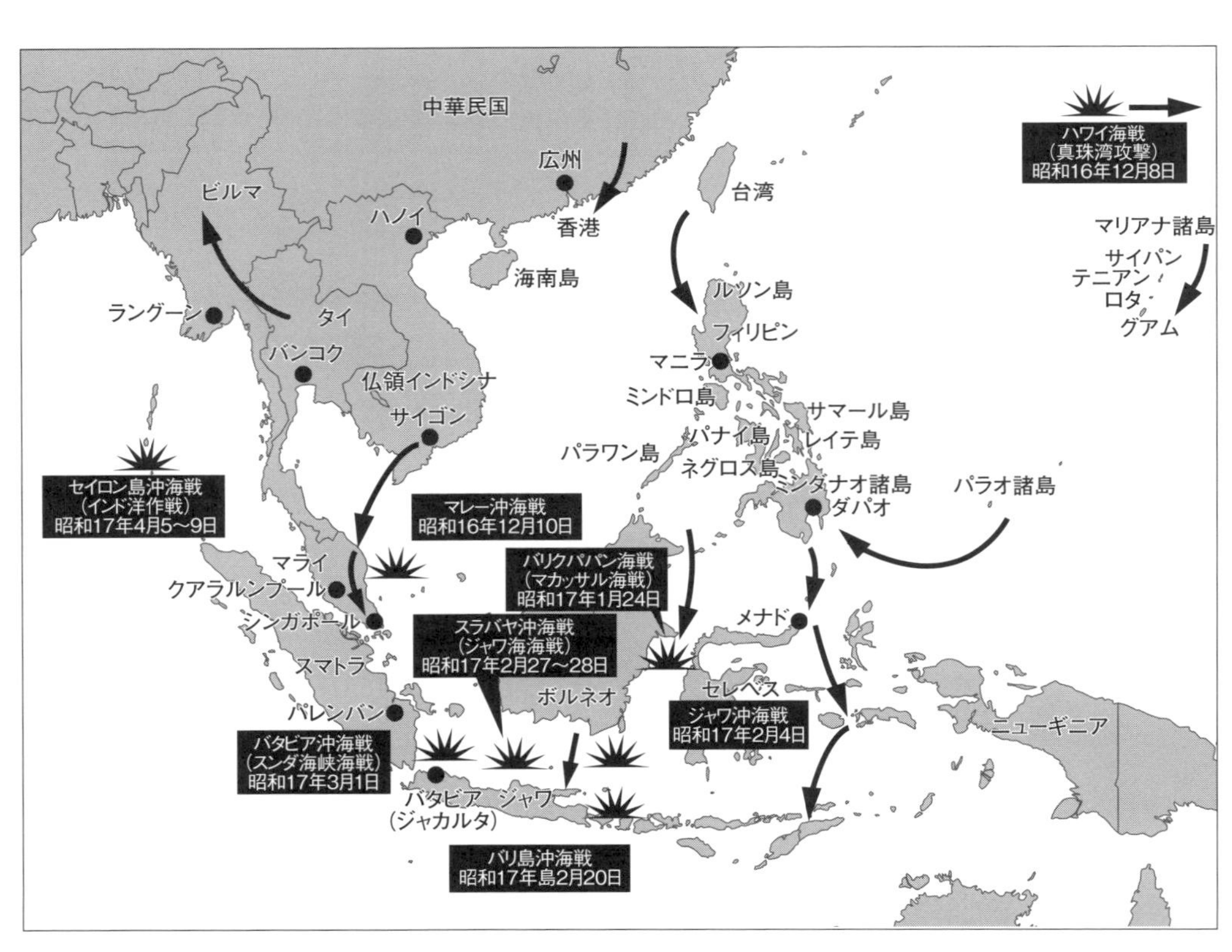

真珠湾攻撃

空前の規模で決行された史上初の航空作戦

一九四一年十二月八日

脅しで決まった山本長官の真珠湾攻撃作戦

　真珠湾の米太平洋艦隊を奇襲攻撃した第一航空艦隊（一航艦・南雲機動部隊）によるハワイ作戦は、日米開戦を華々しく彩っただけではなく、その意外性、作戦内容ともに世界の海戦史上かつてない大事件であった。その最大の理由は、海軍力の象徴とも代名詞ともいえる戦艦群を、豆粒のような飛行機があっという間に葬り去ったことにある。

　それまで誰一人として実行したことがない航空母艦＝空母主体の航空艦隊を編成し、艦上戦闘機、艦上爆撃機（急降下爆撃機）、艦上攻撃機（水平爆撃機・雷撃機）の三機種が、一人の現場指揮官の下に連携して敵艦に集中攻撃を仕掛けるという作戦は、海戦思想の革命であった。その海戦のプランナーであり、実行責任者が連合艦隊司令長官・山本五十六海軍大将であった。

　山本長官が、日米が戦う場合、まず飛行機で真珠湾の艦艇群を襲撃しようと考え始めたのがいつのころかは分からない。しかし開戦と同時に日本海軍の主力空母を全艦出動させ、ハワイ真珠湾の米艦艇を叩くという山本の作戦案は猛烈な反対に遭った。海軍作戦の決定機関である軍令部をはじめ、作戦実施部隊である機動部隊司令長官の南雲忠一中将と参謀長の草鹿龍之介少将も反対だった。

　その最大の理由は、「このような一か八かの投機的な奇襲攻撃は取り止めるべきだ」というのが一致した意見だった。しかし山本の決意は変わらなかった。山本は「もしこの作戦が認められなければ連合艦隊司令長官を辞める」とまで言いきった。脅しである。

対米英蘭と開戦した場合、陸軍は南方の資源獲得のため、まずマレー半島上陸をはじめとする南方作戦を行うことを決めていた。山本の真珠湾攻撃の狙いは、開戦冒頭に敵艦隊主力を葬り去って陸軍の南方作戦の妨害を排除し、石油をはじめとする資源をスムーズに獲得できるようにすること。もう一つは、早期に米艦隊を壊滅することで米国民に厭戦気分を抱かせ、早期講和に持ち込むことにあった。

日米開戦を目前にした今、山本に辞められたら困る。結局、軍令部総長の永野修身大将が「山本長官がそれほどまでに自信があるというならば」と妥協し、真珠湾攻撃は正式な海軍作戦として採用されたのである。日米開戦五十日前の一九四一年（昭和十六）十月十九日のことだった。

真珠湾攻撃日本軍編成表

第１航空艦隊
司令長官：南雲忠一中将
参謀長：草鹿龍之介少将
第１航空戦隊司令官：南雲忠一中将
空母・赤城、加賀
第２航空戦隊司令官：山口多聞少将
空母・蒼龍、飛龍
第５航空戦隊司令官：原忠一少将
空母・瑞鶴、翔鶴

支援隊
第３戦隊司令官：三川軍一中将
戦艦・比叡、霧島
第８戦隊司令官：阿部弘毅少将
重巡・利根、筑摩

警戒隊　司令官：大森仙太郎少将
軽巡・阿武隈
第17駆逐隊＝谷風、浦風、浜風、磯風
第18駆逐隊＝不知火、霞、霰、陽炎
付属・秋雲

哨戒隊　司令：今泉喜次郎大佐
伊19潜、伊21潜、伊23潜

補給隊
第１補給隊＝極東丸、健洋丸、国洋丸、神国丸
第２補給隊＝東邦丸、東栄丸、日本丸

単冠湾に集結した南雲機動部隊出撃

永野軍令部総長が山本の真珠湾攻撃作戦を認めた前日の十月十八日、近衛文麿内閣に代わって東條英機陸軍大将を首班とする新内閣が発足した。多くの政治家や軍人は、これで日米開戦は必至であると覚悟した。

真珠湾に向かって航行中の南雲機動部隊。左から戦艦「比叡」「霧島」、空母「翔鶴」。

すでにこのとき、機動部隊（一航艦）の搭乗員たちは艦爆、水平、雷撃、制空の機種別に分かれ、九州の各基地で攻撃訓練に励んでいた。この各航空隊を指導統制する「艦隊司令部幕僚事務補佐」に任命されたのが、淵田美津雄（ふちだみつお）中佐であった。すなわち、戦闘においても訓練においても淵田中佐が実質上の飛行機隊総指揮官になったのである。

隊員たちは淵田中佐を総隊長と呼び、日向灘での空母発着訓練、洋上航法通信訓練、そして標的艦「摂津」を目標にした停泊艦に対する単機あるいは編隊による水平爆撃、雷撃訓練など、午前・午後・夜間と昼夜を分かたぬ反復訓練を続けた。

そのうちに鹿児島の錦江湾で応用訓練として停泊艦を目標に雷撃訓練をやるという。もちろん訓練は水深の浅い真珠湾を想定したものだったのだが、このときはまだ一般隊員には真珠湾攻撃作戦は明かされていなかったから、隊員たちは「動かない艦など命中するに決まっているのに……」と誰しもが思った。だが、目標は陸岸から五〇〇メートル、水深一二メートルで陸地から接敵すると言われ、驚いた。できるはずがないからだ。

　空母「赤城」の最年少操縦員として真珠湾攻撃に参加した雷撃隊の後藤仁一中尉（のち少佐）は回想している。

「当時の雷撃法は、洋上で高速自由回避する大艦を目標とし、発射高度は艦攻で五〇～一五〇メートル、発射距離は目標から一〇〇〇メートル付近であった。発射された魚雷は、海中に入ると一度、約六〇メートルの深さ（沈度）まで沈んでから浮き上がり、調定深度を保って自力で駛走する。沈度一二メートルなど夢ではないか。

　また、爆弾と異なり精密な機械で自走する魚雷には、数段階の安全解除があり、最後の爆発尖解除までには五〇〇メートル近い雷道が必要と聞いていた。陸岸から五〇〇メートルの目標では、発射が一瞬遅れたら命中しても爆発しない……」（『別冊歴史読本』所載「極秘裡に行われた攻撃訓練」）

　錦江湾での訓練が始まった。そして村田重治少佐を隊長とする雷撃隊の訓練は十一月上旬まで続けられ、その技倆は飛躍的に向上した。しかし万全ではない。それは投下直後に魚雷が深く潜り過ぎるのである。この魚雷の沈下問題を解決したのが、航空本部技術部部員兼艦政本部二部部員の愛甲文雄少佐（のち大佐）と、水雷の専門家である横須賀航空隊教官の片岡政市少佐だった。

　二人は魚雷の回転を防ぐ安定装置や、雷道を一定に保つ「框板」と呼ばれる装置などを開発して浅海面魚雷の開発にも取り組んだ。その結果、発射高度三〇メートル、発射機速一五〇ノット以上の場合は魚雷の沈度は一二メートル以内で、一〇〇パーセントの成績を上げた。実験成績の報告を受けた軍令部では、この浅海面魚雷一〇〇本の製造と整備を要求し、十一月十五日までに完納せよと要求した。この実験と訓練の報告を聞いた源田実中佐（一航艦航空参謀）は、これで真珠湾攻撃は半ば成功したと思った。

　一九四一年十一月五日、日本政府は御前会議で「帝国国策遂行要領」を再決定し、永野軍令部総長は山本連合艦隊司令長官に対し作戦命令（出撃命令）を下した。訓練に励んでいた各飛行隊は急遽、母艦へ収容され、各艦は秘密集結地の択捉島の単冠湾に向かって密かに出航していった。

攻撃に参加する全艦船が単冠湾に集結した十一月二十四日、飛行機搭乗員に初めて真珠湾攻撃の企図が知らされた。そして十一月二十六日の早朝六時、機動部隊は一斉に錨を揚げ、一路ハワイを目指したのだった。

「トラ・トラ・トラ」われ奇襲に成功せり

北の海は暗雲がたれこめ、海上は荒れ狂っていた。南雲司令長官と草鹿参謀長は旗艦「赤城」の司令塔に並んでいた。草鹿の回想記『連合艦隊の栄光と終焉』は、こんなシーンを綴っている。

——「参謀長、君はどう思うかね、僕はエライことをひき受けてしまった。僕がもうすこし気を強くしてきっぱり断ればよかったと思うが、一体出るには出たがうまくいくかしら」

と、南雲長官が私に小声でいわれる。作戦担当の最

真珠湾を目指して、空母「瑞鶴」を飛び立つ零戦。

高指揮官としての心配はまた格別であったろう。このへんが参謀長と長官のちがいでもあろう。

「だいじょうぶですよ、かならずうまくいきますよ」

「君は楽天家だね。うらやましいよ」

南雲長官についてはいろいろ批評もある。しかし私にとってはよい上司の一人であったと思う――

単冠湾を出て八日目の十二月四日午前五時、機動部隊は針路を一四五度にとり、艦首を南に向けた。

十二月七日午前七時、機動部隊はさらに針路を真南にとって二四ノットの高速で突撃態勢に入った。オアフ島の北約七五〇浬（かいり）（一浬は約一八五二メートル）である。このとき南雲司令長官が乗る旗艦の空母「赤城」のマストにＤＧ信号旗がひるがえった。日露戦争の日本海海戦で、東郷平八郎司令長官が旗艦「三笠」に掲げたＺ旗「皇国の興廃この一戦にあり、各員一層奮励努力せよ」と同じ意味の信号旗であった。

十二月八日午前零時四十分、第一次攻撃隊員はそれぞれの母艦甲板に整列し、攻撃命令を受け、「総飛行機発動」で一斉にプロペラが唸（うな）りを上げ始めた。

午前一時三十分、機動部隊はオアフ島の北一九〇浬で艦首を風上に向け、攻撃機の発艦を開始した。ハワイはすでに夜明けで、十二月七日午前六時を指している（以後はハワイ時間）。

あたりは東北東の風が風速一三メートルを記録し、空母の飛行甲板は激しいうねりで上下動を繰り返していた。しかし旗艦「赤城」をはじめとする「加賀」「蒼龍」「飛龍」「翔鶴」「瑞鶴」の六隻の空母を発艦する第一次攻撃隊一八三機の戦闘機、急降下爆撃機、雷撃機、水平爆撃機はわずか十五分で発艦作業を終え、編隊を整えた。そして六時十五分、艦隊上空を一周すると、一路、真珠湾を目指して消えていった。

午前七時半過ぎ、淵田美津雄中佐を総指揮官とする水平爆撃隊四九機、雷撃隊四〇機、急降下爆撃隊五一機、制空隊（戦闘機・零戦）四三機から成る第一次攻撃隊の搭乗員たちはオアフ島の北端に達していた。

視界は良好で、雲の切れ目から白い波に洗われる海岸線が目に入る。方向探知機からはホノルルのラジオ放送の音楽が流れ、やがて気象放送が流れた。天気は半晴で北の風、風力は五メートルという。攻撃には絶好の気象である。舞い上がる敵の迎撃機の姿はない。奇襲は完全に成功だ。

午前七時四十九分、淵田中佐は「全軍突撃せよ」という暗号電のト連送を全機に発信、続いて五十二分に、南雲忠一機動部隊指揮官に対して「トラ・トラ・トラ」を連送した。「われ奇襲に成功せり」である。

攻撃隊は一斉に展開、それぞれの目標に向かって上空を駆け降りた。そして午前七時五十五分、高橋赫一少佐（「翔鶴」飛行隊長）指揮の急降下爆撃隊の一隊がヒッカム、フォード両飛行場に二五〇キロ爆弾を投下、同時に坂本明大尉（「瑞鶴」飛行分隊長）指揮の一隊もホイラー飛行場に急降下爆撃を加え、ここに攻撃の火蓋が切られたのである。

もうもうたる黒煙が噴き上げる中、村田重治少佐（「赤城」飛行隊長）に率いられた雷撃隊はフォード島の戦艦泊地に停泊している巨艦に突っ込み、続いて淵田中佐が率いる水平爆撃隊も高度三〇〇〇メートルから八〇〇キロの徹甲爆弾を戦艦群に向かって投下した。

日本軍の第一弾がオアフ島の米軍飛行場に投下されたとき、ハズバンド・E・キンメル大将（アメリカ太平洋艦隊司令長官）は、官舎を出てフォード島対岸の潜水艦基地内にある艦隊司令部に急いでいた。当直幕僚から「真珠湾口外で駆逐艦『ウォード』が国籍不明の小型潜水艦を撃沈」したという電話報告を受けたからだった。だが、司令部に着く前に彼は、彼の艦隊が黒煙と炎に包まれるのを目撃しなければならなかった。

陸軍のヒッカム飛行場では、高橋少佐の急降下爆撃

米太平洋艦隊真珠湾在泊艦艇

（×は撃沈、△は損傷を示す）

米太平洋艦隊司令長官：ハズバンド・E・キンメル大将

戦艦・×オクラホマ、×カリフォルニア、×ウェストバージニア、×アリゾナ、△テネシー、△メリーランド、△ペンシルバニア、△ネバダ

重巡・ニューオーリンズ、サンフランシスコ

軽巡・△ヘレナ、△ホノルル、△ローリー、セントルイス、フェニックス、デトロイト

駆逐艦・△カッシン、△ショー、△ダウンズ、ほか27隻

その他・×ユタ（標的艦）、×オクララ（敷設艦）、△ベスタル（工作艦）、△カーチス（水上機母艦）など49隻

奇襲攻撃成功！　真珠湾に浮かぶフォード島の米軍戦艦泊地を攻撃する日本の攻撃機。

隊が格納庫をめがけて一機、また一機と舞い降りてくるのを二人の整備兵が見上げていた。そして「ほら、また空中サーカスが始まるぞ」と冗談を言い合った直後、二人は先頭の見なれない飛行機から何かが落ちるのを見た。一瞬、車輪かなと思った。

「あ、車輪……。いや違う、ジャップだ！」

胴体に真っ赤な日の丸を付けた飛行機が、こともあろうに次々と爆弾を投下しはじめた……。

第一弾が格納庫で爆発したとき、ジェームズ・モリソン大佐（陸軍航空隊参謀長）は飛行場内の宿舎でヒゲを剃っていた。そして激しい爆発音に飛び上がり、外に飛び出してみると格納庫はもうもうたる黒煙に包まれていた。上空からは日の丸を付けた爆撃機が次々と襲いかかってくる。

大佐はオフィスに飛んで行き、ハワイ陸軍管区司令部に電話をかけた。そして大声で怒鳴った。

「いま飛行場が爆撃されている、ジャップだ！」

受話器を取ったウォルター・フィリップス大佐（管区司令部参謀長）は、日曜日でもあるし、モリソン大佐が酔っ払ってわめいているのだと思った。フィリップス大佐が信用しようとしないのを知ったモリソン大佐は、受話器を窓の外に突き出し、相次ぐ爆発音を実況で聞かせた。

「これでも信用しないか！」

モリソン大佐は再び受話器に怒鳴った。

さらにアメリカのノンフィクション作家ジョン・トーランドは『真珠湾攻撃』（徳岡孝夫訳）の中で、こんな一場面も描いている。

――急降下爆撃機が、つぎつぎにフォード島へ突っ込んでいった。島のすぐそ

日本機の攻撃を受け燃え上がる真珠湾の米太平洋艦隊。左から「ウェストバージニア」と「テネシー」。

ばに停泊していた戦艦アリゾナの上では、陸軍航空隊の演習と勘違いした水兵が、こぶしを振り上げて叫んだ

「バカ野郎、墜落しちまうぞ！」

真珠湾から東へ十キロのワイルペ海軍無電局では、無電士カール・ボイヤーが約三十キロ北東の海兵隊飛行基地が平文のモールス信号を打つのを聞いた。

〈爆撃ト掃射ヲ受ケタ。敵襲ダ〉

〈シッカリセヨ、血迷ウナ〉と、ボイヤーは打ち返した。

〈演習デハナイ。実戦ダ〉

相手は懸命に打電してくる。ボイヤーはその電文を書いた紙を上官のところへ持っていった。上官は、みんなといっしょに窓のところに群がって、はるか下、真珠湾のほうを見ていた。最初は全員が陸軍機の演習と思ったが、やがて対空砲火の白い煙が見え始めた。ボイヤーから電文を受け取った上官の顔は蒼白だった。

「ワシントンに向かって打て！　暗号はいらんぞ」

午前七時五十八分、ボイヤーが打った無電は全世界を震撼させた。

〈パールハーバー空襲ヲ受ケル。コレハ演習デハナイ〉

――

ボイヤーに「コレハ演習デハナイ」と打電させた上官は、ハワイの海軍第二哨戒部隊指揮官パトリック・ベリンジャー少将である。

一方、ベリンジャー少将から急を告げられた現地の最高指揮官キンメル大将は、午前八時、全艦隊に対して「いま真珠湾が空襲されている、全艦艇は直ちに真珠湾を脱出せよ！」と指令を発した。

だが、時すでに遅かった。その三分前の午前七時五十七分、日本の雷撃隊は泊地に繋留された戦艦群に対して魚雷攻撃を開始していた。さらに七分後の八時四分、三〇〇〇メートル上空から水平爆撃隊が八〇〇キロ徹甲弾を落とし始めた。計四九発。そして戦艦の四〇センチ砲弾を改造したこの爆弾は、「アリゾナ」など米戦艦に次々と致命傷を与えていった。

制空にあたる零戦隊は真珠湾上空をなめるように旋回、敵の迎撃機を待っていた。もうもうと黒煙を噴き

あげる米艦の群れから、激しい対空砲火が始まった。四機の米戦闘機も舞い上がってきた。凄まじい空戦が始まった。しかし、零戦隊はまたたく間に四機を撃墜していった。これが米戦闘機との初空戦だった。

上空に敵戦闘機を見なくなった零戦隊は、六群に分かれてヒッカム、ホイラー、バーバスなどの飛行場襲撃を開始した。二〇ミリ機銃が駐機している米軍機に容赦なく撃ち込まれた。奇襲攻撃は完璧に成功したのである。

第一次攻撃隊に帰投が命じられたのは午前八時三十分、戦闘開始から約三〇分が経過したころだった。その第一次攻撃隊と入れ替わるように、第二次攻撃隊がオアフ島に到達した。嶋崎重和少佐を指揮官とする九七式艦攻五四機、九九式艦爆七八機、零戦三五機の計一六七機である。

重慶爆撃の零戦隊長進藤三郎大尉が指揮する零戦隊は、主にカネオヘ飛行場への機銃掃射を行った。若干の米陸軍戦闘機P36、P40が迎撃に舞い上がってきたが、しょせん零戦の敵ではなく、次々と撃墜されていった。ただ、自らのスピードが速過ぎて、追っていたP36の前に出てしまい、撃ち落とされた零戦もあった。

第二次攻撃隊は生き残っている艦艇や飛行場を爆撃、あるいは銃撃し、戦果を拡大していった。そして第二次攻撃隊がオアフ島上空を去ったのは午前十時ごろであった。

日本軍の真珠湾奇襲による米側の損害は、沈没・擱座七隻（うち戦艦五隻）、大破二隻、中小破七隻（うち戦艦三隻）の計一六隻。航空機の喪失は二三一機にのぼった。この中には、のちに零戦のライバルとなるF4Fワイルドキャット九機も含まれていた。F4Fはこの十一月にバーバス飛行場に配備された一一機で

各航空基地における航空機損害（米側判定）

フォード基地	哨戒機27機（空襲前33機）
ヒッカム基地	爆撃機34機（空襲前72機）
ホイラー基地	戦闘機88機（空襲前158機）
バーバス基地	戦闘機・偵察兼爆撃機43機（空襲前43機）
カネオヘ基地	哨戒機33機（空襲前36機）
ベロース基地	偵察機6機（空襲前13機）
	（合計　231機）

〔注〕真珠湾攻撃調査委員報告は飛行機の完全喪失は188機としている。

日本の零戦と急降下爆撃機の攻撃を呆然と眺めるフォード島ヒッカム飛行場の米兵。噴き上がる黒煙は戦艦泊地の艦艇のもの。

あったが、一機も飛び立てずに終わった。日本側の喪失は、艦攻五、艦爆一五、零戦九の計二九機だった。空戦で撃墜された零戦はなかった。

奇襲は成功し、日本軍の完勝といってよかった。しかし、のちに南雲長官は批判される。なぜ第三次攻撃を決行して無傷のドックや重油タンク群を破壊しなかったのかと。これらを破壊しておれば、米艦隊は少なくとも半年間くらいは身動きがとれなかったはずであると。さらにこのときワシントンの野村吉三郎日本大使は、米政府にまだ宣戦布告書を渡しておらず、真珠湾攻撃は「日本の騙し討ち」とののしられ、アメリカ国民の愛国心に火をつけてしまうのである。真珠湾の米艦隊を壊滅して「米国民に厭戦気分を抱かせ、早期講和に持ち込む」という山本長官の夢想も、ここに消し飛んでしまったのである。

フィリピン渡洋爆撃

マッカーサーを震撼させた長距離爆撃

一九四一年十二月八日

世界初の渡洋奇襲攻撃

一九四一年（昭和十六）十二月八日早暁、南雲機動部隊の艦上機隊がハワイ真珠湾を目前にしているころ、台湾南部の高雄と台南基地ではフィリピン初空襲に飛び立つ零戦と陸上攻撃機（九六式陸攻と一式陸攻）が発進を待っていた。

午前四時、台湾からの発進時刻である。高雄基地には第三航空隊（戦闘機隊指揮官横山保大尉）の零戦五四機、台南基地には台南海軍航空隊（戦闘機隊指揮官新郷英城大尉）の零戦三四機が、それぞれ五四機の陸攻隊とともに出撃準備を完了していた。

ところが午前三時過ぎごろから乳白色の霧が飛行場を包みはじめ、愛機の座席に座っても翼端が見えない

台湾の高雄基地からフィリピンのクラーク基地へ攻撃に向かう零戦隊。霧の影響で出撃時刻が大幅に遅れたが、結果的にそれが幸いすることとなった。

イバ飛行場を目指す高雄航空隊の１式陸攻。予想していた戦闘機の迎撃はなかった。

ほどの濃霧である。これでは発進できない。台南海軍航空隊司令だった斎藤正久大佐の回想記によれば「午前四時三十分、ハワイ奇襲成功の入電があった」と言い、指揮官も隊員も、敵も開戦を知ったはずだから先制攻撃をかけてくるかもしれないと、「八日早朝マニラ突入」という奇襲作戦があっけなく崩れ去ったことに歯ぎしりしていた。

そこに「搭乗員は総員、指揮所に集合せよ」との号令が飛んだ。隊員たちは「すわ、出撃か」と思いながら指揮所に駆け込み、中隊ごとに整列した。新郷飛行隊長の訓示と注意だった。隊員の島川正明一等飛行兵の手記によれば、その内容は次のようだった。

「諸君が日夜猛訓練に励んできた成果の如何(いかん)は、本日の出撃によって決まるのである。わが台南海軍航空隊戦闘機隊は、一空、鹿屋空の九六陸攻、ならびに一式陸攻を護衛し、フィリピン空軍を撃滅、制空権を確保することにある。第三航空隊も同時に攻撃に参加するが、絶対に後れをとってはならない。

相手は支那空軍と異なり、大国米空軍である。相当手ごわいものと覚悟せねばならない。わが戦闘機隊の任務は、あくまで陸攻隊の掩護(えんご)であるが、空中における敵戦闘機を一掃し、なんらの抵抗もなくなったことを確認するにいたったならば、ただちに爆撃に漏れた地上の敵機および格納庫等、軍事施設を銃撃せよ。敵地上空における空戦時間は一〇分間。それ以上はいかに敵機がいようとも、戦闘をつづけてはならない。帰投に要する燃料が不足するからである。

戦闘を終えての集合地点は、マニラ北方にあるピナツボ山（富士山によく似た山）の上空四〇〇〇メートル」

そして新郷大尉は「霧が晴れしだい出撃する」と結

日本軍の空爆で破壊されたニコルス飛行場の米軍機。

んだ。(『丸』別冊・太平洋戦争証言シリーズ⑧『戦勝の日々』所載「台南戦闘機隊南方の空を往く」より)

台湾基地の零戦に比島攻撃はできるのか?

濃霧のために奇襲攻撃は無理となり、攻撃は強襲となる。おそらく敵は万全の迎撃態勢で待っているに違いない。しかし、零戦搭乗員の不安材料は、フィリピン上空での空中戦よりも飛行距離にあった。

台湾南部からバシー海峡を越え、マニラ周辺の米軍飛行場までは四五〇浬(かいり)、約八〇〇キロある。洋上飛行だから途中で給油などできない。航続力には自信のある零戦だったが、さすがにこの渡洋爆撃は無理だと思われた。そこで当初は軽空母三隻に零戦隊を乗せ、フィリピン近海まで運んで発艦させるという手筈(てはず)であった。そのため十月から台湾沖で空母「瑞鳳」を使っての発着艦訓練もやってきた。だが、軽空母では積載機数に限りがあり、また無線封鎖の中で、台湾から飛び立つ陸攻隊とうまく合流できるのかといった問題点も指摘されていた。

そこで第一一航空艦隊司令長官の塚原(つかはら)二四三(にしぞう)中将を中心に、航空技術廠(しょう)の専門家も交えて零戦の航続力についての協議が繰り返された。その結果、十月下旬になってエンジンの巡航回転数をセーブすることなどで「台湾~フィリピンの往復飛行は可能だ」という朗報がもたらされたのだ。実験に参加した隊員らは一〇時間以上の連続飛行訓練を繰り返し、燃料消費量を一時間約七〇リットルに抑えたという。従来は一時間約一三〇リットル消費し、六~七時間飛行するのが精一杯だったのだから、指示どおりの巡航回転数で行けば絶対問題ないと太鼓判を押したのである。こうして十月二十五日、零戦隊の台湾発進が正式に決まったのだった。

当時、マニラに司令部を置くマッカーサー大将の米極東軍は、ルソン島の各飛行場に航空兵力の主力を置き、八月以降はさらに兵力増強、整備に努めてきた。そして十二月に入り、フィリピンの米軍基地には戦闘機一七五機(うち陸軍の主力機P40が一〇七機)、爆撃機七四機(うちB17が三五機)が配備されていた。

マレー、フィリピン攻略を目指す日本軍の航空兵力に匹敵する戦力である。

しかし、マッカーサーにはいくつかの判断ミスがあった。ひとつは「戦争が始まるのは、まだ先だ」と考えていたため、充分な警戒態勢をとっていなかったことと、もうひとつはマッカーサーを含め米軍側が日本の零戦の存在と性能を無視していたことである。一九四〇年（昭和十五）九月に零戦は中国戦線に初登場し、その高性能は現地の米軍将校からワシントンにも報告されていた。しかし、米軍首脳部は「そんな戦闘機が日本人に造れるはずはない」と、信じようとしなかったのである。

比島の米空軍を壊滅に追い込む

午前五時、六時、七時……、霧はい

日本軍の空爆で破壊されたマニラのネルソン飛行場のダグラス3型輸送機。

日本軍の攻撃で炎上したニコルス飛行場の郵便物交換所。

っこうに晴れない。すでに真珠湾攻撃から五時間以上が経過している。ところが八時を過ぎたころから霧が薄れはじめた。これならいける！　斎藤司令は「十時発進」を発令し、搭乗員たちは乗機に走った。

午前十時、高雄の第三航空隊の陸攻隊が発進し、台南空の陸攻隊も飛び立った。続いてそれぞれの零戦隊が舞い上がり、約二〇〇機にのぼる戦爆連合の大編隊は爆音を残して南の空に消えていった。攻撃隊の目標はマニラ北方のクラークとイバ、ニコルスなどの米軍飛行場である。新郷大尉の率いる台南空の零戦三四機は、陸攻を護る直掩隊、それに先行して米軍基地に突入する制空隊に分かれて飛行を続けた。そして午後一時過ぎ、フィリピンの山々を眼下におさめた制空隊は、高度を七〇〇〇メートルに上げて戦闘態勢に入った。

午後一時三十五分、目標のクラーク基地上空に到達する。予想していた敵の迎撃はない。東西に長く延びる飛行場には、信じられないことに大小の敵機一〇機が翼を休めているではないか。搭乗員たちはほっとするとともに、疑心暗鬼にとらわれた。

この日、米戦闘機群は早朝からマニラ上空に舞い上がり、完璧な迎撃態勢をとっていた。だが、日本機はいつまでたっても姿を現さない。やがて午後に入り、燃料が尽きてきた。上空の迎撃機はやむなく燃料補給のために次々と着陸していった。日本の戦爆連合隊が襲いかかったのは、まさにそのときだったのである。

クラーク基地上空進入に成功した一式陸攻二七機、九六式陸攻二七機は悠々と爆弾を投下した。飛行場一帯はたちまち黒煙に包まれ、格納庫も大火災を起こし、滑走路に並んでいるB17爆撃機、P40戦闘機も粉々に破壊されている。零戦隊も迎撃機を求めて飛行場上空を飛びまわるが、米軍機の姿はなかった。

結果は文字どおりの奇襲攻撃となった。零戦隊は高度を下げて地上機の機銃掃射に入った。そのとき、零戦隊は上空からP40戦闘機五機が追いすがって来るのを視認した。各機は急旋回してP40をかわし、敵機の後ろへ回って二〇ミリ機銃を発射した。P40は煙を吐き、あるいはもんどり打って全機が墜落していった。

そのころ、マニラ西方のイバ基地に向かっていた横山大尉率いる零戦隊も、陸攻隊の爆撃の後を受けて地上機への銃撃を行い、さらにクラーク基地へ応援に行く途中、一〇数機のP35とP40の編隊と遭遇した。しかし勝負は零戦の完勝で、九機を撃墜していた。

米軍基地への空襲は約一時間で終わったが、米極東航空軍は壊滅的打撃を被っていた。米軍の記録によれば、撃墜あるいは地上撃破された航空機はB17爆撃機が一八機、P40戦闘機が五三機、その他二八から三三機という。たった一日で航空兵力の過半を失ってしまったのだ。対する日本側の喪失は陸攻二機、零戦七機。真珠湾攻撃に続く日本軍の大勝利であった。

翌九日、十日、十二日と空襲は繰り返され、十三日の攻撃をもってフィリピンの米航空兵力は「ほぼ全滅」と判断された。この間、米軍はかなりの偵察機を出して周辺海域の大々的な哨戒飛行を続けていた。日本の空母を探していたのだ。戦闘機が台湾から飛来しているなどとは思いも及ばなかったから、必ず日本の空母艦隊がフィリピン海域にいると考えたのである。

マレー沖海戦

世界を驚愕させた英東洋艦隊の撃滅

一九四一年十二月十日

消えた日本の大船団

マレー沖海戦をイギリスの歴史家は「クアンタン沖の悲報」と名付けている。その日、一九四一年（昭和十六）十二月十日は、海を制する者は世界を制すと言われ、七つの海に君臨した海洋国・英国が誇る戦艦「プリンス・オブ・ウェールズ」と「レパルス」を主力艦とする英国東洋艦隊の命運が尽きた日であったからである。

開戦前の一九四一年七月、日本はドイツ占領下のフランスのヴィシー政権に強要して南部仏印（フランス領インドシナ＝現ベトナム）に無血進駐をした。フィリピンや東南アジアを植民地にしている米（A）、英（B）、蘭（D）、それに中国（C）はABCD包囲陣を形成して日本の侵攻政策に対抗しようとしていた。ときの英軍令部次長サー・トーマス・フィリップス卿（中将）は、旧式戦艦数隻をシンガポールの英東洋艦隊に増派すれば、日本の蘭印（オランダ領東インド＝現インドネシア）、マレーなどへの南下を阻止できるかもしれないと考えた。だが、英首相のチャーチルは「そんな低速艦ではダメだ」と拒否し、高速巡洋戦艦「レパルス」と最新鋭の戦艦「プリンス・オブ・ウェールズ」の派遣を決定したのである。

こうしてフィリップス中将を司令長官とするZ部隊と名付けられた艦隊は十二月二日にシンガポールに入港、日本軍の南下に「鉄壁の構え」を見せた。その二日後の十二月四日、X日（十二月八日）にマレー半島に敵前上陸を敢行する山下奉文（やましたともゆき）中将の第二五軍は、二

1941年4月に「プリンス・オブ・ウェールズ」艦上でルーズベルト米大統領と会談した際のチャーチル首相。

二隻の大船団を組んで中国の海南島を出港する。

一方、艦隊に先行してシンガポールに到着していた英東洋艦隊司令長官フィリップス中将は、十二月五日にフィリピンのマニラに飛び、米アジア艦隊司令長官ハート大将と米極東軍司令官のマッカーサー大将の三人で極東情勢の会議を行っていた。会議では、それまでの哨戒偵察によって日本の艦船が海南島に集結していたが、四日には一隻の姿も見えなくなったことも、哨戒大隊の指揮官から説明されていた。大船団はどこへ行ったのか……。

十二月六日午後六時、会議は突然中止された。英国海軍の哨戒機が、南シナ海を南下している「日本の大輸送船団を発見」したとの報告が入ったからである。翌七日、急ぎシンガポールへとって返したフィリップス中将は艦隊に出動準備を命じた。

新鋭の英国艦隊出撃す

真珠湾奇襲で連合艦隊が大戦果を挙げた十二月八日、南部仏印に展開していた海軍航空部隊は次のようであった。南部仏印サイゴンに司令部を置く松永貞市（まつながさだいち）少将率いる元山航空隊（九六式陸上攻撃機〈中攻〉三六機）と美幌航空隊（九六式陸上攻撃機〈中攻〉三六機）からなる第二二航空戦隊を中心に、第二一航空戦隊から派遣された鹿屋航空隊の半数（一式陸上攻撃機二七機）と第二三航空戦隊の高雄航空隊、台南航空隊派遣の戦闘機隊（零戦二七機、九六式戦闘機一二機、陸上偵察機六機）で、マレー部隊第一航空部隊として松永少将が指揮を執っていた。

各航空隊は元山空と九六式戦闘機隊がサイゴン基地に、美幌空と鹿屋空がサイゴン北方のツドモー基地に、そして零戦など他の戦闘機隊はサイゴン南西のソクトラン基地に配備された。この他南部仏印には陸軍の第三飛行集団の戦闘機、偵察機、軽爆撃機、重爆撃機など総計四四七機があり、海軍が敵の艦艇攻撃と遠距離攻撃、陸軍は陸上戦闘の支援攻撃に当たるよう協定されていた。

開戦初日の十二月八日、元山空と美幌空は午前零時過ぎに各基地を発進して真夜中のシンガポール攻撃に向かった。途中、元山空は大きな積乱雲に遮られて攻撃を断念したが、美幌空は予定通りの攻撃を行って全機帰還した。

そのころフィリップス中将は日本軍の船団攻撃のため空軍に支援を要請していたが、空軍は自信ある返答ができなかった。そこで中将は艦隊のみの出撃を決め、

マレー沖海戦日本海軍編成表

南遣艦隊 司令長官：小沢治三郎中将
第1航空部隊（松永貞市少将）
第22航空戦隊
元山航空隊＝96式陸攻36機
美幌航空隊＝96式陸攻36機
第23航空戦隊
第３航空隊＝零戦27機
山田隊＝96式艦上戦闘機12機、98式陸偵6機
第21航空戦隊
鹿屋航空隊＝1式陸攻27機

八日午後六時五十五分、「プリンス・オブ・ウェールズ」「レパルス」、それに駆逐艦四隻をともなって日本軍が上陸すると思われるコタバル、シンゴラ（ソンクラー）に向けてシンガポールを出航した。

翌九日、南シナ海は朝から密雲が低く垂れこめていた。ときおり激しいスコールも襲い、視界の悪いやっかいな天候であった。ところが夕方の六時半ごろ急に空が晴れ、三機の日本軍水上偵察機が視界に入ってきた。軽巡「鬼怒」「鈴谷」「熊野」を発進した偵察機である。

日本軍偵察機の飛来を知ったフィリップス中将は、コタバル、シンゴラの奇襲攻撃はもはや不可能であると考え、反転してシンガポールへと針路を変えた。そこへシンガポールに残っているパサリー参謀長から「クアンタンへ日本軍上陸中」の緊急信が届いた。十日の午前一時半ごろである。

クアンタンはシンガポールとは目と鼻の先である。ここへ日本軍の上陸を許すわけにはいかない。そこで駆逐艦二隻に命じて夜明けまで監視させたのだった。だが何らの異状も認められない。

一方、九日の薄暮の五時ごろ、潜水艦「伊六五号」（第三〇潜水隊司令・寺岡正雄大佐乗艦）で潜望鏡を覗いていた航海長・佐藤中尉の眼は、はるか水平線の彼方に二つの黒点を捉えていた。味方の艦隊がこの付近にいるはずはない……、一瞬のためらいののち、佐藤航海長はその黒点を英国艦隊と判断し「全員配置に着け！」を発令した。仏印の最南端から南南東約二二五浬の地点であった。

寺岡潜水隊司令も夜間専用の潜望鏡を覗いていたが、「船影はレパルス型一隻、新型戦艦一隻に間違いなし」と判断し、「敵レパルス型戦艦二隻見ゆ」を発信したのだった。

この英国戦艦は、前日八日にソクトラン基地から発進した山田部隊の九八式陸偵が、シンガポールのセレター軍港に碇泊しているのを確認していた二隻であった。この時すでに南遣艦隊司令長官・小沢治三郎中将は、サイゴンの松永貞市少将に、この敵戦艦攻撃を命じていた。

英高速巡洋戦艦「レパルス」。

史上初の航空機による戦艦空襲

潜水艦「伊65号」からの通報、及び潜水艦「伊58号」、軽巡「鬼怒」からの水上偵察機（午後八時発信）の続報によって、敵艦隊北上を確認した第二二航空戦隊司令部は索敵発進を下命、同時に松永少将は夜間攻撃でこの敵戦艦を攻撃しようと陸攻五三機を発進させた。しかしスコールが断続するあいにくの天候が災いして、暗い海面に英艦隊を発見することは困難であった。

そのとき突然、司令部に「敵艦隊見ゆ。オビ島の一五〇度、九〇浬地点」の入電があった。発信者は索敵隊指揮官武田八郎大尉であったが、これは武田大尉の誤認であった。武田機に敵と見誤られ吊光弾（ちょうこうだん）を浴びていたのは、小沢治三郎中将の率いる艦隊であり、小沢長官は同士討ちの危険を感じて「われ味方なり」の信号を繰り返し送信し、松永指揮官に対して陸攻全機の帰投を命じた。南方部隊に所属していた水上部隊も、同様の理由で攻撃のチャンスを逸していた。

翌十日未明に索敵攻撃を敢行せよとの命を受けてい

た松永指揮官は、午前七時五十分に九六式陸攻九機を発進させ、その後も約一時間ごとに元山空の九六式陸攻隊がサイゴンから、鹿屋空の一式陸攻隊、美幌空の九六式陸攻隊をツドモーから発進させていた。計一一二機（索敵機三一機、攻撃機八一機）が発進したのである。この中で鹿屋空の一式陸攻（全機雷装）三個中隊は、練度の高い搭乗員と新鋭機を有する精鋭部隊といわれていた。

明けて十日は、雲は多かったが視界は良好であった。夜明けとともにサイゴン、ソクトラン、ツドモーの各基地から一斉に発進した三一機の偵察機は、マレー半島東方南シナ海に散って捜索を開始していた。シンガポール東方西側の索敵線を南下していた偵察機（帆足正音少尉機）が、サイゴン基地から五五〇浬の地点から右折し、マレー半島の上空を海岸線に沿って北上している途中、英戦艦二隻、駆逐艦三隻を発見、報告した。

報告を受信した司令部は、帆足機に対し長波の発信を命じた。これは各攻撃部隊が電波の方位測定を行いながら目標を探り当てるための措置である。帆足機は英艦隊の上空を旋回しながら敵の動向を把握して通電を続けた。標的は「プリンス・オブ・ウェールズ」と「レパルス」に間違いなかった。英艦隊は前衛に駆逐艦三隻、その後方一〇〇〇メートルに戦艦「プリンス・オブ・ウェールズ」、さらに右後方一〇〇〇メートル付近に戦艦「レパルス」という隊形であった。

最初に攻撃を仕掛けたのは、美幌空の第五中隊（白井義視大尉）の二五〇キロ爆弾を搭載した八機の水平爆撃機であった。午後十二時四十五分、高度三〇〇〇メートルから最初の爆弾が「レパルス」に投下された。しかし、英艦隊の対空射撃も熾烈（しれつ）をきわめた。「プリンス・オブ・ウェールズ」の防御砲火は一分間に六万発と称され、他の五隻の艦艇からの対空砲もすべて白井中隊の八機に集中し

マレー沖海戦　英海軍編成表
（×は沈没）
英東洋艦隊：トム・フィリップス中将
戦艦・×プリンス・オブ・ウェールズ
巡洋戦艦・×レパルス
駆逐艦・エレクトラ、エキスプレス、
テネドス、バンパイアー

た。八機のうち五機が被弾し、一機は不時着すると発信して隊列を去った。しかし、八発の投下された爆弾の一発が「レパルス」の第四砲塔に命中し、火災を発生させた。

次いで元山空の雷撃隊の攻撃も始まった。同時に「プリンス・オブ・ウェールズ」には元山空の雷撃隊第一中隊（石原薫大尉）の九機が襲いかかり、「レパルス」にも元山空の第二中隊（高井貞夫大尉）の八機の雷撃隊が追い討ちをかけた。それぞれの中隊が二手に分かれ、それぞれの目標にサンドウィッチ攻撃をかけたのだ。この魚雷攻撃で「プリンス・オブ・ウェールズ」は二本、「レパルス」は三本の命中魚雷を食っていた。だが、二隻の戦艦は懸命な回避運動をしながらも、依然としてその猛烈な対空射撃は衰えなかった。

海中に姿を消した新鋭戦艦

日本の攻撃は執拗（しつよう）をきわめた。ツドモー基地から発進した美幌空の雷撃機第八中隊八機が到着し、「レパルス」への攻撃に加わる。続いて鹿屋空の一式陸攻二五機も両艦に襲いかかった。「プリンス・オブ・ウェールズ」は右舷に新たな魚雷三本を受けて速力は八ノットに落ち、沈没状態を呈していた。

午後一時五十二分、「レパルス」も中央部に新たな魚雷二本が命中、操舵機が粉砕されたところに、さらに三本が命中、艦の運命はきわまった。テナント艦長は甲板に総員集合を命じ、「レパルス」は午後二時三分、北緯三度四〇分、東経一〇四度一一分の海底に沈んでいった。「レパルス」が姿を消した同時刻、最後のもがきを見せている「プリンス・オブ・ウェールズ」に美幌空の爆撃隊第七中隊の八機が殺到し、つづいて第六中隊の八機も一斉に爆弾を投下した。五〇〇キロ爆弾の一発は後部甲板に命中し、「プリンス・オブ・ウェールズ」は左舷に大きく傾きながら後部から沈み始めた。そして午後二時五十分、巨体は大爆発を起こし、沈没していった。

二時間にわたる日本軍の攻撃で、「レパルス」は二五〇キロ爆弾一発、航空機用八〇〇キロ魚雷一四発を受け、「プリンス・オブ・ウェールズ」は五〇〇キロ

マレー沖に出撃する日本海軍の96式陸攻。

爆弾二発、航空機用八〇〇キロ魚雷七発の命中弾を食った。特に雷撃の分野では攻撃機数五一機、発射した魚雷数四九発、命中魚雷数二一発と、四〇パーセントを上回る確率を示した。

さらに英軍側の人的被害は、「プリンス・オブ・ウェールズ」が乗組員一六一二名中、救出された者一二八五名（艦隊司令長官・フィリップス中将とリーチ艦長は戦死）、「レパルス」は乗組員一三〇九名のうち救出された者はテナント艦長以下七九六名であった。

一方、日本の攻撃隊が被った損害は、攻撃参加機数八五機のうち九六式陸攻（搭乗員数七名）一機、一式陸攻（搭乗員数一四名）二機が対空砲火で撃墜され、その他、不時着大破機一機、修理を要する被弾機二七機と若干の負傷者であった。

英国艦隊にとって、新鋭艦「プリンス・

日本軍機の攻撃にさらされる「プリンス・オブ・ウェールズ」（下）と「レパルス」（上）。

オブ・ウェールズ」が撃沈されたショックは大きかった。チャーチル英首相は、この悲報に接して「しばし呆然（ぼうぜん）の態であった」といい、そのショックのほどを隠していない。そして「クアンタン沖の悲報」と名付けられ、大英帝国の海戦史上の汚点として残されることになる。

日本では「マレー沖海戦」と呼ばれるこの海戦は、航空機対戦艦の戦いで航空機が勝利した初めての戦いである。それは、従来の海軍思想の柱になっている大艦巨砲主義に警鐘を打ち鳴らすと同時に、世界の軍事史上の画期的事象となった。さらに世界の関心と恐怖を呼んだのは、「プリンス・オブ・ウェールズ」と「レパルス」が撃沈された位置が、日本海軍の航空基地から四五〇浬も離れたところにあったことであった。これは当時の欧米の空軍の常識からは考えられないことであった。この意外性は、英国東洋艦隊のフィリップス司令長官の責任問題を不問に付すほどのパンチ力を持つものであった。

同時に英米は、日本軍機によるハワイ真珠湾攻撃と、このマレー沖海戦の戦訓を冷静に判断し、航空機が戦艦をはじめとする艦艇に対していかに強力であるかを認識した。すなわち日本海海戦やシェットランド沖海戦のような、戦艦を中心とした大艦隊による主砲の撃ち合いはもはや時代遅れで、以後の海戦の主役は航空母艦を中心とした機動部隊であることを知ったのである。そしてアメリカは、ただちに空母を中心とした機動部隊の編成に取り組み、戦艦や重巡洋艦は機動部隊の護衛部隊としてその対空火力を生かすとともに、戦場にあっては上陸戦闘の支援砲撃にも回るべきであるとした。

ところが〝航空主兵〟の先例を世界に示したはずの日本海軍は、依然として巨大戦艦「大和」「武蔵」を中心とする戦艦群を連合艦隊の中心に据え、大艦巨砲主義から抜けられないでいた。それは、以後の連合艦隊の作戦指導を見れば一目瞭然で、空母を主体とした機動部隊は作戦に便利な艦艇として、あちこちに分派されて痩せ細り、〝後発の米機動部隊〟にとどめを刺されていくのである。

マレー沖海戦で英艦より救助された生存兵。

バリクパパン沖海戦

一九四二年一月二十四日

日本軍に一矢報いたABDA艦隊

蘭印戦唯一の連合軍の〝勝利〟

開戦以来、日本軍の快進撃が続く中で、米軍を中心とした連合国軍が一矢を報いた戦闘として、米軍の戦史に記録されている海戦がある。一九四二年（昭和十七）一月二十四日に起こったバリクパパン沖海戦である。しかし、日本の戦史においては、わずか三十分間の規模の小さい夜間戦闘ということもあり、取り上げられることは少ない。

開戦と同時に日本軍はマレー・シンガポール、フィリピンで米英軍を破って上陸作戦に成功し、続く蘭印（らんいん）（オランダ領東インド）攻略の第一段作戦とも言うべきボルネオ攻略作戦も順調に進展していた。作戦の目的は、ボルネオ島東岸にあるマカッサル海に面したバリクパパンの油田地帯の奪取である。バリクパパン沖海戦は、この油田地帯奪取作戦の途中で起こった海戦だった。

油田地帯攻略を担当するのは、混成第五六歩兵団の約五〇〇〇名で、指揮を執（と）る坂口静夫少将の名から坂口支隊と呼ばれた。坂口支隊はフィリピンのミンダナオ島のダバオ、ボルネオ島東北端のタラカン島を攻略し、一九四二年一月二十一日、次の攻略目標であるバリクパパンに向け南下した。

坂口支隊は一五隻の輸送船に分乗し、護衛を第四水雷戦隊司令官西村祥治少将が指揮する第一護衛隊が務めた。その兵力は旗艦の軽巡「那珂」と、「村雨」「五月雨」「春雨」「夕立」「朝雲」「峯雲」「夏雲」「海風」「江風」の駆逐艦九隻、さらに掃海艇四隻、駆潜艇三隻、哨戒艇三隻であった。

一方、蘭印防衛の連合軍は、一九四二年一月十日にオランダ海軍のコンラッド・ヘルフリッヒ中将の指揮の下にアメリカ軍、イギリス軍、オランダ軍、オーストラリア軍連合のコマンド、各国の頭文字を取ったABDA艦隊を編成して日本軍の進攻を阻止しようとしていた。発足当初のABDA艦隊は、ウエーベル英陸軍元帥が最高司令官となり、海上部隊はアメリカ、地上部隊はオランダ、航空部隊はイギリスの将官がそれぞれ指揮官となったが、海上部隊の主力はオランダのヘルフリッヒ中将の指揮下に置かれることになったのだった。

駆逐艦四隻による日本軍への夜襲

さて、連合軍は日本軍がタラカン島を攻略した後、次の上陸目標はバリクパパンであろうと予測し、タラカン沖からマカッサル海峡南部にかけて米潜水艦六隻とオランダ潜水艦二隻を配備していた。

一月二十日、ABDA艦隊は日本軍の出撃を事前に察知し、グラスフォード米海軍少将が指揮する第五機動部隊に出撃を命じた。軽巡二隻、駆逐艦四隻で編成された第五機動部隊は、チモール島クーパンから出撃してバリクパパンを目指した。途中、座礁と機関故障で軽巡二隻が脱落したが、その後は二七ノットの高速でバリクパパンへ突入した。

バリクパパンでは、一月二十三日から日本輸送船団

バリクパパン沖海戦連合国軍編成表

第5機動部隊：グラスフォード少将
(△は損傷)
主力部隊：ポール・H・タルボット中佐
軽巡・△ボイス、△マーブルヘッド（ともに自損）
駆逐艦・ジョン・D・フォード、ポープ、パロット、ポール・ジョーンズ
潜水艦・△蘭潜K-18、△蘭潜K-14など8隻

バリクパパン沖海戦日本海軍編成表

(×は沈没、△は損傷)
第一護衛隊＝第4水雷戦隊司令官：西村祥治少将
軽巡・△那珂
駆逐艦・村雨、五月雨、春雨、夕立、朝雲、峯雲、夏雲、海風、江風
輸送船・×敦賀丸、×呉竹丸、×須磨浦丸、×辰神丸など15隻
掃海艇4隻、駆潜艇3隻、哨戒艇△第37号など3隻

第４水雷戦隊司令官・西村祥治少将。

が揚陸を開始していた。揚陸を阻止しようとする連合軍の反撃は、オランダ軍による油田爆破の炎が燃え上がるなか、米軍のB17爆撃機による空爆で始まった。B17は輸送船二隻に損傷を与え、日が改まった二十四日午前零時四十五分ごろには、オランダ潜水艦K-18が雷撃によって第一護衛隊の旗艦「那珂」に損傷を与え、輸送船「敦賀丸」を撃沈した。第一護衛隊指揮官の西村少将は、泊地警戒分担を改めて輸送船団の護衛を続けた。

軽巡二隻が脱落した連合軍の第五機動部隊は、結果的にポール・H・タルボット中佐の指揮する駆逐艦「ジョン・D・フォード」「ポープ」「パロット」「ポール・ジョーンズ」の四隻での進撃となったが、日本艦隊の警戒網を突破して一月二十四日午前四時二十分から五時にかけて、揚陸中の日本軍輸送船団への急襲を成功させた。わずか数分の間に「須磨浦丸」「辰神丸」「呉竹丸」を雷撃により撃沈し、そのまま疾風（はやて）のごとく戦場を離脱していった。

日本軍は一五隻の輸送船のうち四隻を撃沈され、二隻が損傷という被害を受けた。哨戒艇も一隻失った。西村少将は襲撃の間は状況を把握できず、敵駆逐艦わずか四隻による夜襲だったことを確認できなかった。それでも日本軍の上陸作戦は当初の予定どおり二十四日朝には完了し、蘭領ボルネオ攻略作戦に支障を来すことはなかった。

アメリカ側はこの海戦を、蘭印で唯一勝利をおさめた戦いとして、「マカッサル海戦」と呼んで喧伝（けんでん）した。しかし日本軍の進攻を阻止できなかったことを考えれば、大勢としては決して勝利とは言えないものである。

ジャワ沖海戦

連合軍艦隊をジャワ海から一掃した陸攻隊

一九四二年二月四日

一斉に南下する蘭印攻略の日本軍部隊

バリクパパン攻略では輸送船四隻の損害を出したものの、日本軍の蘭印攻略部隊は順調に進撃を続けていた。

日本軍の蘭印攻略作戦の最大目標は、まず石油基地を確保し、次いでオーストラリアとの連絡路を遮断、最後に蘭印行政の中心地であるジャワ島を攻略するというものであった。そのため連合艦隊は一九四二年（昭和十七）一月に軍隊区分の一部を改め、比島攻略部隊の高橋伊望中将率いる第三艦隊を蘭印攻略部隊に加えて兵力の増強をはかった。そして蘭印部隊はマレー上陸作戦の支援を終えた小沢治三郎中将率いる南遣艦隊とともに、南方要域の最終攻略目標である蘭印＝オランダ領東インド（現インドネシア）の攻略戦を開始したのである。

対する連合軍も、一九四二年一月十日にオランダ海軍のコンラッド・ヘルフリッヒ中将を海上部隊の指揮官に米・英・蘭・豪連合のＡＢＤＡ艦隊を編成し、攻撃部隊の指揮を同じオランダ海軍のカレル・ドールマン少将に托して日本の進攻を阻止しようとしていた。

高橋中将率いる蘭印攻略部隊は一月九日にフィリピンのミンダナオ島ダバオを出撃、一月十一日にセレベス島北端のメナドに上陸、占領した。この作戦には堀内豊秋中佐率いる横須賀第一〇一海軍特別陸戦隊が、メナド郊外のランゴアン飛行場に落下傘降下し、日本軍初の空挺作戦を成功させた。同部隊は一月二十四日にはセレベス島のケンダリーを攻略し、続けて三十一日にはアンボン島への上陸にも成功した。

　セレベス島ケンダリー、ボルネオ島バリクパパンと要衝を攻略して航空基地を進出させた日本軍は、いよいよ蘭印の制圧に向けてジャワ島スラバヤ方面への航空撃滅戦を開始した。第一一航空艦隊(基地航空部隊)司令長官の塚原二四三(つかはらにしぞう)中将(南方部隊航空部隊指揮官)の命令により、二月三日午前六時三十分から九時三十分にかけてケンダリー基地からは第一空襲部隊が、バリクパパン基地からは第二空襲部隊が発進し、ジャワ島東部のスラバヤ、マジウン、マラン航空基地を空襲した。

　塚原中将の報告によると、この日の戦果は成果確実(撃墜または炎上)六二機、成果不確実（銃撃大破および撃墜不確実）二三～二四機であったという。日本側の損害は、偵察機一機とマランで自爆した零戦一機、スラバヤで損傷し未帰還となった零戦三機の計五機だった。この攻撃により、日本軍はスラバヤ方面の制空権を確保した。

　マラン爆撃を成功させてケンダリーに戻る途中、第一航空隊は十三時五十分ごろ、マヅラ島バンダ泊地に戦艦二隻、甲巡一隻、乙巡二隻、駆逐艦九隻の連合軍艦隊が停泊しているのを発見した。報告を受けた塚原中将は、翌四日にも予定されていた航空撃滅戦をバリクパパン部隊で続行させて（実際は天候不良のため五日に延期）、ケンダリーの部隊は一空が発見したマヅラ島の敵艦隊を攻撃することにした。艦隊攻撃の指揮は第二一航空戦隊司令官の多田武雄少将が執ることになった。

陸攻隊によるＡＢＤＡ艦隊への猛爆

　二月三日、マヅラ島に集結していたＡＢＤＡ艦隊は、米海軍の重巡「ヒューストン」、軽巡「マーブルヘッド」、駆逐艦「スチュワート」「エドワーズ」「バーカー」「ブルマー」「ポール・ジョーンズ」「ピルスベリー」「ホイップル」、油槽船「ペコス」、オランダ海軍の軽巡「デ・ロイテル」「トロンプ」、さらにオランダ駆逐艦部隊が含まれていた。第一報では戦艦と報告しているが、一空が実際に見たのは重巡だったようである。

連合軍のＡＢＤＡ艦隊司令部ではバリクパパン、ケンダリー、アンボン島と攻略した日本軍の次の目標地点はセレベス島南端のマカッサル、あるいはマカッサル海峡を挟んだボルネオ島のバンジャルマシンと想定していた。いずれにしてもマカッサル海峡を南下するはずだとみて、カレル・ドールマン少将の指揮の下、二月四日午前一時三十分にマカッサル海峡へ向けてマヅラ島を出撃した。

そのころ、日本軍は三日夜半から飛行艇による連合軍艦隊の索敵を開始していた。そして四日の午前四時十分、マヅラ島沖を航行中のドールマン艦隊を発見した。

連合軍艦隊発見の報告に、ケンダリー基地を発進してスラバヤ方面に向かっていた鹿屋航空隊の一式陸攻二七機、高雄航空隊の陸攻九機、第一航空隊の陸攻二四機が敵艦隊へ向かった。

鹿屋航空隊と高雄航空隊は、十一時十五分、カンゲアン島の南三〇浬に「ジャバ」型巡洋艦二隻、「デ・ロイテル」「マーブルヘッド」型巡洋艦各一隻、駆逐艦五隻を発見したと報告し、直ちに攻撃を開始した。

攻撃隊は十一時二十分より、九機ずつ高度四〇〇〇メートルから時速約二八〇キロの速さで、「デ・ロイテル」と「ヒューストン」に対して爆撃進路に入った。しかし連合軍艦隊は高速回避で逃れ、三度にわたる攻撃を避け続けた。

十一時五十七分、四度目の攻撃で、ようやく鹿屋航空隊の第三中隊が米軽巡「マーブルヘッド」の後方から二五〇キロ爆弾を炸裂（さくれつ）させた。命中したのは二発で、甲板を貫通した直撃弾は艦内で爆発した。「マーブルヘッド」は火災を起こし、至近弾により艦首も損傷し

ジャワ沖海戦日本軍編成表

第21航空戦隊指揮官：多田武雄少将

第１空襲部隊（ケンダリー基地）

第21航空戦隊＝鹿屋航空隊＝1式陸攻34機
　第１航空隊＝陸攻24機
　第３航空隊＝零戦53機他
　高雄航空隊＝大艇4機
　第２航空戦隊派遣隊＝零戦18機他

第２空襲部隊（バリクパパン基地）

第23航空戦隊＝台南航空隊＝零戦30機他
　高雄航空隊＝陸攻10機
　第2航空戦隊派遣隊＝艦爆９機

注：損害は自爆１、被弾16機

た。戦死者は一五名、戦傷者は副長以下三四名だった。

第一航空隊は十一時十分、マカッサル沖上空で駆逐艦二隻に護衛された五〇〇〇トン級の輸送船を発見し、報告した後、鹿屋、高雄航空隊に遅れて敵艦隊上空に到着した。

陸攻二四機から成る第一航空隊は、十二時四十分、蘭軽巡「デ・ロイテル」を爆撃し、「デ・ロイテル」の対空射撃指揮装置を使用不能とした。また、米重巡「ヒューストン」に対しても二五〇キロ爆弾を直撃させた。爆弾は「ヒューストン」の後部二〇センチ砲塔を大破させ、一〇〇名に達する死傷者を出した。日本側は、高雄航空隊の陸攻一機が「マーブルヘッド」の高角砲弾を受けて自爆したほか、被弾一六機という被害にとどまった。

ABDA艦隊を全面撤退させて制空、制海権を獲得

第二一航空戦隊司令官の多田少将は、翌二月五日も攻撃を続行しようと、四日夕方から索敵を命じたが、炎上中の商船一隻を発見するだけで、それ以外の敵は見当たらなかった。以後、天候不良のため作戦は中止された。連合軍艦隊にとっては、視界の悪い天候が幸いした。艦隊は、二発の命中弾を受け右舷に一〇度傾斜したまま操艦不可能となった「マーブルヘッド」を護衛しながら、二月八日にジャワ島南岸のチラチャップまでなんとか帰投した。

この海戦の攻撃成果は、多田少将の報告によると、「ジャバ」型一隻轟沈(ごうちん)、「デ・ロイテル」型一隻大破、「スマトラ」型、「マーブルヘッド」型それぞれに相当の被害を与えたとしている。

実際には、連合軍艦隊は一隻も沈んでいない。しか

ジャワ沖海戦連合軍編成表
(△は損傷を示す)
指揮官:オランダ海軍カレル・ドールマン少将
アメリカ海軍
重巡・△ヒューストン
軽巡・△マーブルヘッド
駆逐艦7隻
油槽船1隻
オランダ海軍
軽巡・△デ・ロイテル、トロンプ
駆逐艦4隻

し「マーブルヘッド」はチラチャップやセイロン島で応急処置を受けた後、四月五日にブルックリン米海軍工廠に回航された。また「ヒューストン」の後部砲塔も破壊され、使用不能となった。もともと敗戦続きで、戦力が充実しているとは言えない連合軍にとっては大きな痛手となった。

連合軍はマカッサル海峡、ジャワ海から全面的に撤退し、日本軍は航空撃滅戦とジャワ沖海戦により、この方面の制空権と制海権を獲得した。

蘭印攻略部隊は二月八日、セレベス島マカッサルへ上陸し、オランダ軍の抵抗も問題とせずに占領した。ボルネオ島でも二月十日にバンジャルマシンへ難なく上陸して同地を攻略した。

スマトラ島側の攻略部隊によるパレンバン占領と合わせ、南方への進撃を続ける日本軍のジャワ攻略作戦は最終局面を迎えたのである。

ジャワ島のスラバヤ方面への航空撃滅戦に長駆、敵地上空に殺到する陸攻機。

バリ島沖海戦

開戦後初めて起こった艦艇同士の戦い

一九四二年二月二十日

迎撃準備が不完全だった連合軍

開戦から二カ月が経ち、日本軍の南方攻略作戦は順調に経過していた。すでにフィリピン、マレー攻略に成功し、次のターゲットはオランダ領東インド（蘭印）の攻略だった。この作戦はセレベス島、ボルネオ島、スマトラ島を攻略後、最終的に全力でジャワを攻略するというもので、一九四二年（昭和十七）二月中旬までにはジャワ以外の攻略は終えていた。

いよいよ最終目標のジャワ攻略を開始するという時、基地航空部隊からバリ島を占領すべしという進言があった。すでに占領を終えているセレベス島とボルネオ島は天候不良の時が多いため、作戦に支障をきたす恐れがある。バリ島には航空基地に適した場所があるので、占領するのが望ましいというのがその理由だった。

バリ島攻略計画は二月十八日に実施された。攻略隊は午前一時にマカッサルを出撃、「笹子丸」「相模丸」の二隻の輸送船には、台湾歩兵第一連隊（第三大隊二個中隊欠）と、山砲一個小隊および独立工兵一個小隊他が分乗し、これに第八駆逐隊の「大潮」「朝潮」「満潮」「荒潮」の四隻が護衛についた。

日の出後、敵飛行艇一機からの攻撃により、輸送船に少々の損害は受けたものの、途中からは日本軍の対潜哨戒機と第三航空隊の戦闘機隊による上空警戒の下、攻略隊は一路スンダ海を南進、カンゲアン島付近からロンボク海峡を経由して、午後十一時には無事バリ島南東岸のサヌール沖に達し、泊地進入を開始した。

将兵の上陸が完了したのは翌十九日になってからで、

上陸成功に続き資材や軍需品の揚陸も進められた。

当然、日本軍のバリ島攻略作戦は、連合軍側も予測していた。日本艦隊がマカッサルを出港しようとしているとの報が、連合軍海軍部隊（ＡＢＤＡ艦隊）司令官であるヘルフリッヒ蘭海軍中将のもとに寄せられたのが二月十七日だった。これを受けてヘルフリッヒ中将は、指揮官のドールマン蘭海軍少将に対して、「ただちに、日本軍船団を攻撃せよ」との命令を下した。

だが、このときチラチャップ港にいたドールマン少将の下には、オランダ海軍の軽巡「デ・ロイテル」と「ジャバ」、駆逐艦「ピートハイン」と「コルテノール」、それに米駆逐艦「フォード」「ポープ」の二隻が残されているだけで、迎撃作戦に出るには準備が整っていなかった。

ＡＢＤＡ艦隊には蘭軽巡「トロンプ」と米駆逐艦「スチュワート」「パロット」「エドワーズ」「ピルスベリー」の四隻もあったが、「トロンプ」はスラバヤに、米駆逐艦四隻は遠くスマトラのタンジュンカランランプン湾で燃料の補給中だった。やむなくドールマン少将は二次にわたる攻撃作戦を立てた。

第一次攻撃隊は、チラチャップから直接出撃可能な蘭海軍の軽巡二隻と駆逐艦一隻、それに米駆逐艦二隻で編成された。次いで第二次攻撃隊は、タンジュンカランから呼び寄せた米駆逐艦四隻と軽巡「トロンプ」とをスラバヤで合流させて編成するというものだった。

二月十八日午後十時、ドールマン少将は船団を率いてチラチャップ港を出撃した。

もちろん連合軍は、ドールマン少将率いる船団ばかりに頼っていたわけではない。バリ島に日本軍が上陸したのを知ると、ジャワ島東部のマランとマジウンの両飛行場から爆撃機が出動し、日本軍がまだ揚陸作戦に追われていた午前八時ごろ、サヌール港へ攻撃を開始したのだ。

まずＢ24型三機が爆撃を行い、続いてＢ17も高度三〇〇〇メートルの上空から攻撃を仕掛けてきた。しかし、落とす爆弾の大半は海中に水柱を上げるだけ。そんな中で一弾が日本軍の輸送船「相模丸」の中央部に命中した。爆弾は甲板を貫いて爆発し、機関の一部が破壊されてしまった。幸い片舷での航行が可能で、その後も米軍機による攻撃は頻繁(ひんぱん)に行われたが大きな被害はなく、連合軍機からの空襲の合間をぬって揚陸作戦は進められていった。

オランダ駆逐艦「ピートハイン」を撃沈

午後四時三十分、バリ島沖を哨戒中の駆逐艦「大潮」が、間近に敵潜望鏡を発見した。米潜水艦「シーウルフ」が日本軍のバリ島上陸を知って、サヌール泊地にまで侵入してきていたのだ。艦長のフレデリック・B・ウォーダー中佐は、前方に日本の駆逐艦の出現を知ると慌てて魚雷発射を下命した。

敵潜からの魚雷発射は「大潮」も確認していた。すぐさま回避運動に入り、魚雷をやり過ごすと、「大潮」はすかさず爆雷攻撃を行った。日本軍の激しい爆雷攻撃に「シーウルフ」はこの一回の魚雷攻撃だけで脱出していった。日本軍は万が一を考え、揚陸作戦がほぼ完了したらひとまず退避することにし、「相模丸」は第八駆逐隊第二小隊が護衛してマカッサルへ、「笹子丸」は同駆逐隊第一小隊の護衛の下、サヌール泊地に向かうべく航進を開始した。時に午後十一時五十三分だった。

だが、南方約六キロの洋上に、突如、連合軍の艦隊が姿を現した。「デ・ロイテル」を先頭に「ジャバ」が続き、さらに後方五〇〇〇メートルほど離れて駆逐艦「ピートハイン」、その後ろに「ジョン・D・フォード」「ポープ」と続いていた。

迎える日本軍の艦艇は「大潮」と「朝潮」の駆逐艦二隻で、連合軍艦隊は二〇〇〇メートルの距離まで近づくと、「ジャバ」が「朝潮」に向けてまず発砲し、「朝潮」も応戦した。しかし、ここでの戦闘はほんの数分間で終わっている。連合軍艦隊が姿を消してしまったからである。「大潮」と「朝潮」は、敵が南方に回避したものと見て南下を開始した。途中、南方六〇〇〇メートルのところに駆逐艦「ピートハイン」を発見すると、まず「大潮」が突進した。慌てた「ピートハイン」は右旋回したが、ちょうど南下してきた「朝潮」が、「大潮」の前方をさえぎり、一五〇〇メートルの至近

駆逐艦「荒潮」。同型艦３隻とともに活躍した。

距離から砲撃を加え、見事に命中させた。「朝潮」は敵艦の横につけながら砲撃を繰り返し、さらに魚雷を発射した。そしてこの一発が「ピートハイン」の艦腹に命中している。二十日午前零時十六分のことだった。

他の敵艦が敗走したのを確認してから、「大潮」「朝潮」は再び南下を開始した。三十分後にはまたも敵艦に遭遇、米駆逐艦「フォード」と「ポープ」である。「大潮」と「朝潮」は二〇〇〇メートルまで近づくと米駆逐艦に攻撃を開始した。やがて敵艦は応戦しつつ煙幕を張りながら避退していった。

日本軍はこの戦闘でも敵艦一隻を撃沈したと報告しているが、実際には「フォード」も「ポープ」も沈没してはいなかった。

午前三時十分、「大潮」と「朝潮」は哨戒行動中、南方から高速で北上してくる敵艦隊を発見した。米駆逐艦の「スチュワート」「パロット」「エドワーズ」の三隻である。「大潮」「朝潮」は三時四十一分、距離三二〇〇メートルから砲撃を開始し、うち一発が「スチュワート」に命中、機械室を破壊している。敵艦がそ

バリ島沖海戦編成表

日本軍（△は損傷）
指揮官＝第8駆逐隊司令：阿部俊雄大佐
第8駆逐隊＝△大潮、△朝潮、△満潮、△荒潮

連合軍（×は沈没、△は損傷）
指揮官＝カレル・ドールマン少将
第1攻撃隊
　軽巡・△デ・ロイテル（蘭）、△ジャバ（蘭）
　駆逐艦・×ピートハイン（蘭）、△ポープ（米）、△ジョン・D・フォード（米）
第2攻撃隊
　軽巡・△トロンプ（蘭）
　駆逐艦・△スチュワート（米）、△パロット（米）、△エドワーズ（米）、△ピルスベリー（米）

のまま北方に回避しようとすると、すかさず「朝潮」と「大潮」はその後方に回り込む。そこに蘭軽巡「トロンプ」が遅れて進撃してきた。「大潮」「朝潮」はただちに「トロンプ」に立ち向かった。三〇〇〇メートルの距離から一二・七センチ砲で撃ちまくること数分間、「トロンプ」の射撃指揮装置と探照灯を破壊したが、同時に「大潮」も敵弾を受けて後部の二番砲塔が破壊され、戦死者九名を出している。

そのとき、「相模丸」を護衛していた「満潮」と「荒潮」がやってきた。すぐに「荒潮」が「トロンプ」に攻撃を仕掛け、「トロンプ」は退避すべく北上を開始する。ところが、今度は「エドワーズ」と「スチュワート」が現れ、さらに米駆逐艦「パロット」と「ピルスベリー」もいる。

しかし、劣勢となっても「満潮」と「荒潮」は左舷の「ピルスベリー」には目もくれず、右舷の「エドワーズ」「スチュワート」を一斉に攻撃、一弾が「スチュワート」に命中し、同艦の操舵機を破壊した。このとき「満潮」の機械室にも敵弾が命中し、そのために「満潮」は航行不能に陥ってしまった。その隙に敵艦隊は退却し、海戦は終わった。

日本側でもっとも被害の大きかったのは「満潮」で、機関室が爆破されたことにより、機関長以下六四名の死傷者を出している。なお、この海戦は太平洋戦争が始まって以来、初めて行われた艦艇同士の砲雷撃戦だった。

スラバヤ沖海戦

徹底撃滅戦で日本海軍が大勝利

一九四二年二月二十七日〜二十八日

南の海に展開された魚雷戦

難攻不落といわれていたシンガポール要塞もついに一九四二年（昭和十七）二月十五日、山下奉文中将率いる第二五軍の手によって陥落した。そこで日本軍はマレー方面の最後の砦ジャワ島に攻撃の矛先を向けることになったが、その日本軍の前に立ちはだかる連合軍との間に繰り広げられた死闘はものすごいものだった。

ジャワ島攻略作戦にあたり、今村均中将は麾下の第一六軍を東部と西部の両方面から同時に上陸させる計画を立てていた。東部ジャワへの上陸部隊は第四八師団と坂口静夫少将率いる坂口支隊。そして西部ジャワへの上陸は第二師団と第三八師団の一部で編成。東西の同時上陸日は二月二十八日と決定された。

東部ジャワ攻略部隊はマカッサル海峡を南下してスラバヤ軍港を目指し、一方の西部ジャワ攻略部隊はカリマタ海峡を南下して、バタビア（現ジャカルタ）からジャワ島西北端のバンタム湾に突入する計画である。だが、この作戦ではボルネオをはさんだ東西両方面で、日本軍と連合軍との間に激しい海戦が繰り広げられることになる。東部方面での「スラバヤ沖海戦」と、西部方面での「バタビア沖海戦」がそれである。

東部ジャワ攻略部隊が陸軍輸送船三八隻で、ボルネオ北東沖のホロ島を出撃したのは二月十九日。護衛兵力は第四水雷戦隊を基幹とする軽巡「那珂」と駆逐艦が六隻。そしてその支援のために第五戦隊の重巡「那智」「羽黒」および駆逐艦二隻。さらに第五戦隊の直衛に当たる駆逐艦が二隻と、第二水雷戦隊の軽巡一隻に駆逐艦四隻で、その合計は重巡二隻、軽巡二隻、駆逐艦一四隻、ほかに駆潜艇、哨戒艇、給油艦などを加えると総勢は六七隻にもおよぶ大艦隊であった。

当然のことながら日本軍の行動は連合軍側もキャッチしており、米海軍のハート大将に代わって二月十六日に連合軍海上部隊指揮官になったオランダ海軍のヘルフリッヒ中将は、カレル・ドールマン少将に海上において日本軍の撃滅を下命した。

スラバヤ沖海戦日本軍編成

（△は損傷）

指揮官＝第5戦隊司令官：高木武雄少将

東方支援隊（高木武雄少将）

第５戦隊＝重巡・那智、羽黒

第７駆逐隊＝潮、漣

第24駆逐隊＝山風、江風

第１護衛隊（西村祥治少将）

第4水雷戦隊＝軽巡・那珂

第２駆逐隊＝村雨、五月雨、春雨、夕立

第９駆逐隊＝△朝雲、峯雲

第２護衛隊（田中頼三少将）

第２水雷戦隊＝軽巡・神通

第16駆逐隊＝雪風、時津風、初風、天津風

蘭印部隊（主力）

第３艦隊長官：高橋伊望中将

主隊＝重巡・足柄、妙高

駆逐艦・雷、曙

蘭印攻略作戦で上陸部隊を運ぶ輸送船団を護衛する日本の水雷戦隊。

ドールマン少将が旗艦「デ・ロイテル」を先頭にスラバヤ港から出撃したのが二月二十六日午後十時。「デ・ロイテル」に続航して「ジャバ」「エクゼター」「ヒューストン」「パース」、そして米英蘭の駆逐艦九隻が続いた。そんな連合軍艦隊の動きを日本軍が発見したのは翌二十七日正午少し前のことだった。バリクパパンを基地にする第二空襲部隊の陸攻機が第一報を船団に打電したのだ。

「敵巡洋艦五隻、駆逐艦六隻、スラバヤ三一〇度六三浬、針路八〇度、速力一二ノット、一一五〇」

スラバヤ沖海戦連合軍艦隊編成
（×は沈没、△は損傷）
指揮官＝カレル・ドールマン少将（蘭）

オランダ海軍
軽巡・×デ・ロイテル、×ジャバ
駆逐艦・×コルテノール、ヴィテ・デ・ヴィット

イギリス海軍
重巡・×エクゼター
駆逐艦・×エレクトラ、×エンカウンター、×ジュピター

アメリカ海軍
重巡・ヒューストン
駆逐艦・×ポープ、エドワーズ、×ポール・ジョーンズ、ジョン・D・フォード、アルデン

オーストラリア海軍
軽巡・パース

この位置は日本軍船団の南方約六〇浬（約一一〇キロ）。支援部隊の第五戦隊からは一二〇浬の距離である。第五戦隊司令官の高木武雄少将は報告を受けるやただちに針路を敵方にとり増速した。そして午後一時十五分、敵艦への接触をはかるべく重巡「那智」から偵察機を発艦させた。

一方、護衛隊指揮官の西村祥治少将は午後零時四十五分、第四水雷戦隊に対し「魚雷戦用意！」を命じると、輸送船団を西方へと避退させ、自らは軽巡一隻と駆逐艦六隻を従えて一時十分敵方に向かった。

那智機から敵船団との接触を報じてきたのは約一時間後のことだった。

「敵ハ甲巡二、軽巡三、駆逐艦九、基点ヨリノ方位一九四度、四五浬、針路一八〇度、速力二四ノット、一四〇五」

那智機からは続電が次々と入る。

「敵ハ、スラバヤニ向ウモノノ如シ、一四二五」

「敵ハ、スラバヤニ入港シツツアリ、一四五五」

だが、すぐそのあとで敵艦が反転したことを報じて

きており、高木司令官はただちに第二、第四水雷戦隊に対して敵方に向かうことを命令、四時五十分ごろには各隊と合同して進撃を開始した。

五時四十五分、第二水雷戦隊は敵艦隊に距離一万七〇〇〇メートルと迫ったところで、まず「神通」が砲撃を開始した。敵駆逐艦も一二センチ砲をもって応戦。英重巡「エクゼター」と米重巡「ヒューストン」も二〇センチ砲を仕掛けてきた。さすがに二〇センチ砲ともなると砲弾は至近距離まで飛んでくる。当時、軽巡「神通」に乗っていた元海軍中尉の寺沢伸吾（てらさわしんご）氏が、のちにそのときの模様をこう記している。

「ヒューストンの砲弾は、わが那智に集中された。その着弾は最初から正確であった。アメリカ巡洋艦は、いずれも各艦の斉射を識別するために、その砲弾の中に紅色染料を使用していたので、それらの至近弾より生ずる、巨大な鮮血のような赤い水柱は、狙われている那智の将兵に、不気味な恐怖心をまきおこした。然（しか）し皮肉なことにそれはかえって、帝国海軍将兵にヒューストン撃沈の血をたぎらせるのに役立った。彼我の砲弾はいよいよ熾烈となる。敵弾も、我が艦艇の一五〇メートルから四〇〇メートル位の至近弾が多くなった……」

第二水雷戦隊は煙幕を張って避退した。そこに北方から突っ込んできたのが第四水雷戦隊である。同隊は第二水雷戦隊の前を横切ると、一万五〇〇〇メートルの距離から六時四分から十五分までの間に、実に二七本もの九三式魚雷を発射した。続いて「神通」もまた外側から魚雷四本を発射した。敵艦がたくみに避雷運動を行っていたためにほとんど成功はしなかったが、この間の日本軍の発射弾数は「那智」「羽黒」からの二〇センチ砲が一二七一発、「神通」「那珂」の一四センチ砲が一七一発、「羽黒」および第四水雷戦隊、「神通」からの九三式魚雷三九本にも及んでいる。

ドールマン少将の戦死

敵味方とも有効弾のないまま激しい砲撃戦が続いていたが、その均衡を打ち破ったのは日本軍である。午後六時三十七分、「羽黒」が発砲した一弾が英重巡「エ

英重巡「エクゼター」に魚雷が命中した。

クゼター」に命中し、対空砲架を撃ち抜いたうえに、その下のボイラー室で爆発し、一〇名余の兵士を吹き飛ばした。「エクゼター」は大きく左旋回を始め、陣形は大混乱に陥った。

さらに六時四十五分、「羽黒」が放った八本の魚雷のうちの一本がオランダ駆逐艦「コルテノール」のどてっ腹に命中して炸裂、轟沈に追い込んだ。連合軍艦隊の陣形はますます乱れ、やむなくドールマン少将は離脱を決意した。

離脱する連合軍の艦隊を第四、第二水雷戦隊、第五戦隊が追撃する。第四水雷戦隊の旗艦「那珂」が一万二〇〇〇メートルから魚雷四本を発射。第二水雷戦隊の「神通」も一万八〇〇〇メートルで魚雷を発射した。その間をぬって第九駆逐隊の「朝雲」と「峯雲」が突っ込んだ。両艦は僚隊が次々と反転していくのもかまわず敵艦を追い続け、五〇〇〇メートルまで接近したときに初めて魚雷を発射した。

前方には英駆逐艦「エレクトラ」と「エンカウンター」がいる。両隊は三〇〇〇メートルの距離に入ると砲戦を開始した。あまりの激しさに先頭の「エンカウンター」は一斉射を行っただけで反転した。しかし後続の「エレクトラ」が突っ込んでくる。そして日本艦からの一発が「エレクトラ」に命中した。逆に日本の

スラバヤ沖海戦で日本軍の魚雷が命中し、沈没寸前の英重巡「エクゼター」の断末魔。

「朝雲」も機械室に被弾して電源が故障してしまったが、「峯雲」がなおも「エレクトラ」を攻撃、ついに七時五十四分、これを撃沈したのであった。

連合軍艦隊は陣形を整えるべくその場を避退、八時過ぎになってから再び日本軍に向かって航路を反転した。英駆逐艦「ジュピター」「エンカウンター」を先頭にその後方約一浬を「デ・ロイテル」「パース」「ヒューストン」「ジャバ」が続き、右舷には米駆逐艦が伴走していた。そして一万二〇〇〇メートルのところで日本の第五戦隊を発見。「パース」と「ヒューストン」が照明弾を放つ。第五戦隊は煙幕を張りながら増速して北西方に向かった。代わって第二水雷戦隊が前進して、「神通」が魚雷四本を発射した。

連合軍艦隊は日本の輸送船を求めて捜索を開始した。ところがそんな中、英駆逐艦の「ジュピター」がオランダ軍の仕掛けた機雷に触れて爆沈する。そこを再び日本の第五戦隊に発見されてしまった。二十八日午前零時三十三分のことである。

すかさず「那智」から八本、「羽黒」から四本の魚

雷が続けて発射され、オランダの軽巡「デ・ロイテル」と「ジャバ」が轟沈、この戦闘でドールマン少将以下ほとんどが戦死した。後に救助された者は「デ・ロイテル」の乗員が一七名と、「ジャバ」にいたっては二名を数えただけだった。

米駆逐艦「ポール・ジョーンズ」撃沈の瞬間。

第五戦隊はこの日の明け方まで付近の海上捜索に当たっていたが、残る連合軍の艦艇を発見することができず断念、輸送船団を護衛してジャワ島のクラガンへと向かった。

入港直前になって敵急降下爆撃機一〇機による攻撃を受けた。そして輸送船二隻が被弾して約一五〇名の死傷者を出すにおよんだが、三月一日午前二時三十五分、予定より約一日遅れでクラガン泊地に入港、四時ごろには陸軍部隊の上陸を無事に完了させることができた。

なお、この戦闘に参加していた連合軍艦艇のうち米軍重巡「ヒューストン」とオーストラリア軽巡「パース」はバタビアに逃れたが、スラバヤに逃れた英巡洋艦「エクゼター」と駆逐艦「エンカウンター」および米駆逐艦「ポール・ジョーンズ」は、セイロン島に向けて三月一日正午ごろに同港を出港したものの、バウエアン島の西方約九〇浬にさしかかったとき、日本軍の蘭印部隊主隊の攻撃を受け、すべて撃沈された。

バタビア沖海戦

敵ABDA艦隊の殴り込みを制す

一九四二年三月一日

飛んで火に入った敵艦二隻

第一六軍司令官今村均中将が直接率いる西部ジャワ攻略部隊は、輸送船五六隻に分乗して一九四二年（昭和十七）二月十八日午前十時、フィリピンのカムラン湾を出港した。船団を護衛するのは原顕三郎少将率いる第三護衛隊である。

船団は二月二十八日夜半、無事メラク湾とバンタム湾に入泊、三月一日午前零時を期して一斉に敵前上陸を開始した。ちょうどそのとき米重巡「ヒューストン」とオーストラリアの軽巡「パース」がバンタム湾沖バビ島付近へとさしかかった。先のスラバヤ沖海戦で生き残った例の二艦で、ジャワ南岸のチラチャップへ集結するよう命令され、急航の途中だった。そしてバンタム湾に日本軍の船影を発見したのである。

「ヒューストン」と「パース」は日本船団を討つべく、すぐさまバンタム湾に突進していった。だが、その行動は早くから日本軍にキャッチされていた。三月一日の午前零時九分、バンタム湾東方で警戒中だった駆逐艦「吹雪」が敵船影を発見、第三護衛隊に報告していた。

日本側は手ぐすね引いて待ち構えていた。原司令官は軽巡「名取」に重巡「三隈」「最上」などほとんどの艦艇を戦場予定地へ急行させた。

零時三十七分、「パース」が砲門を開いた。「ヒューストン」の二〇センチ砲も火を吐いた。日本の駆逐隊も応戦、次々に魚雷を発射した。しかし命中弾がない。

一時十九分、「最上」「三隈」が戦闘に加わり、主砲

深夜ジャワ沖揚陸点に飛び込んできた米重巡「ヒューストン」と豪軽巡「パース」は、火の玉となって南海に果てた。写真は燃え上がる両艦。

攻撃でまず「ヒューストン」に火災を起こした。さらに駆逐艦「春風」が放った魚雷が「パース」に命中し、大火災が発生した。そこへ「叢雲」が突進してきて両艦に魚雷を命中させた。

こうして両艦は日本軍の重巡、軽巡、駆逐艦の集中攻撃を受けて沈没した。「ヒューストン」艦長は、退避する乗員に艦橋から「グッドバイ」と叫んだという。火薬庫が爆発したのは、まさにその瞬間だった。ジャワ海付近の連合国艦隊＝ＡＢＤＡ艦隊は、日本軍のジャワ攻略に先立ってことごとく駆逐されたのである。

ところで、この戦闘ではとんでもないハプニングが起こっていた。パンジャン島南方で輸送船団を警戒中の日本の第二号掃海艇が三月一日午前一時三十五分、右舷缶室に魚雷が命中して切断転覆。また輸送船も同じ時刻に魚雷を受けて、まず佐倉丸が沈没、ほかに龍城丸、蓬萊丸、龍野丸の三隻が大破転覆していた。龍城丸に乗船していた軍司令官の今村均中将も、船が転覆すると同時に暗い海の中に投げ出されている。

当時、輸送船団は揚陸作業の真っ最中で、「スワ、敵艦の攻撃!」と、乗員たちは大騒ぎとなった。しかし、事実はまったく違っていた。何と日本の重巡「最上」が「ヒューストン」に向けて発射した魚雷が、不幸にも敵艦の船底の下を潜り抜け、日本の船団に次々と命中してしまったのである。

海中に投げ出された今村中将は約三時間後に助け上げられたが、このとき大正天皇から授かった軍刀を海中に紛失してしまったという。ところが、この味方同士の相討ち問題は今村中将の了解のもと、長い間秘密にされており、明るみに出されたのは戦後になってからだった。

バタビア沖海戦連合軍編成表
(×は沈没)
米重巡・×ヒューストン
豪軽巡・×パース

バタビア沖海戦日本軍編成
指揮官=第3護衛隊:原顕三郎少将
第5水雷戦隊(原顕三郎少将)
軽巡・名取
第5駆逐隊=朝風、春風、旗風
第22駆逐隊=皐月、水無月、長月、文月
第3水雷戦隊(編入部隊)
第11駆逐隊=初雪、白雪、吹雪
第12駆逐隊=白雲、叢雲
第7戦隊第1小隊(西方支援隊)
重巡・三隈、最上
第19駆逐隊=敷波

バタビア沖海戦で作戦中の豪軽巡「パース」。

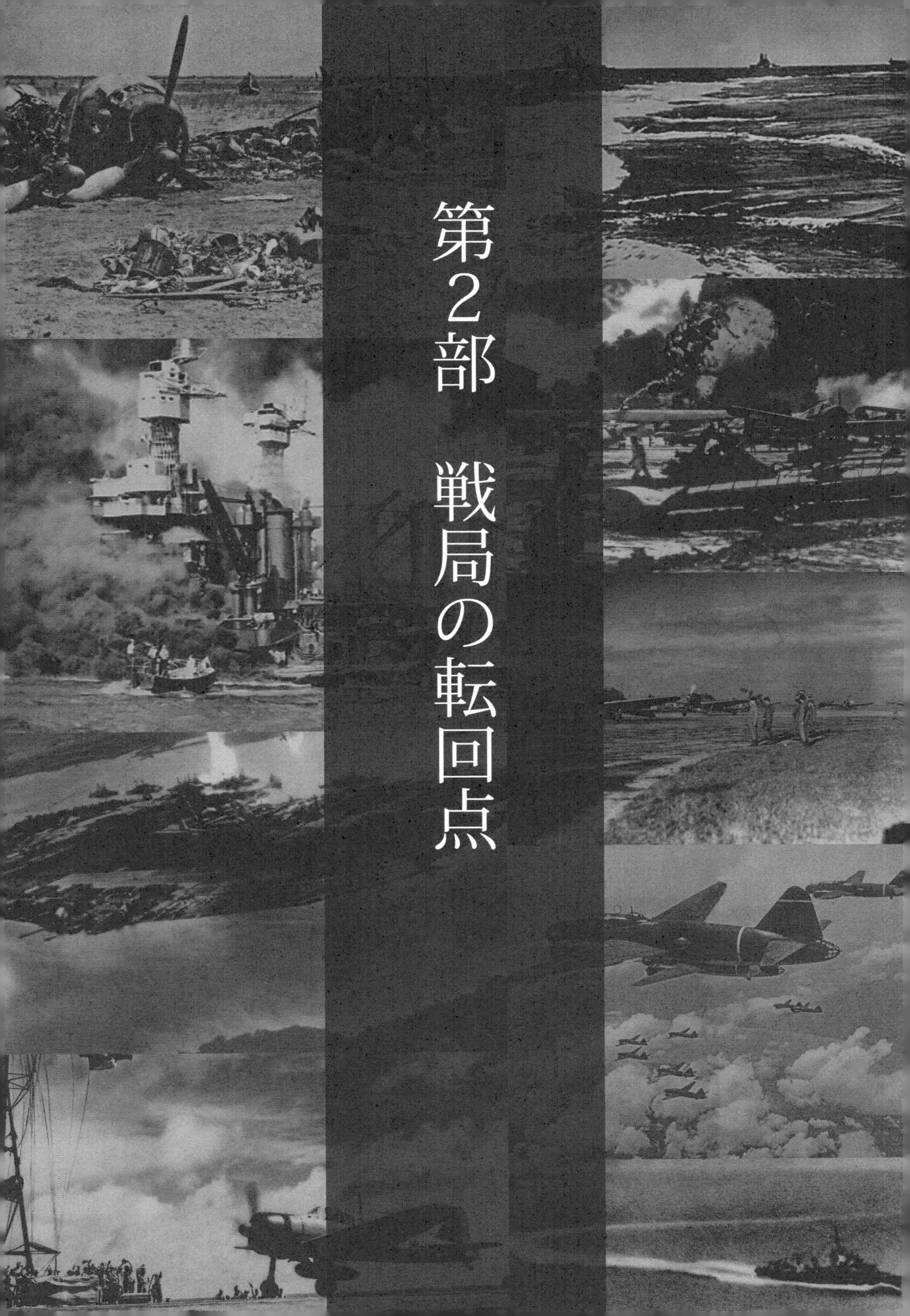

第2部　戦局の転回点

〈概説〉南太平洋を血に染めた日本海軍対連合国海軍の死闘

第二段作戦をめぐる連合艦隊と軍令部の対立

日本軍は開戦前に、第一段作戦としてマレー、シンガポール、フィリピン、蘭印（オランダ領東インド。現在のインドネシア）、ビルマ（現ミャンマー）などを占領する計画を立てていた。南方の資源地帯を占領して、戦争に欠かせない物資を確保することを最優先にしたのである。

この日本軍の第一段作戦は勝利の連続で、戦争を指揮する大本営の予想を上回るハイペースで進んでいった。ところが大本営は開戦前に、第一段作戦終了後の次期作戦を具体的に検討していなかった。したがって第一段作戦が順調に進むと、次の作戦＝第二段作戦計画を大急ぎで決めなければならなくなった。

太平洋でのアメリカとの戦いは海軍の「縄張り」であるとの意識が強かったから、陸軍は積極的な作戦案を提示することはなかった。むしろ、南方攻略が終了したら、開戦前に満州（中国東北部）から引き抜いた兵力を元に戻し、ソ連との戦いに備えたいというのが本音だった。

一方、海軍は次期作戦の方針をめぐって、連合艦隊司令部と海軍作戦を立案・指揮する軍令部が対立していた。連合艦隊司令長官の山本五十六大将は、米国の戦意を喪失させて戦争を早期に終わらせるにはハワイ

アメリカ海軍が国民と軍の士気を高揚させるために放った「ドゥーリットル空襲」は、日本の軍部に衝撃をもたらした。写真は空母から発艦する米陸軍のB25爆撃機。

を直接攻略するのが最も効果的だと考えていた。しかし、それには相当の準備を要するため、態勢が整うまでの間にインド洋のセイロン島（現スリランカ）を攻略して英艦隊を撃滅、西方の防衛強化を図ろうとした。

また、真珠湾攻撃では米太平洋艦隊の主力戦艦群を撃破したが、空母は取り逃がしてしまった。壊滅を免れた米空母部隊は、一九四二年（昭和十七）二月から南洋群島のマーシャル諸島や日本軍が占領したウェーク島への空襲を行うなど、放置しておけなくなってきた。そこで連合艦隊司令部からハワイ西方のミッドウェー島攻略作戦を行い、阻止に現れた米機動部隊を撃滅するプランが出された。米空母を誘出する以外に、山本長官にとってミッドウェー島攻略はハワイ攻略作戦の準備という一面もあった。

これに対して軍令部は、いずれは連合軍の反攻拠点となることが予想されるオーストラリアに注目していた。そこでオーストラリアの北部要域を占領するか、あるいはアメリカとオーストラリアとの連絡路を遮断するために、南太平洋のニューカレドニア、フィジー、サモアを攻略するプランが検討された。オーストラリアを孤立させて戦線から離脱させれば、イギリスが講和に応じるかもしれないとの期待もあったからだった。

このように連合艦隊と軍令部とでは第二段作戦の方針が大きく食い違い、しかも、連合艦隊のミッドウェー島攻略作戦に対して、軍令部は危険が大きい上に攻略後の維持も困難であるとして反対してきた。ハワイ攻略作戦も兵力や船舶が足りず、実施は不可能であると一蹴した。連合艦隊も軍令部の米豪遮断作戦に対しては、米機動部隊が健在な限り危険が大きく、本当に遮断できるのかも疑問であると反対した。ただし、オーストラリアを無力化することでは意見が一致していた。

海軍側の次期作戦プランは参謀本部に提示されたが、連合艦隊のセイロン島攻略案については、攻略後の確保が難しいとして反対した（ハワイ攻略作戦は提案されず）。軍令部のオーストラリア北部攻略案も、日本の国力の限界を超えているとした。ただ、ミッドウェー島攻略と米豪遮断については消極的ながら作戦の必要性を認めており、海軍に自信があれば協力するという態度だった。

結局、第二段作戦は米豪遮断＝FS作戦を主眼とし、連合艦隊の主張も一部認められ、四二年四月に南雲機動部隊によるセイロン島空襲をはじめとするインド洋作戦を、五月にフィジー、サモアを攻略するFS作戦の準備としてニューギニア南東のポートモレスビーを攻略（MO作戦）する。そして六月にミッドウェー攻略作戦（MI作戦）、七月にニューカレドニア、フィジーを占領するFS作戦を実施することが決定した。

この間、海軍ではFS作戦の実施に向けて航空基地の拡充を推進させることにした。詳細は第3部で紹介するが、五月にソロモン諸島南部のツラギを占領、水上機基地を設営し、七月からは隣のガダルカナル島で飛行場建設が始まった。このときは誰一人、そのガ島の飛行場をめぐって日米が死闘を展開、攻防の転換点になるなどとは思ってもいなかった。

インド洋作戦＝セイロン島沖海戦

一九四二年四月五日〜九日

インド洋で壊滅した英東洋艦隊

インド洋の英艦隊を撃滅せよ

陸軍のビルマ攻略作戦に呼応してインド洋に出動した南雲機動部隊は、セイロン島（現スリランカ）のイギリス海軍基地攻略の命を受けて出撃、ここで繰り広げられたのが、英空母と基地航空隊を相手としたセイロン島沖海戦である。

開戦以来、フィリピン、スマトラ、マレーと破竹の進撃を続けている日本の陸軍部隊は、その矛先をジャワ島（インドネシア）に向け、一九四二年（昭和十七）三月一日、ジャワ島の各方面から一斉に上陸を開始した。戦闘は散発的で、オランダ領東インドの英印軍は、三月九日に降伏した。

山本五十六（やまもといそろく）連合艦隊司令長官が、前記の陸軍作戦に協力していた南雲機動部隊＝南方部隊機動部隊（指揮官・第一航空艦隊司令長官南雲忠一中将）にセイロン島奇襲攻撃作戦を命じたのは、このジャワ全土攻略に成功した三月九日のことであった。そして四月一日を奇襲予定日とし、準備がすすめられた。

日本陸海軍の陸戦はその後も順調で、北部スマトラも三月末には制圧し、三月二十三日に上陸したアンダマン諸島も数日の戦闘で制圧している。そして早くも開始されていたビルマ進攻作戦も順調で、タイの国内を通過した第一五軍は三月八日にはビルマの首都ラングーン（当時）を占領してしまった。このため、今後も予定されているビルマ全土を攻略する作戦を進めるためには、海路からの軍需品輸送が必要になってきたのである。

当時、セイロン島には英国の二大基地、商港コロンボと軍港トリンコマリーがあった。海路からビルマへの軍需品輸送を行う場合、この二つの英拠点をほうっておけば、かならず有力な英艦隊が日本軍の輸送を阻止してくることが予想された。つまりビルマ攻略を達成するためには、事前にこの二つの英軍基地と英東洋艦隊に打撃を与えておかなければならなかったのである。いくつかの情報から判断して、当時インド洋に展開する英海軍は空母二、戦艦二、重巡三をはじめ、軽巡、駆逐艦も行動しており、沿岸の基地には約三〇〇機の航空機が配備されていると見られた。

コロンボ大空襲

陸軍部隊の南方作戦が一段落したあと、セレベス島南東岸のスターリング湾に碇泊（ていはく）して訓練に当たっていた南雲機動部隊は、三月二十六日に出撃し、スマトラ島南西の海上を北上、インド洋に浮かぶセイロン島に向かった。同時に、小沢治三郎中将率いる馬来（マレー）部隊も、ベンガル湾北部の敵艦隊を撃滅して、カルカッタ方面に向かう連合国側の交通路の遮断をすべく、ベンガル湾沿いのインド東海岸に向かってアンダマン諸島とニコバル諸島の間を通過して北上していった。

対する英側は、三月二十八日に日本艦隊がセイロン島奇襲を四月一日にしかけてくるという情報を米軍から入手した。新司令長官となったサー・ジェームス・ソマービル大将は、三月二十六日までに戦艦五隻、空母三隻からなる機動部隊をセイロン島南西六〇〇浬（かいり）のマルダイブ諸島の秘密基地周辺に集結させた。そして、日本艦隊の航路を予想し、三月三十一日にはセイロン島近辺に捜索配備を敷き、待ち構えた。

だが、日本艦隊は四月一日になっても、翌二日になっても現れなかった。セイロン島奇襲攻撃作戦の予定日は、後に四月五日に変更されていたのである。米軍はこの予定変更の情報までは入手できなかった。このため、ソマービル大将率いる英艦隊は肩すかしを食らうことになった。そして、マルダイブ諸島の秘密基地に引き返すのである。

セイロン島に近接すべく北上していた南雲機動部隊

母艦を発進して攻撃に向かう機動部隊の99艦爆。インド洋作戦では驚異的な命中率を発揮し勝利に貢献した。

は、四月四日の昼ごろには敵の勢力圏に突入し、同日夕刻には敵飛行艇一機を発見した。ただちに各母艦の上空を警戒していた計一八機の零戦により、難なくこの敵機は撃墜された。しかし、英飛行艇は撃墜される前に「戦艦三隻、空母一隻、針路三〇五度……」をコロンボの基地に打電していた。

日本軍は開戦以来初めて、その空襲を事前に知られることになるが、機動部隊は予定通り翌五日にコロン

インド洋作戦日本軍編成表

南方部隊機動部隊
第１航空艦隊長官：南雲忠一中将
第１航空戦隊＝空母・赤城
第２航空戦隊＝空母・飛龍、蒼龍
第５航空戦隊＝空母・翔鶴、瑞鶴
支援隊＝第3戦隊司令官：三川軍一中将
第３戦隊＝戦艦・金剛、榛名、比叡、霧島
第８戦隊＝重巡・利根、筑摩
警戒隊
第１水雷戦隊司令官：大森仙太郎少将
軽巡・阿武隈
第I7駆逐隊＝谷風、浦風、浜風、磯風
第I8駆逐隊＝不知火、霞、霰、陽炎
駆逐艦・秋雲
マレー部隊
南遣艦隊長官：小沢治三郎中将
中央隊＝重巡・鳥海、軽巡・由良、空母・龍壌
北方隊＝重巡・熊野、鈴谷、駆逐艦I隻
南方隊＝重巡・三隈、最上、駆逐艦I隻
警戒隊＝軽巡・川内、駆逐艦8隻

ボ空襲を敢行する。

　四月五日午前九時、真珠湾攻撃以来の南雲機動部隊の総飛行隊長淵田美津雄中佐の指揮する零戦三六機（「赤城」「蒼龍」「飛龍」「瑞鶴」各九機）、九七艦攻五四機（「赤城」「飛龍」「蒼龍」各一八機）、九九艦爆三八機（「瑞鶴」「翔鶴」各一九機）からなる第一次攻撃隊が五隻の空母から発進した。四五分後に攻撃隊の飛龍機が接触して来る敵飛行艇を発見、ただちに撃墜する。しかし敵飛行艇はすでに日本空母の位置を基地に打電した後だった。

　セイロン島周辺の上空は分厚い積乱雲に覆われ、ピカピカと稲妻が走っている。淵田中佐は密雲を避けながら攻撃隊をセイロン上空に導いていった。やや雲が薄らいだ。そのとき淵田中佐ははるか下方に一二機の複葉機を目にした。魚雷を抱いている。淵田中佐は〈わが空母部隊を攻撃しに行くのに違いない〉と思った。敵は雲上の攻撃隊に気が付いていない。淵田中佐は書いている。

「私は風防を開いて、左側にくっついている制空隊指揮官機を手で招いた。制空隊指揮官板谷少佐はすぐ近づいてきた。そこで私は敵の方を指さしながら、片手にゲンコツを振って見せた。板谷少佐はうなずいて、しばらく指さす方を眺めていたが、敵を認めたとみえて、片手を上げて了解の合図を送ってきた。私は手を振って行けと合図した」（『ミッドウェー』）

　魚雷を抱いた旧式の複葉機は、零戦隊の一撃であっというまに撃墜されてしまった。第一次攻撃隊は、午前十時四十五分にコロンボ上空に進入した。断雲は残っているが、スコールが去ったコロンボ市街は雨に濡れてキラキラ光っている。市街の南東にある飛行場に機影はない。迎撃の敵戦闘機も現れない。しかし軍艦の姿はないが、コロンボ港は船舶で埋まっている。艦爆隊は飛行場、タンカー、商船などに急降下爆撃を開始した。

　艦攻隊は港内の船舶、桟橋、兵舎、修理工場、鉄道に対して水平爆撃を開始した。しかし攻撃成果は思わしくなく、淵田中佐は「第二次攻撃を準備されたし」の報告を機動部隊司令部に打電した。午前十一時十八分のことであった。

そのとき、偵察機からの無電が入った。

「敵大巡二隻南下中」

大巡とは重巡洋艦のことだ。淵田中佐は全機の帰投を急いだ。ところが攻撃隊が集合点に集まりはじめたとき、上空には英軍のファルマー戦闘機、ハリケーン戦闘機など四二機が待ち構えていた。しかし、最新戦闘機零戦の敵ではなかった。たった三〇分で英戦闘機一九機を撃墜し、さらに応援に駆けつけた雷撃機ソードフィッシュ全八機も簡単に撃ち落としてしまった。しかし爆撃を終えたころにハリケーン戦闘機の攻撃を受け、「瑞鶴」の艦爆五機と「翔鶴」の艦爆一機が撃墜されてしまった。

艦爆隊、英重巡二隻撃沈

一方、淵田中佐から「第二次攻撃を準備されたし」の報告を受けた南雲中将は、英艦隊攻撃のために魚雷を装備して待機していた艦攻隊に対し、爆弾を装着するよう兵装転換を命じ、第一次攻撃隊収容後ただちに

南雲機動部隊の艦上機の攻撃で撃沈される英重巡「ドーセットシャー」の最期。

日本軍機から15発の爆弾を撃ち込まれて傾いた英重巡「コンウォール」の断末魔。

発艦するよう命令を下した。格納庫内は魚雷から陸用爆弾への兵装転換でごった返していた。そこに撃墜された零戦一機を含む七機以外の第一次攻撃隊が全機帰還してきた。

「敵巡洋艦二隻発見！」

索敵機からの報告が入った。

再び命令が飛んだ。陸用爆弾への兵装転換がかなり進んでいたにもかかわらず、南雲中将は再度、できうるかぎり魚雷への兵装転換命令を下したのだ。だが、のちの報告により、この巡洋艦はどうやら駆逐艦の可能性が強くなった。艦隊司令部は多少安心した。そこで爆装準備が整っていた三空母の急降下爆撃隊が発進した。敵空母出現にそなえて、コロンボ空襲に参加しなかった「赤城」艦爆一七機、「飛龍」艦爆一八機、「蒼龍」艦爆一八機の計五三機であった。午後三時三分である。

この間の午後二時五十五分、「利根」の零式水偵が、この二隻は駆逐艦ではなく敵巡洋艦であるとの報告を入れてきた。とまどう指揮官たちは再度確認をとらせたが、ケント型の巡洋艦に間違いないとの返電である。駆逐艦との報告で艦爆隊だけを発進させた南雲だったが、巡洋艦を撃沈するには魚雷か八〇〇キロ爆弾を抱えた艦上攻撃機の水平爆撃でなければ無理だと考えた。このため、換装準備を終えた雷撃機を少しでも早く発進させたかったのだが、魚雷への換装作業は進んでいない。

　しかし、南雲中将の計算とはうらはらに、先に発進した艦爆隊は午後三時五十四分に、二隻の英重巡「ドーセットシャー」と「コンウォール」を発見した後、ただちに攻撃を開始し、わずか一〇数分で両艦を撃沈したのであった。のちに起こるミッドウェー海戦でも、南雲中将はこのときと同じ兵装転換を命じ、やたら時間を浪費して攻撃の決定的チャンスを逃し、逆に空母四隻を失うという大惨敗を喫した。このセイロンでの戦訓を何ら生かさなかったのである。

　敵巡洋艦撃沈により、第二次攻撃隊の発進はとりやめとなった。こうして、南雲機動艦隊のコロンボに対する戦闘は終了することになる。その後、艦爆隊は何機かの敵を蹴散らしただけで、敵機は姿をまったく見せなくなった。戦闘終了後、南雲機動部隊はもう一つの標的であるトリンコマリーに向かうべくセイロン島の東方海域に進んだ。

　一方、日本艦隊に肩すかしを食ったソマービル大将率いる英機動部隊は、四月四日午後に哨戒機が打電した日本艦隊発見の報告を入手したときは、アッヅ島で燃料を補給しており、出動準備は翌日早朝にしか整わない状態だった。五日の早朝、アッヅ島を発進。南雲機動部隊の西方約二八〇浬（約五二〇キロ）よりさら

インド洋作戦英東洋艦隊編成表

（×は沈没）

指揮官：サー・ジェームス・ソマービル大将

A部隊（高速機動部隊）

空母・インドミタブル、フォーミダブル

戦艦・ウォースパイト

重巡・×ドーセットシャー、×コンウォール

軽巡・エンタープライズ、エメラルド

駆逐艦６隻

B部隊（低速機動部隊）

軽空母・×ハーミス

戦艦・ラミリーズ、ロイヤル・オーク、
ロイヤル・ソブリン、レベンジ

軽巡・カレドン、ドラゴン

蘭軽巡・ヒームスカーク

駆逐艦8隻

沈没する英重巡「ドーセットシャー」（右）と「コンウォール」。

に近接したころ、ソマービル大将は重巡二隻が沈没したことを知る。そこでいったん反転して日本艦隊への追撃のタイミングを計っていたが、結局、戦闘することなく、四月八日にはアッヅ島に帰投する。

また、小沢中将率いる馬来部隊は、四月六日ごろには任務海域に達し、カルカッタに向かっているタンカー、武装商船、貨物船に攻撃を加えた。英艦隊がこの海上交通路をまったく防衛していなかったため、この交通路破壊作戦は大成功に終わった。

英空母「ハーミス」を撃沈

四月九日午前九時、南雲機動部隊はトリンコマリーの東方海上約二〇〇浬の地点に到達し、第一次攻撃隊を発進させた。艦攻九一機（「赤城」一八、「飛龍」一八、「蒼龍」一八、「翔鶴」一九、「瑞鶴」一八）と、零戦三〇機（各母艦六）で、攻撃隊指揮官は淵田中佐である。ところが南雲機動部隊の動きを察知した英軍は、事前に軍港トリンコマリーからすべての艦船を退避させていた。そこで艦攻隊は滑走路、軍事施設など

日本軍の急降下爆撃を受けて沈みゆく軽空母「ハーミス」。

を次々に破壊、逃げ遅れていた艦船に爆撃を加えていった。

一方、トリンコマリー沖上空では待ち構えていた英戦闘機一〇数機と零戦三〇機による空中戦が展開されたが、結果は日本側の大勝利であった。

日本側の損害は艦攻の自爆が一機、機上戦死二名、重傷一名、軽傷二名、零戦三機損失に対し、英側は戦闘機三九、水偵一機が撃墜された他、滑走路上のハリケーン二機などが破壊された。攻撃隊による軍港トリンコマリーの攻撃終了直後、「榛名」の水偵から、南方海域で敵艦発見の報告が南雲機動部隊に入った。空母「ハーミス」と駆逐艦三隻であった。

午前十一時四十三分、母艦を発進した艦爆隊長江草（えぐさ）隆繁（たかしげ）少佐指揮する第二次攻撃隊の艦爆八五機と、零戦六機は、約一時間四〇分後に「ハーミス」を発見した。江草少佐は「全員突撃」を下命するやいなや、真っ先に「ハーミス」めがけて急降下攻撃に入っていった。「ハーミス」を攻撃した四五機（「翔鶴」一八、「瑞鶴」一四、「飛龍」一一、「赤城」二）の命中弾は三七発で、なんと八二パーセントの命中率だった。

やがて「ハーミス」は沈没。さらに、駆逐艦、商船、補給艦などすべてを撃沈した。また敵戦闘機群をも次々に撃墜、トリンコマリーの敵基地も壊滅状態に追い込んでいた。英首相チャーチルは、この日本軍の作戦の結果、実質的にインド洋を放棄してしまった。こうして、南雲機動部隊はセイロン島攻撃作戦の目的を達成したのだったが、あの混乱を招いた「兵装転換命令」が、後のミッドウェー海戦でも再現され、重大な敗因をもたらすなどとは、このときは誰も予想だにしなかった。

ドゥーリットル空襲

米軍が決行した真珠湾奇襲攻撃の報復作戦

一九四二年四月十八日

報復心に燃えたルーズベルトの一矢

一九四一年（昭和十六）十二月八日、日本海軍の連合艦隊はハワイ真珠湾の米太平洋艦隊を奇襲攻撃して多大な成果を上げると同時に、陸軍部隊はマレー半島、シンガポール、フィリピンなどの攻略を開始し、次々と占領していった。フィリピン防衛の米比軍司令官ダグラス・マッカーサー大将は翌年三月十一日、バターン半島突端のコレヒドール要塞から「アイ・シャル・リターン」（私は必ずや戻るだろう）と言い残し、夜間に駆潜艇でオーストラリアに脱出した。海軍航空隊もイギリスの最新鋭戦艦「プリンス・オブ・ウェールズ」と「レパルス」を撃沈して、イギリスの東洋艦隊を撃滅した。まさに破竹の進撃で、ここまでは大本営の願望を上回る大戦果である。

そんな時期に日本本土に突如として米国のB25爆撃機一六機が飛来し、東京をはじめ横須賀、名古屋、四日市、神戸などを爆撃して飛び去った。真珠湾攻撃から四カ月あまり経過した一九四二年（昭和十七）四月十八日正午過ぎのことであった。もちろん日本本土が外国機に襲撃されたのは初めてで、味方機と思って手を振る市民も少なくなかった。〝神州不滅〟を信じる国民にとって、まさに寝耳に水の出来事だった。

この奇襲爆撃によって死者八七名、重軽傷者四六六名、破壊された家屋二六二戸が出た。東部軍司令部は「敵機九機を撃墜せり」と発表したが、これは事実無根で、一六機はすべて日本軍の対空砲火や戦闘機の迎撃をかわして西方に姿を消した。

ドゥーリットル隊隊員とドゥーリットル中佐（中央右）と「ホーネット」艦長のマーク・A・ミッチャー大佐。

アメリカ大統領フランクリン・ルーズベルトは、日本軍に真珠湾の太平洋艦隊が奇襲攻撃を受けた直後から、陸海軍の首脳に「日本本土を爆撃する手立てを至急に考えよ」と檄（げき）を飛ばし、一九四二年一月十日に作戦計画の立案を命じていた。大統領は急いでいた。この大統領命令を受けて、空母で爆撃機を日本近海まで運び、爆弾を投下するという構想を思いついたのはアーネスト・キング大将（合衆国艦隊司令長官兼海軍作戦部長）で、「協力しましょう」と陸軍航空隊総司令官ヘンリー・H・アーノルド中将が応じた。ここに新鋭空母「ホーネット」から陸軍の双発爆撃機B25を発進させて日本の首都などを爆撃し、中国大陸へ飛び抜けるという奇想天外な発想が生まれた。米国版「カミカゼ特攻隊」の隊長には陸軍のエース・パイロット、ジェームズ・ハロルド・ドゥーリットル中佐が選ばれた。

空母に中型爆撃機を搭載する

日本本土を空襲するためには、日本軍が沿海から三

空母「ホーネット」の飛行甲板に搭載されたＢ25爆撃機。

〇〇マイル（約四八〇キロ）に航空機による哨戒線、五〇〇マイル（約八〇〇キロ）に監視船による哨戒線を敷いており、その外側から爆撃機を発進させなければならない。

日本空襲といえば大型爆撃機Ｂ29を想起するが、のちに「超空の要塞」と呼ばれるようになる長距離爆撃機Ｂ29はまだ開発途上にあった。そこで選ばれたのが中型双発爆撃機Ｂ25だった。ドゥーリットル中佐はＢ25の機体に改良を加えて、空母から飛び立てば任務を遂行できると確信したのだ。

ドゥーリットル中佐が率いる搭乗員八〇名（一機の搭乗員は五名）はフロリダ州エグリン基地に集結し、空母の飛行甲板に見立てた短い滑走路からの発艦訓練と併せて、東京に似た地形を選んで超低空の爆撃演習を行った。

この訓練には一九三四年（昭和九）に来日した米プロ野球大リーグの選抜チームの捕手モー・ハーグが、東京都内の聖路加病院の屋上から密かに八ミリカメラで撮影したフィルムが役立ったといわれている。彼は

日本に向かうB25爆撃機の編隊。陸軍の大型爆撃機を空母から発艦させるという、日本側の意表をついた作戦だった。

マスクを被ったスパイだったのだ。

フロリダでの訓練を終えたドゥーリットル隊は、四月一日にカリフォルニア州アラメダ海軍基地で空母「ホーネット」（艦長マーク・A・ミッチャー大佐）に乗り組んだ。すでにこのとき「ホーネット」の飛行甲板には、一六機のB25がクレーンで積み込まれていた。

そして翌四月二日、「ホーネット」と護衛の艦艇はサンフランシスコの金門橋の下をくぐり抜け、太平洋に舳先（へさき）を向けた。一方、四月八日に真珠湾を出航したウィリアム・F・ハルゼー中将率いる空母「エンタープライズ」の第一六機動部隊は、四月十三日にミッドウェー沖で空母「ホーネット」隊と合流、指揮下に入れた。

日本本土の奇襲に成功

四月十八日未明、米機動部隊の偵察機が敵船を発見し、「ホーネット」の監視員も一一キロ先に日本の監視船（第二三日東丸）を確認した。

午前八時、ハルゼー中将は「ホーネット」のミッチ

横須賀海軍工廠を爆撃するドゥーリットル隊。

ャー艦長に「ただちに爆撃機を出撃させよ」と指令した。こうしてドゥーリットル中佐が操縦する一号機が午前八時二十分に発艦し、一五機が続いた。

　当初の計画では爆撃機は夕暮れに飛び立ち、日本本土を夜間に爆撃し、日の出前には中国の麗水で給油して重慶に向かうことになっていた。しかし、予期せぬ事態の発生で、夜間爆撃が白昼爆撃となり、飛行距離も三〇〇キロほど延びてしまった。「確率一〇〇分の一の自殺的飛行だった」と、ドゥーリットルが日記に記した日本本土初空襲は、こうして開始された。

　日本側にも判断ミスがあった。第二三日東丸の報告を受けた軍令部は、米軍機による空襲を翌十九日と予想した。これは艦載機の航続力から割り出したもので、まさか空母が重爆撃機を搭載していることなど想像だにしていなかったからだ。実際、茨城県水戸市の北郊にある菅谷防空監視哨が十八日の昼前に米軍機の飛来を確認して東部軍司令部に報告したが、その真偽を定めかねているうちに爆撃が始まっていたのだ。日本軍の対応は後手に回った。

ドゥーリットル隊は、日本軍の迎撃や対空砲火をかわして中国に向かったが、日が暮れて雨と風が強くなって視界はきかず、計器頼りの飛行になった。そのため、ほとんどが山野に不時着し、なかには海上や山中に激突する機もあった。

二名がパラシュートで脱出したが、三名が即死、八名が日本軍の捕虜になり、三名が処刑された。一六機中、エドワード・ヨーク大尉率いる八番機だけは燃料不足からウラジオストク郊外のソ連空軍基地に着陸した。彼らはここで給油して中国に向かうつもりだったというが、搭乗員五名はソ連当局に一年半近く軟禁された。そして監視の兵士を買収して、イランの国境近くの町マシャドに逃れ、故郷に戻れたのは二年後のことだった。

一年後に襲われた山本長官機

ところで山本五十六連合艦隊司令長官は一九四三年四月十八日、前線視察のためラバウルからブーゲンビル島南端のブイン基地に向けて飛び立った。日本本土が〝ドゥーリットル空襲〟を受けたちょうど一年後である。

日本海軍の暗号解読で山本長官の前線視察日程を知った米太平洋艦隊司令長官のチェスター・W・ニミッツ元帥は、南太平洋方面司令官ハルゼー大将にヤマモト機撃墜を命じた。ハルゼーはガダルカナル島のソロモン地区航空部隊司令官マーク・A・ミッチャー少将に、ニミッツ長官の命令を伝えた。

ミッチャー少将はガ島のヘンダーソン基地からロッキードP38戦闘機一六機を離陸させ、ブーゲンビル島上空で待ち伏せさせた。山本機の直掩機（ちょくえんき）は零戦六機。一六対六の空中戦はわずか二分足らずで決着がつき、山本長官機は黒煙を吐いてジャングルに消えた。

因縁めいた話になるが、ちょうど一年前の昭和十七年四月十八日、日本を初空襲したときの指揮官はハルゼーで、空母「ホーネット」の艦長がミッチャーだった。日本はハルゼーとミッチャーのコンビに二回も痛い目に遭わされたわけである。

珊瑚海海戦

史上初の空母対空母の航空決戦

一九四二年五月七日〜八日

米豪連絡線の遮断を狙った日本軍のMO作戦

日米開戦以来、日本軍の南方進攻作戦（第一段作戦）は順調に進展していた。いわゆる破竹の進撃で、当初の主目標であるフィリピン、オランダ領東インド諸島（蘭印）、マレー、シンガポール、ビルマの攻略は、当初予定していた期間のほぼ半分で達成してしまった。そこで大本営は一九四二年（昭和十七）四月、南太平洋への進攻などを盛り込んだ第二段作戦を決定した。

作戦は攻略して間もないラバウル（ニューブリテン島）を基地に、まずニューギニア東南部のポートモレスビーを攻略する。次いでポートモレスビーを基点にニューヘブリディズ（現バヌアツ）諸島へ南進して、さらにニューカレドニア、フィジー諸島およびサモアを占領、アメリカとオーストラリアの連絡線を遮断してオーストラリアを孤立させ、対日反攻の基地にするのを阻止しようというものだった。珊瑚海海戦は、そうした日本の企図を粉砕しようとする米機動部隊と日本の機動部隊との間に起こった、世界で最初の空母同士の海戦である。

ポートモレスビー攻略作戦は「MO作戦」と呼称され、その後、ポートモレスビー攻略と同時にソロモン諸島のツラギ攻略も併せて実施されることになった。当時、ツラギにはオーストラリア軍の水上基地があり、ソロモン統治の中心地でもあった。後に日米が初めて死闘を展開するガダルカナルは、このツラギ島に対面するように横たわっている島だ。

MO作戦の総指揮は第四艦隊司令長官井上成美（いのうえしげよし）中将

が執(と)ることになったが、井上は作戦の中核となる第四艦隊の基地航空兵力の整備が不充分などの理由で、より強力な空母を増強してほしいと連合艦隊司令部に要請した。このため南雲機動部隊の中から、第五航空戦隊（司令官原忠一少将）の新鋭空母「翔鶴」と「瑞鶴」が引き抜かれ、この二隻の空母を中心にした「ＭＯ機動部隊」（指揮官高木武雄少将）が編成された。また、完成したばかりの軽空母「祥鳳」が第六戦隊を主体とする「ＭＯ攻略部隊」（指揮官五藤存知(ごとうありとも)少将）に編入された。

第四艦隊の作戦計画では、まずＭＯ攻略部隊（ＭＯ主隊と援護部隊）がツラギ攻略部隊を支援し、ツラギ攻略後は機動部隊とラバウルの基地航空隊の援護のもとに、五月十日にＭＯ攻略部隊全力でポートモレスビー攻略を敢行しようというものであった。そしてポートモレスビー攻略後の五月十五日にナウル、オーシャン両島を占領するとされた。

第４艦隊司令長官井上成美中将。

五月三日深夜、ポートモレスビー攻略に先立ってツラギ攻略が実施された。ツラギ攻略部隊は連合軍の抵抗を受けることなくツラギ西方港外に到達、同島をあっさりと占領した。

米海軍に解読されていた日本軍のＭＯ作戦計画

米太平洋艦隊司令長官チェスター・Ｗ・ニミッツ大将は、一九四二年四月末にハワイ真珠湾の米海軍戦闘情報班（正式には第一四海軍区通信諜報班）から届いた日本海軍の暗号解読情報によって、日本軍の「ポートモレスビー攻略計画」を知った。その情報を基に戦局を分析したニミッツは、日本は五月初頭にポートモレスビー攻略を実施するであろうと読み、迎撃準備を進めた。しかし、このとき迎撃作戦に使える空母は「ヨークタウン」と「レキシントン」の二隻しかなかった。

当時、米太平洋艦隊にはこの二隻の他に「サラトガ」

敵艦隊攻撃に発艦した日本海軍の新鋭艦攻機。

「エンタープライズ」「ホーネット」の三空母があったが、「サラトガ」は一月に日本の潜水艦の魚雷攻撃を受け、その損傷修理が終わっておらず、空母「エンタープライズ」と「ホーネット」はウィリアム・F・ハルゼー中将に率いられて、いわゆる東京空襲（ドゥーリットル空襲）に出撃していて帰っていない。すぐ使

珊瑚海海戦日本軍編成表

1（×は沈没、△は損傷）

〈日本軍〉指揮官＝第４艦隊司令長官：井上成美中将

MO機動部隊（指揮官＝高木武雄少将）

本隊

第５戦隊＝重巡・妙高、羽黒

第７駆逐隊＝曙、潮

航空部隊（指揮官＝原忠一少将）

第５航空戦隊＝空母・△翔鶴、瑞鶴

第27駆逐隊＝有明、夕暮、白露、時雨

MO攻略部隊（指揮官＝五藤存知少将）

主隊

第６戦隊＝重巡・青葉、加古、衣笠、古鷹

空母・×祥鳳、駆逐艦・漣

援護部隊

第18戦隊、特設水上機母艦、第５砲艦隊、第14掃海隊

ツラギ攻略部隊（指揮官＝志摩清英少将）

敷設艦・△沖島、駆逐艦・×菊月、△夕月ほか9隻

特設掃海艇７隻、特設運送艦２隻

ポートモレスビー攻略部隊

軽巡・夕張、敷設艦・津軽、駆逐艦６隻

掃海艇１隻、海軍輸送船６隻、陸軍輸送船６隻

（ほかに奇襲隊として潜水艦２隻からなる第21潜水隊と給油艦等２隻の給油隊が参加）

〔注〕飛行機の喪失は82機

用できる空母といえば、珊瑚海東方海面で行動中の「ヨークタウン」と、真珠湾で対空兵装を強化していた「レキシントン」だけであった。

ニミッツはポートモレスビー攻略阻止のため、「ヨークタウン」と「レキシントン」の合同を指令し、第一七機動任務部隊を編成した。機動部隊の指揮官にはフランク・J・フレッチャー少将を任命した。

第一七機動部隊の各艦艇は、五月一日に珊瑚海南東海上に集結した。このときの「ヨークタウン」(旗艦)と「レキシントン」にはF4Fワイルドキャット戦闘機、SBDドーントレス急降下爆撃機、TBDデバステーター雷撃機など一四一機が搭載されており、また重巡七隻(うちオーストラリア艦二隻)、軽巡一隻(オーストラリア艦)、駆逐艦一一隻(オーストラリア艦二隻)、給油艦二隻が随伴していた。

五月三日夕刻、日本軍のツラギ上陸を知ったフレッチャー少将は、燃料補給中の「レキシントン」隊を残し、自ら空母「ヨークタウン」を率いて北上した。

四日朝、フレッチャーはツラギに第一波攻撃(雷撃

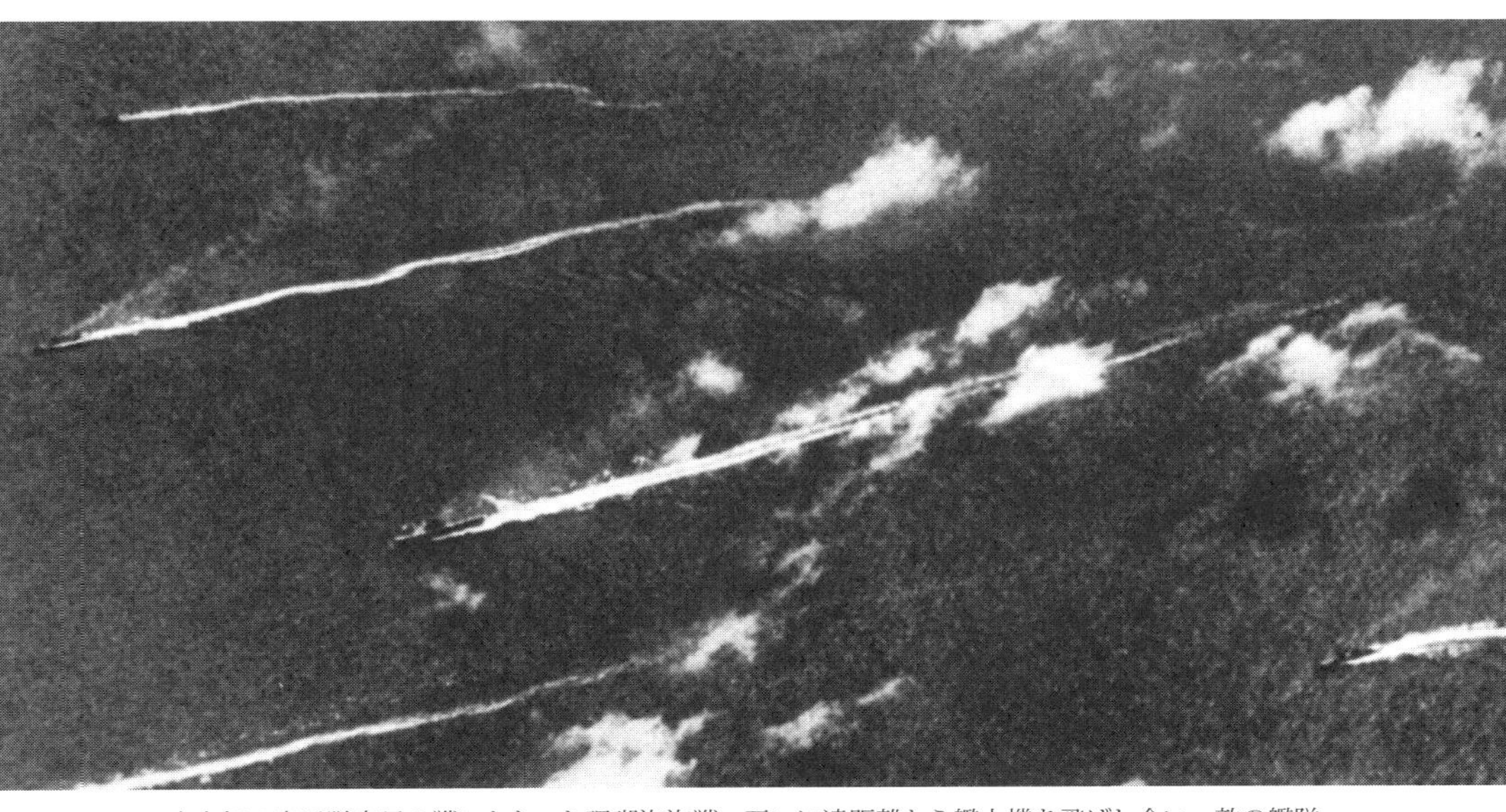

史上初の空母隊空母の戦いとなった珊瑚海海戦。互いに遠距離から艦上機を飛ばし合い、敵の艦隊を爆撃した。写真は日本軍機が攻撃に入る直前の米艦隊。

珊瑚海海戦連合軍編成表

（×は沈没、△は損傷）

第17任務部隊

指揮官＝Ｆ・Ｊ・フレッチャー少将

第2群

指揮官＝トーマス・Ｃ・キンケード少将

重巡・ミネアポリス、ニューオーリンズ、
アストリア、チェスター、ポートランド

駆逐艦・フェルプス、他４隻

第3群

指揮官＝Ｊ・Ｇ・クレース英軍少将

豪重巡・オーストラリア、米重巡・シカゴ

豪軽巡・ホバート、駆逐艦２隻

第5群

指揮官＝オーブリー・Ｗ・フィッチ少将

空母・△ヨークタウン、×レキシントン

駆逐艦・モリス、他３隻

第6群　駆逐艦・×シムス、ウォーデン、
給油艦・×ネオショー、ティッペカヌー

第9群

水上機母艦・タンジール

〔注〕飛行機の喪失は85機

機一二機、爆撃機二四機）を敢行した。そして第一波に参加した機はただちに母艦に引き返し、魚雷や爆弾を装塡（そうてん）し直して第二波攻撃（雷撃機一一機、爆撃機二七機）に再び飛び立った。この第二波攻撃にはＦ４Ｆ戦闘機四機が加わり、水上基地や駆逐艦への爆撃を繰り返した。

米軍機の襲撃でツラギの日本海軍は駆逐艦「菊月」と第一、第二掃海特務艇および特設掃海艇「玉丸」の四隻を撃沈された。また敷設艦「沖島」と駆逐艦「夕月」が小破し、二〇数名の重軽傷者を出した。米軍機の損傷は三機であった。

ツラギ攻略支援の後、北上中であった高木少将のＭＯ機動部隊は、米軍機来襲の報を受けるや、ただちにツラギに急行した。しかし五日朝までに米機動部隊を発見することはできなかった。

一方、五月四日にラバウルを出発したＭＯ攻略部隊は、翌五日に空母「祥鳳」とツラギ攻略部隊からの輸送船を収容してポートモレスビーへ急行していた。

米軍が初めて撃沈した日本の空母「祥鳳」の最期

五月七日午前五時三十二分、ＭＯ機動部隊の「翔鶴」索敵機から「米空母一隻、駆逐艦三隻発見」の報告が入った。「瑞鶴」から零戦九機、艦爆一七機、艦攻一一機が、「翔鶴」から零戦九機、艦爆一九機、艦攻一三機の合計七八機が発進した。指揮は真珠湾攻撃以来のベテラン、「瑞鶴」飛行隊長嶋崎重和（しまざきしげかず）少佐が執った。

ところが攻撃隊が発進した直後、MO攻略部隊の索敵機から、「翔鶴」の索敵機とは別の位置で、米空母を発見したとの報が入った。しかし航空部隊指揮官の原忠一少将は、そのまま「翔鶴」の索敵機が発見した位置への攻撃を優先させた。だが、攻撃隊が向かった目標地点に米空母の姿はなかった。そこには油槽艦「ネオショー」と護衛の駆逐艦「シムス」の二隻がいるのみだった。

攻撃隊はなおも敵機動部隊を探したが、発見することはできない。このため嶋崎少佐は眼下の二隻を攻撃、全機に帰艦を命じた。攻撃隊は炎上する「シムス」と「ネオショー」は沈没したものと思っていた。しかし「ネオショー」は火災を消し止め、十一日までの四日間、

米第17任務部隊司令官
F・J・フレッチャー少将。

操艦不能のまま漂流していたが、救助に駆けつけた駆逐艦に乗組員は収容され、艦は自沈させられた。

この間、トラック島に司令部を置く第四艦隊司令長官井上中将は、MO攻略部隊の索敵機が発見した米空母への攻撃を督促していた。しかし機動部隊に艦載機の余裕はない。結局、MO機動部隊は攻撃の機会を逸してしまうのである。

一方のフレッチャー少将率いる米機動部隊は、同日の午前六時十五分にはラッセル島南方一一五浬(かいり)にあり、支援の重巡「オーストラリア」および「シカゴ」他、軽巡洋艦一隻、駆逐艦二隻を西方に進発させた後、進路を北に転じていた。空母「ヨークタウン」を発進した索敵機からの「日本艦隊発見！」の報を受けたフレッチャーは、これを日本の空母部隊と判断して進撃。同部隊の北西約二二五浬に位置する日本艦隊を発見した。

フレッチャーは午前七時二十六分に「レキシントン」機を、午前八時に「ヨークタウン」機を発進させた。戦闘機一八機、雷撃機二二機、爆撃機五三機、合計九三機の大編隊だった。しかし米索敵機が発見した「日本艦隊」は、四日にラバウルを出発した「祥鳳」を含むMO攻略部隊であった。「祥鳳」ではすでに会敵を

予想して零戦四機、艦攻一機を上空直衛に上げていたが、米空母発見の報が入ったため、直衛機の収容、補給、攻撃隊の発進準備などが重なり右往左往していた。米軍の一二機編隊の艦爆隊が襲ってきたのはそのときだった。

米軍機は護衛の重巡には目もくれず、「祥鳳」に突進してきた。上空の零戦と空母の対空砲火陣が防戦に努める。「祥鳳」も全速力でジグザグ航法をとり、敵の爆弾を回避した。

敵の第一波が終わった。「祥鳳」は無傷だった。艦長の伊沢石之介（いざわいしのすけ）大佐は、甲板に残る三機の零戦を急ぎ発艦させることにした。一番機、二番機、そして三番機が発艦しようとしたまさにそのとき、

「敵襲ッ！」

見張り員の絶叫が飛んだ。戦爆連合の米機の大群が襲ってきたのだ。「祥鳳」は懸命に攻撃をかわそうとしたが、今度は避（さ）けきれなかった。「祥鳳」は魚雷七発、爆弾一三発の命中弾を受けて大火災を起こした。そして、戦闘四〇分後の午前十一時三十五分、南海の海に

「祥鳳」の最期。「祥鳳」は太平洋戦争で最初に沈没した日本軍の空母となった。

姿を没した。位置はルイジアード諸島の西、デボイネ島から五三浬の地点であった。

「祥鳳」は艦載機六機のうち三機を失い、他の三機はデボイネ島に不時着、乗組員六六三名が艦と運命を共にした。米機の損失はわずかに三機であった。

結局、井上中将が交渉を重ねた末に兵力に加わった新鋭空母は、海戦初日に沈没したのである。

米空母に着艦しかけた夜間攻撃隊の危機一髪

MO機動部隊の最初の攻撃が空振りに終わった後、原少将は熟練搭乗員のみで編成した夜間攻撃隊の出撃を決意した。

五航戦の「翔鶴」「瑞鶴」は、開戦直前に完成したため編成が遅く、搭乗員の練度も低かった。搭乗員の中にはまだ夜間の帰投、着艦が無理な者もいた。それに加えて、当時の艦上爆撃機は九六式から九九式に替わったばかりのときで、まだ九九艦爆に充分慣熟しておらず、九九艦爆による夜間飛行の経験も少なかった。

そこで原少将は熟練搭乗員だけで編成した夜間攻撃隊を出撃させることにした。メンバーは嶋崎少佐率いる艦攻一八機と、「翔鶴」飛行隊長の高橋赫一（たかはしかくいち）少佐率いる艦爆一二機の合計三〇機、七八名の熟練搭乗員たちだった。嶋崎少佐も高橋少佐も、真珠湾攻撃以来のベテラン隊長である。

夜間攻撃隊は午後二時十五分、悪天候をついて発艦を開始した。そして米空母の予想位置に到着したが、そこに米空母の姿はなかった。仕方なく、しばらく索敵した後に帰艦することになったが、その帰路、米軍戦闘機と遭遇した。爆弾や魚雷を抱いたままの空中戦が始まり、日本機は艦攻八機が撃墜された。米軍の思わぬ奇襲のため、夜間攻撃隊は魚雷や爆弾を海中に投下し、帰途についた。

この夜間攻撃隊の「瑞鶴」隊指揮官として参加した艦爆隊の江間保（えまたもつ）大尉（のち少佐）は、戦後の手記に書いている。

――すでに日はとっぷりと暮れていた。しかし南方の海は明るくて、夜でも直下あたりは肉眼で見える程度である。

敵戦闘機の攻撃を受けて、いくらか機数の減ったわが攻撃隊が、およそ百七、八十マイルほど帰ってきたあたり、眼下に二隻の母艦を中心とした機動部隊を発見した。母艦は灯りを点じて飛行機の収容をしていた。

私たちの攻撃隊は灯りを消して、六機ぐらいがまとまって前後バラバラに帰ってきていた。だいたい味方母艦の位置を予想した付近だったので、近くまで母艦が迎えにきてくれたと思い、まず「翔鶴」の艦爆隊長高橋少佐が自らの航空灯、編隊灯を点火した。そして母艦に向かって「着艦ヨロシキヤ」の信号を送った。するると母艦からも応答の信号があった。これが偶然味方の信号と一致していたのか、また間違っていたことに気付かなかったのか、これは私たちには判断できないが、おそらく高橋少佐には「着艦ヨロシイ」という信号に見えたのであった。

高橋少佐は高度二百メートルまで降り、解散の信号をし、着艦すべく誘導コースに入った。

高橋少佐が誘導コースに入るのを見て、私もまた別の母艦上において誘導コースに入っていった。すると

日本軍機の攻撃で火災を起こした米空母「レキシントン」の飛行甲板。

突然、後部席の偵察員が「アッ、籠マストだ」と叫んだ。
籠マストは米国の戦艦級のみにあって、日本の艦には見られないものであった。私は着艦せずに通り抜けた――

高橋少佐が着艦しようとしたのは米空母「ヨークタウン」だった。あわてた日本の攻撃隊は急上昇した。米機動部隊も日本機に気づき、猛烈な対空砲火を始めた。攻撃隊はすでに魚雷や爆弾を投棄していたため、文字通り米空母を真下にしながら攻撃することができなかった。このため無事に母艦にたどり着けた機は「瑞鶴」の九機、「翔鶴」の八機のわずか一七機にすぎず、五航戦はこの戦闘で一三機を失い、多くの熟練搭乗員も同時に失ってしまった。そして残る五航戦の稼働機数は零戦三七機、艦爆三三機、艦攻二六機の合計九六機となった。

米軍初の沈没空母となった「レキシントン」の最期

原少将は八日午前四時過ぎ、艦攻七機を使っての索敵を開始した。午前六時三十分、「翔鶴」から飛び立った菅野兼蔵（すがのけんぞう）飛行曹長の索敵機（九七艦攻）が、米空母発見の第一報を送ってきた。ほぼ同時刻、「レキシントン」の米軍索敵機も日本艦隊を発見していた。

菅野機から続報が次々届けられる間、空母では攻撃隊の発進準備が整えられ、午前七時十分に「翔鶴」から零戦九機、艦爆一九機、艦攻一〇機、「瑞鶴」から零戦九機、艦爆一四機、艦攻八機の合計六九機が、高橋少佐の指揮の下に出撃した。

進撃の途中、日本の攻撃隊は母艦に帰投中の菅野機に出会った。すると菅野機は指揮官の高橋機に「ワレ誘導ス」と信号を送るや、機を反転させて攻撃隊の先頭に立った。

午前九時五分、攻撃隊は菅野機の誘導で米機動部隊の上空に達した。ここで菅野機は攻撃隊と別れて帰途についたのだが、長時間の索敵飛行に続く攻撃隊の誘導で燃料は底をついていた。そしておそらく、途中で燃料がなくなり、空母にたどり着くことができず行方

不明となった。
　九時十分、高橋少佐は輪形陣を敷く米機動部隊に対して突撃を指令した。輪形陣を突破した機のうち「瑞鶴」隊は二手に分かれて「レキシントン」と「ヨークタウン」に、「翔鶴」隊は全機が「レキシントン」に襲いかかった。「レキシントン」には爆弾五発、魚雷二発が命中し、三カ所から火災が発生した。やがて「レキシントン」は浸水が激しくなり、さらに十時四十七分には軽油タンクから洩れたガソリンの気化ガスに引火、大爆発を起こして操舵不能になった。そして午後零時四十五分、二度目の爆発を誘発し、炎につつまれた。もはや手の施しようがなかった。「レキシントン」艦長は総員退去を命じ、午後六時、自沈処分され、二〇〇余名の戦死者と艦載機三六機とともに姿を没した。
「ヨークタウン」も命中弾一発、至近弾二発を受けた。命中弾は飛行甲板を貫通して第四甲板倉庫で爆発、甲板員四〇余名が戦死し、吃水線にも大きな損傷を受けていたが、沈没は免れていた。
　この間、日本機は空中戦で米機二三機を撃墜したも

日本軍機の雷爆撃を受けたあと、大爆発を起こした「レキシントン」には総員退去令が出され、飛行甲板は大混乱に陥った。

のの、自らも一二機を失っていた。攻撃隊は全弾を投下したにもかかわらず、「ヨークタウン」はまだ戦闘行動を続けていた。攻撃隊は結局「ヨークタウン」にとどめを刺すことができずに帰途につくことになるが、さらに帰投の途中で米戦闘機に襲撃される。零戦隊の援護がなかったため、攻撃隊は艦攻と艦爆一一機をさらに失ったのである。

何の戦訓も見出（みいだ）さなかった「MO作戦」の無期延期

日本の攻撃隊が「レキシントン」と「ヨークタウン」を攻撃しているころ、「翔鶴」も米艦上機の熾烈（しれつ）な攻撃にさらされていた。

「レキシントン」の索敵機から「日本機動部隊発見！」の報告を受けたフレッチャー少将は、七時十五分、「レキシントン」と「ヨークタウン」から戦闘機一五機、雷撃機二一機、爆撃機四六機を発進させ、八時三十分に攻撃態勢に入った。

米攻撃隊は、まず「ヨークタウン」隊が午前九時に

「翔鶴」に対して攻撃を開始した。続いて九時四十分に「レキシントン」隊がＭＯ機動部隊の上空に達した。ところが悪天候のため空母を発見できず、半数近い機が攻撃陣から脱落する。しかし二一機は「翔鶴」に対して攻撃を行った。

「翔鶴」は米機の魚雷を全てかわしたが、艦爆機の四五〇キロ爆弾三発が飛行甲板に命中した。それでも「翔鶴」の航行は可能であったが、甲板の損傷で攻撃機の発着艦が不能になってしまった。そこで飛び立っている攻撃機の収容を「瑞鶴」にまかせ、自らは火災の鎮火を待って巡洋艦「衣笠」などに護衛され、戦線を離脱した。「翔鶴」からは一〇〇余名の戦死者を出した。その「翔鶴」の八〇〇〇メートル前方にあった「瑞鶴」は、うまくスコールの中に身を隠し、攻撃を免れた。

連合艦隊司令部と南洋部隊司令部双方から「作戦を続行せよ」の命令を受けた機動部隊司令部は、改めて米機動部隊の追撃を検討したが、「敵空母二隻撃沈！」と判断していたことや、艦艇の燃料不足などを考慮して追撃を断念した。

帰投した攻撃隊は「瑞鶴」機二四機、「翔鶴」機二二機の合計四六機で、すべて「瑞鶴」に収容された。また機動部隊の上空直衛に当たっていた「翔鶴」機六機、「瑞鶴」機一機は不時着水して搭乗員のみが収容された。

さらに「瑞鶴」に収容された航空機のうち、修理不能になった一二機が海中に投棄された。残存機は零戦二四機、艦爆九機、艦攻六機のわずか三九機にすぎず、修理可能と見られるもの一七機であった。それよりも、攻撃隊総指揮官の高橋少佐をはじめ、多くのベテラン搭乗員を失ったことが、「祥鳳」の沈没と並んで、この海戦における最大の損失であった。

そしてＭＯ作戦の総指揮官である井上中将は、ポートモレスビー攻略作戦の無期延期を決定した。この決定に対して連合艦隊司令部は追撃を督促したが、すでに米機動部隊は戦場を離脱していた。

こうして史上初の空母対空母の戦い＝珊瑚海海戦は終わった。この戦いで五航戦は空母「翔鶴」が中破し、さらに熟練搭乗員の多くを失い、艦上機隊の再建を困難にしてしまった。戦いは正規空母一隻を撃沈した日本側の勝利といわれたが、後に米軍が珊瑚海海戦で「日本は戦術的には勝利したが、戦略的には敗北した」と

日米双方の攻撃機に対して、お互い対空砲火を撃ち合い、珊瑚海は砲弾の雨状態となった。

評したのも、ポートモレスビー攻略を中止せざるを得なくなったことに加え、多くの飛行機と熟練搭乗員の損失を指して言ったものである。アメリカと違い、日本には早急に飛行機や搭乗員を補充する能力がなかったからである。それはただちに表れ、続くMI作戦（ミッドウェー作戦）に「翔鶴」と「瑞鶴」の二空母が参加できなかったことでも証明された。

この珊瑚海海戦で見たように、海戦の主役に躍り出た機動部隊の戦いでは、艦上機の損害は驚くほど大きい。アメリカはこの海戦でいち早くその戦訓を見出し、空母の大量建造と飛行機の大量生産、パイロットの大量養成を開始した。しかし日本海軍は、戦訓を見出すどころか、「五航戦（空母「翔鶴」「瑞鶴」）搭乗員の技量が劣っているから敵を撃滅できなかったんだ。われわれ一航戦（空母「赤城」「加賀」）、二航戦（空母「蒼龍」「飛龍」）が出ていけば鎧袖一触（がいしゅういっしょく）、あっという間に撃滅さ」という他の機動部隊員たちのうぬぼれに代表されるように、戦訓を見つけ出そうという気構えさえなかったのである。

特殊潜航艇第二次特別攻撃隊

一九四二年五月三十一日

ディエゴスワレス、シドニー港攻撃

第二次特別攻撃隊、遥かなる戦場に出撃

開戦直後の第一段作戦は日本軍が次々と勝利をおさめ、順調に推移していた。太平洋からインド洋にいたる広大な海域で作戦していた各艦艇も内地に帰投し、艦隊の再編が行われた。

仮装巡洋艦・報国丸と愛国丸を擁して通商破壊戦を行ってきた第二四戦隊は、一九四二年（昭和十七）三月十一日に新編制された第六艦隊（司令長官小松輝久中将）所属となった第八潜水戦隊（司令官石崎昇少将）に編入された。軍令部は戦果の少ない南東太平洋方面での通商破壊戦を中止して、「報国丸」、「愛国丸」など仮装巡洋艦をインド洋からアフリカ東岸に派遣、特殊潜航艇搭載の潜水艦部隊への補給も兼ねた協同作戦

によって、通商破壊戦を続行させようとしたのである。
八潜戦の軍隊区分は次のようになった。
〈甲先遣支隊〉
指揮官・八潜戦司令官石崎昇少将
兵　力・第一潜水隊＝伊16（特潜搭載）、伊18（特潜搭載）、伊20（特潜搭載）、伊10（偵察機搭載）、伊30（偵察機搭載）
仮装巡洋艦・報国丸、愛国丸
〈乙先遣支隊〉
指揮官・第一四潜水隊司令勝田治夫大佐
兵　力・第一四潜水隊＝伊27（特潜搭載）、伊28（特潜搭載）、伊29（偵察機搭載）
〈丙先遣支隊〉
指揮官・第三潜水隊司令佐々木半九大佐
兵　力・第三潜水隊＝伊22（特潜搭載）、伊24（特潜搭載）、伊21（偵察機搭載）
これら三支隊の作戦海域は甲先遣支隊がインド洋（アフリカ東岸）方面、東方先遣支隊と呼ばれる乙と

緒戦の南太平洋の通商破壊戦から、インド洋へ出撃する仮装巡洋艦「愛国丸」。

丙はニューギニアのポートモレスビー攻略作戦に協力した後、オーストラリア方面に進出するというものだった。

この八潜戦の戦力を見てわかることは、特殊潜航艇を搭載した第二次特別攻撃隊であるということだ。甲先遣支隊の伊16、伊18、伊20、丙先遣支隊の伊22、伊24の五艦は、南雲機動部隊の真珠湾攻撃に呼応して湾内突入をはかった特殊潜航艇五艇の搭載艦であり、丙先遣支隊指揮官の第三潜水隊司令佐々木半九大佐は、そのときの特別攻撃隊指揮官であった。そしていま、再び特別攻撃隊員を乗せて敵地に乗り込もうというのである。

二隊に分かれた八潜戦はそれぞれ四月十六日に呉を出航した。「報国丸」、「愛国丸」の二隻の仮装巡洋艦をともなった甲先遣支隊は、潜水艦基地隊が進出しているマレーのペナンに、佐々木大佐の東方先遣支隊はトラック島に向かった。

石崎少将自ら率いる甲先遣支隊の作戦計画は次のようだった。

石崎少将が乗艦する伊10と伊30以外の三潜水艦は特殊潜航艇を搭載し、伊10と伊30の偵察機によって敵主要艦艇の在泊が確認されたときは、各潜水艦は集中して攻撃を敢行する。そして特殊潜航艇の発進は日没後一時間以内か、あるいは日の出後一時間以内として夜間攻撃を行い、翌朝までに搭乗員を収容する。もし当夜中に収容できないときは、第三夜まで収容に努める。特別攻撃終了後、伊30はドイツ派遣の特別任務に就き、その他の艦船はアフリカ東海岸で通商破壊戦を敢行、おおむね八月上旬にペナンに帰投するというものだった。

成功したマダガスカル攻撃

一九四二年四月三十日、甲先遣支隊はペナンを出航してアフリカのダーバンを目指した。インド洋は南東太平洋と違って、東西の物資輸送の大動脈である。行き来する貨物船や油槽船も多かった。五月九日の真夜中午前零時五分過ぎ、早くも支隊はオランダ国旗を掲げたタンカーを発見した。仮装巡洋艦のベールを脱いだ「報国丸」と「愛国丸」は軍艦旗を掲げて追撃戦に入り、一五センチ砲で威嚇射撃を加えて拿捕し、回航班がペナンに回航していった。オランダのタンカーは「ゼノタ」号といい、のちに給油艦「大瀬」と改められて日本海軍の軍艦籍に入れられた。幸先のいいスタートであった。

そのころ、先発した伊30はすでにアラビア半島の紅海の入り口に達し、イギリスの艦影を求めて搭載の偵察機をさかんに飛ばしていた。五月七日にアデン（イエメン）、八日にジブチ、十九日にはアフリカ東岸をさらに下ったタンザニアの沖に浮かぶザンジバルとダルエスサラーム（タンザニア）の飛行偵察を行った。そして翌二十日にはケニアのモンバサに自ら潜航偵察を行ったが、有力な敵艦影は見当たらない。

このとき石崎少将の八潜戦主力はマダガスカル島を目前にしていた。三日前の十七日に

「千代田」艦上の第２次特別攻撃隊員。

同島南端の約五五五キロに達していた主力は、そこで分散配置につき、戦闘態勢に入っていた。ところが分散配置についた翌十八日、海は荒天に見舞われて各潜水艦は次々と機械の故障を起こしていた。特に伊18の故障は大きく、特殊潜航艇の発艦が不可能になってしまった。しかし伊16と伊20は発艦可能という。

石崎少将は偵察の結果などから、イギリス艦艇はマダガスカル島最北端のディエゴスワレス港にいると判断、第一潜水隊に同港近海への急行を命じると同時に、攻撃日を五月三十一日と決定した。

五月三十日、伊10の搭載機がディエゴスワレスを偵察飛行した。エリザベス型戦艦一隻、巡洋艦一隻、その他中小艦艇が停泊している。八潜戦の第一潜水隊はディエゴスワレスに急いだ。そして石崎少将は伊16と伊20に攻撃命令を発した。

「五月三十一日午前二時三十分（日本時間）を期して、特殊潜航艇による攻撃を実施すべし」

伊16と伊20は午前零時、港口から一〇浬（約一八キロ）の地点でそれぞれ特殊潜航艇＝甲標的を発進させた。

出撃搭乗員は次の四名であった。

伊16　甲標的指揮官・岩瀬勝輔少尉
　　　同　艇　付・高田高三二曹
伊20　甲標的指揮官・秋枝三郎大尉
　　　同　艇　付・竹本正巳一曹

特殊潜航艇を発進させた各潜水艦は、ただちに艇と搭乗員を収容すべく会合地点（港口から約三七キロ）に急ぎ、戦況を監視した。

日本の深夜は、現地ではまだ夜の八時過ぎで、港の艦内では小宴会を続けている将校たちもいた。英戦艦「ラミリーズ」でも、将校たちは魚料理とワインに舌鼓をうっていた。そこに、いきなり大爆発が起こった。のちの調査でわかるのだが、四インチ砲の弾薬庫に魚雷が命中したのだった。艦内にはたちまち海水が押し寄せ、主甲板まで水浸しになっている。

護衛の駆逐艦が爆雷を投下し、近くに停泊していた油槽船「ブリティッシュ・ロイヤルティー」（六九九三トン）は爆風に煽られた。そのとき乗組員の一人が

英戦艦「ラミリーズ」。特殊潜航艇が放った魚雷によって同艦は大破した。

左舷から五〇ヤード（約四五メートル）の位置に潜水艦の司令塔を発見し、機関銃を発射したが潜水艦はそのまま潜航していった。そしていまや潜水艦の航跡は港のあちこちで目撃されるようになっていた。「ロイヤルティー」は急いで錨を上げるとともに四インチ砲を発射したが、命中弾にはならない。

後進をかけた「ロイヤルティー」は徐々に動き出した。そのとき、明らかに「ラミリーズ」を狙ったと思われる魚雷が走ってきた。そして雷跡は「ロイヤルティー」の機関室後部に吸い込まれ、一大音響とともに機関室は木っ端微塵（みじん）に吹き飛んでしまった。やがて「ロイヤルティー」は沈没をはじめ、二〇メートルの海底に座り込んでしまった。

八潜戦の母潜水艦たちは二隻の子供たちを待った。攻撃予定時刻に港湾上空に赤い煙が立ち昇るのが認められ、攻撃は成功したものと思われる。だが三十一日が過ぎ、さらに六月一日が暮れても二隻の特殊潜航艇は姿を見せない。作戦計画で決められている「当夜中に収容できないときは、第三夜まで収容に努める」という第三夜も過ぎた。それでも伊20はさらに二日間を周辺海域の捜索に充てたが、特殊潜航艇も搭乗員も姿を見せなかった。イギリス側の記録によれば、日本軍の攻撃で戦艦「ラミリーズ」と油槽船「ブリティッシュ・ロイヤルティー」が撃破されたとあり、「数日後、二人の日本人がディエゴスワレスの北方で捜索隊に発見され、降伏を拒否して射殺された」とある。

そして射殺された二人の日本人は村人の手で現地に埋葬されたが、その所持品などから秋枝大尉と竹本一曹と見られている。さらに六月二日に、ディエゴスワレス港外の浜辺で、もう一人の日本兵が英捜索隊に発見されている。岩瀬少尉か高田二曹のどちらかに違いあるまい。

シドニー港をパニックに陥れた甲標的

甲先遣支隊がディエゴスワレス港の英艦を攻撃した同じ一九四二年五月三十一日、東方先遣支隊もオーストラリアのシドニー港に特殊潜航艇を発進させていた。前記したように特潜を背負う東方先遣支隊の母潜水艦

シドニー港から引き揚げられた特殊潜航艇（松尾艇）。この潜航艇は現在もキャンベラのオーストラリア戦争博物館に展示されている。

は四隻だったが、僚艦とともに珊瑚海で哨戒任務に就いていた伊28が、米潜の魚雷攻撃で撃沈されてしまった（五月十七日）ため、特潜攻撃は三隻になっていた。

搭乗員は次の六名であった。

伊27　甲標的指揮官・中馬兼四大尉
　　　同　艇　付・大森　猛一曹
伊22　甲標的指揮官・松尾敬宇大尉
　　　同　艇　付・都竹正雄二曹
伊24　甲標的指揮官・伴　勝久中尉
　　　同　艇　付・芦辺　守一曹

偵察機を搭載している伊21と伊29は支隊本隊に先行し、すでにシドニー港に接近して大胆とも思える偵察飛行を続けていた。たとえば伊21の伊藤進少尉と岩崎偵察員は、母艦搭載の零式小型水上偵察機でシドニー港上空を何度か低空飛行し、艦船の停泊数から艦種、さらには港内の様子まで克明に調べ上げていた。この伊藤少尉の偵察報告をもとに、佐々木大佐は攻撃決行を決断し、各艦に命じた。

「五月三十一日、特潜によるシドニー奇襲を決行する。

魚雷による爆風で着底した宿泊艦「クタバル」。

港内には奥の方に戦艦、港口近くに巡洋艦あり。目標の選択は各特潜指揮官の所信に一任する」

この日、三隻の潜水艦は日の出前に潜航し、特殊潜航艇の発進地点であるシドニー港口から五～六浬（約一〇キロ）の海域に静々と向かって行った。そして午後四時三十分、中馬艇、松尾艇、伴艇の順で発進していった。このときシドニー港には日本との珊瑚海海戦から帰投した米重巡「シカゴ」、駆逐艦「パーキンズ」「ドビン」、豪重巡「キャンベラ」、仮装巡洋艦「カニンブラ」（英）「ウエストラリア」（豪）、他に機雷敷設艦やコルベット艦など多数が停泊していた。

計画では先行の中馬艇は午後七時四十五分ころに湾口を通過し、他の二隻は二〇分間隔で後に続く予定だった。

中馬艇は予定通り湾口を通過していたが、間もなく防潜網に引っ掛かってしまった。午後八時過ぎ、身動きの取れなくなった中馬艇を海上監視部の水兵が発見した。しかし連絡を受けた豪海軍の巡視艇が「その不思議な物体は磁器機雷かもしれない」と思ったりしたため、二時間以上も放置されていた。そしてやっとミニ潜水艦と判定され、爆雷が投下されたとき、特殊潜航艇内で凄（すさ）まじい爆発が起こった。中馬大尉と大森一曹が自爆装置に点火したに違いなかった。

中馬艇が自爆してまもなくの午後十時五十七分、重巡「シカゴ」の見張員が右舷前方に特潜の司令塔を発見した。松尾艇である。「シカゴ」はサーチライトを照射して四インチ砲を発射した。しかし松尾艇は急速潜航して消えたが、再び駆潜艇に発見された。駆潜艇は水面すれすれに照射された松尾艇に体当たりを食らわせた。松尾艇は右舷に傾き、必死に回頭しようとしていたが、やがて潜没していった。

港内にはもう一隻のミニ潜水艦が確認されている。すでに時刻は午前零時三十分を回っていた。そのときシドニー港内の入り口に当たるブラッドレー岬付近に浮上したミニ潜水艦が、二本の魚雷を発射した。伴艇である。目標は明らかに「シカゴ」だった。

しかし最初の魚雷は「シカゴ」を大きくはずれ、オランダの旧式潜水艦と宿泊艦「クタバル」の底を通過

1942年10月9日、日英交換船で横浜に無言の帰還をしたシドニー港攻撃の特殊潜航艇隊員4名の遺骨。

して岸壁に当たって爆発した。爆風は「クタバル」を襲い、木造の同船は水中から突き上げられて真っ二つに砕け散った。寝ていた水兵のうち一九人が死に、オランダの旧式潜水艦も大損害を受けていた。もう一発は不発のまま浜辺に乗り上げていた。

魚雷を発射し終わった伴艇は帰投しようと努力していた形跡がある。だが、「シカゴ」の砲撃によって沈められてしまった。六月一日の午前二時ごろだった。

オーストラリア海軍はさっそくミニ潜水艦の引き揚げ作業を開始した。作業は六月三日に始められ、特殊潜航艇は五日の午後に水面に姿を現した。そして翌六日、陸上に運ばれた特殊潜航艇の中から二人の遺体が発見された。松尾大尉と都竹二曹だった。二人とも頭を拳銃で撃っての自決だった。

松尾艇に並行して中馬艇も引き揚げられ、綿密な調査が行われた。そして四人の遺体は正式な海軍葬によって火葬され、一九四二年の末に遺骨が交換船「鎌倉丸」で日本に返されてきた。

ミッドウェー海戦

一九四二年六月五日～七日

空母四隻喪失
日本は大惨敗をどうして喫したのか

難航するミッドウェー作戦の認可

　真珠湾奇襲攻撃以来、連戦連勝の連合艦隊ではあったが、司令長官の山本五十六大将の胸中には、つねに無傷の米機動部隊（空母部隊）の存在が重くのしかかっていた。山本は、米機動部隊が健在であるかぎり、いつかは日本本土が空襲に遭う、そう考えていた。

　では米艦上機による本土空襲を阻止するにはどうすればいいか？　もちろん米空母部隊の壊滅以外にない。山本が開戦前に周囲の大反対を押し切って強引に米太平洋艦隊の根拠地・真珠湾攻撃を行ったのも、その最大の目標は米空母部隊の撃滅にあったはずだ。しかし、真珠湾に空母は一隻もいなかった。

　そして真珠湾奇襲攻撃が成功するや、海軍軍令部と連合艦隊司令部は第二段作戦の計画に入った。大本営が開戦前に決めた第一段作戦計画（真珠湾攻撃を含むフィリピン、マレー、シンガポール、香港、ジャワ攻略など）は、一九四二年（昭和十七）三月に完了の予定である。よって第二段作戦計画は遅くとも二月上旬までに決定を見なければならない。

　山本は第二段作戦計画の最大目標をミッドウェー島攻略作戦に置き、連合艦隊の幕僚たちに作戦の研究を命じた。そうした中の四二年二月一日、米空母部隊が日本が委任統治している国際連盟信託統治領のマーシ

ミッドウェー島。同島は北太平洋のハワイ諸島北西にある環礁で、米軍のハワイ防衛の要衝だった。

ャル諸島を空襲、砲爆撃を行って立ち去った。さらに米空母部隊は二月二十日には日本軍が占領して間もないラバウル（ニューブリテン島）を襲い、二十四日には、これも占領間もないウェーク島を砲爆撃し、三月四日には南鳥島を空爆してきた。

これら米機動部隊の一連の行動は、米海軍作戦部長アーネスト・J・キング大将の指示で、米太平洋艦隊司令長官チェスター・W・ニミッツ大将麾下の空母「ヨークタウン」と「エンタープライズ」が行ったもので、その目的は本格的な反攻作戦などではなく、日本軍の真珠湾攻撃でうち沈んでいる将兵と国民の士気を高揚させるため、敵に一矢を報いる作戦といってよかった。

この米海軍の作戦は図に当たった。一連の攻撃による戦果はささやかだったが、米軍将兵の士気は上がり、本格的な反攻作戦への手がかりをつかんだ。

一方、日本の海の守りの最高責任者でもある山本連合艦隊司令長官は、じりじりと東京に近づきつつある米機動部隊の行動から、日本本土が空襲されるのをいちばん恐れた。それは被害の大小よりも、国民の対戦

周囲の反対を振り切ってミッドウェー作戦を強行した山本五十六連合艦隊司令長官。

意欲に与えるダメージを恐れたのだ。山本の心中に、米機動部隊壊滅作戦がより大きな比重を占めるようになったのは当然のことだった。その具体的な作戦案がミッドウェー作戦だったのである。

山本の作戦案は、海軍の総力を投入して米軍基地ミッドウェー島を占領する。その際出動してくるであろう米艦隊・機動部隊を撃滅する、というものだった。しかし、海軍の作戦を統括する軍令部は反対だった。理由は、ミッドウェーは戦略的価値も低く、その上遠距離にあるため占領後の維持が困難である。また、敵機動部隊が出撃してくるという保証もないというものだった。島の攻略部隊派遣を要請される陸軍も、ほぼ同じ理由で反対の立場をとっていた。

だが、山本は引かなかった。

「ミッドウェー攻略によって彼我（ひが）の決戦が起これば、それこそ望むところである。もしアメリカ艦隊が挑戦に応じないとなれば、その攻略によって、東方哨戒線の推進強化ができるではないか」

と軍令部との論争でも主張し、「もしこの案が通らなければ長官を辞任する」と、真珠湾攻撃計画のときと同じ〝奥の手〟をちらつかせた。

山本はミッドウェー攻略作戦で米機動部隊を撃滅できなくても、米機動部隊は必ずミッドウェーを奪回にくると考えていた。つまり、ミッドウェーを占領してさえいれば、その後に米機動部隊を撃滅するチャンスはあると見ていた。この山本の予想は当たっていた。

米太平洋艦隊のニミッツ司令長官は、日本軍を邀撃（ようげき）するためミッドウェー海域に出撃する第一六任務部隊司令官レイモンド・A・スプルーアンス少将（のち大将）に言っている。

「日本軍がミッドウェーを占領しても、われわれは、あとからゆっくり取り返せばいい、戦況不利なら退却したまえ」

こうして山本長官提案のミッドウェーとアリューシ

ヤン攻略の同時作戦は四月十五日に上奏裁可され、六月上旬実施と決定された。その直後の四月十八日、山本が恐れていた米軍機による初の日本本土空襲が敢行された。いわゆる「ドゥーリットル空襲」で、ハルゼー中将（のち大将）率いる空母「ホーネット」から、ドゥーリットル陸軍中佐指揮の陸軍爆撃機Ｂ25一六機が飛び立ち、東京などを爆撃して飛び去ったのである。

山本が主張してきた米機動部隊の怖さを見せつけられた日本軍中枢は、以後、ミッドウェー作戦に対する非難めいた言動を引っ込めてしまった。

暗号解読成功！ 米海軍戦闘情報班の勝利

一九四二年六月五日の攻撃開始を目指して、南雲忠一中将率いる第一機動部隊（第一航空艦隊）は五月二十七日、広島湾から出撃した。将兵の多くは作戦の内容を知っていたし、この日が海軍記念日でもあったから、真珠湾攻撃に出撃したときのような緊張感も悲壮感もなかった。

第一機動部隊の兵力は南雲長官直率の第一航空戦隊

ハワイの米海軍司令部。この建物の地下に戦闘情報班が置かれていた。

(空母「赤城」「加賀」)と山口多聞(やまぐちたもん)少将率いる第二航空戦隊(空母「飛龍」「蒼龍」)が基幹で、これに援護の戦艦「榛名」「霧島」、重巡「利根」「筑摩」、軽巡「長良」を旗艦とする第一〇戦隊の駆逐艦一〇隻という陣容だった。四空母には合計二六〇数機の飛行機が搭載されていた。

翌五月二十八日には、ミッドウェー島攻略部隊である陸軍の一木支隊(約三〇〇〇名)と海軍の特別陸戦隊(約二八〇〇名)を乗せた一五隻の輸送船団がサイパン島を出撃し、一日おいた二十九日には攻略部隊主力の第二艦隊(司令長官・近藤信竹中将)と、山本五十六連合艦隊司令長官直率の「主力部隊」が瀬戸内海の柱島泊地から出撃した。

参加の艦艇およそ三五〇隻、参加将兵約一〇万名という大作戦であった。その作戦内容は、先行する機動部隊が航空戦力をもってミッドウェー島の基地戦力を叩いたのち、攻略部隊が上陸する。その後、敵機動部隊が反撃のため出動してきたら、これを捕捉、撃滅するというものだった。

ところが「ＭＩ作戦」と呼称されたミッドウェー攻略作戦も、珊瑚海海戦同様、ワシントンにある米海軍の暗号解読センターＯｐ-20-Ｇ(通信部通信保全課)とハワイの第一四海軍区戦闘情報班は、日本海軍の暗号解読によって事前にその全容をつかみ、太平洋艦隊のニミッツ司令長官のもとに次々と情報を届けていたのである。

日本の軍令部は五月五日、連合艦隊に対してミッドウェー作戦に関する大海令(大本営海軍部命令)第一八号を発令した。正式な作戦命令である。連合艦隊は「陸軍ト協力シＡＦ及ビＡＯ西部要地ヲ攻略スベシ」という内容である。ＡＦはミッドウェー、ＡＯはアリューシャン列島の地名略語であった。

ハワイの米戦闘情報班は、五月初旬からひんぱんに使われ始めたこのＡＦとＡＯに注目した。日本軍の暗号の癖から、ＡＦとＡＯが地名であることは容易に察知できた。そしてＡＦが占領目的地であることを解読すると、次はＡＦがどこであるかを検討した。

暗号解読の責任者である戦闘情報班のジョセフ・Ｊ・

ロシュフォート中佐は、過去に傍受した日本海軍の通信文のなかで「ＡＦ」が使われていたことを思い出し、それがミッドウェーの可能性が強いと予想した。しかし、絶対的な証拠がない。

ロシュフォート中佐は、ニミッツ長官の許可を得て一計を謀った。ミッドウェー守備隊に「ミッドウェーでは蒸留装置の故障で真水が不足している」と、海底電線を使った平文の電報で、ハワイの司令部（ハワイ沿岸防備管区司令部）宛に電文を送れと暗号で命じたのである。ロシュフォートたちは、ミッドウェー島で真水が不足していることをウェーク島の日本軍が知ったら、必ずそれを東京に報告するだろうと確信していた。

ロシュフォートとともに戦闘情報班で暗号解読にあたっていたW・J・ホルムズ中佐（のち大佐）は回顧録『太平洋暗号戦史』（妹尾作太男訳、ダイヤモンド社刊）に「日本軍は飢えたかますのように、この餌に食いついた。翌日ウェーク島の無線諜報局は、ＡＦでは蒸留装置が破損したので真水が欠乏していると報告した」と書き、「これでＡＦが何をさしているかについての疑念はすっかり消えた」と、当時の内情を記している。

ウェーク島の日本軍が「餌に食いついた」ことは、数時間後にはニミッツ長官に伝えられ、ただちに邀撃態勢が急ピッチで進められたのである。さらにハワイの戦闘情報班は、日本軍のミッドウェー攻撃開始日をも解読、また空母「翔鶴」「瑞鶴」が参加しないことも解読するなど、作戦計画の概要をほぼつかんでしまった。

このためニミッツ長官はハワイの海軍工廠に対し、珊瑚海海戦で大破し、修理に三カ月はかかると見られた空母「ヨークタウン」の修理を

ジョセフ・J・ロシュフォート中佐。ハワイの戦闘情報班を率いて暗号解読に精力を注いだ。

「三日間で済ませよ」と厳命し、すでにミッドウェー海域に向かっている「ホーネット」と「エンタープライズ」を追わせ、合流させることに成功した。

ニミッツは、本来なら日本の空母四隻に対し二隻の空母で戦うハンディを、四対三にまで引き上げたのである。これも情報のおかげであった。

日本の第一次攻撃隊
ミッドウェー島攻撃に出撃

ミッドウェーは太平洋のほぼ中央にあり、サンド島とイースタン島、および礁湖からなっている。島としてはサンド島の方がイースタン島よりも大きいが、航空施設のほとんどはイースタン島にある。

守備する兵力は第六海兵防衛隊長ハロルド・D・シャノン中佐率いる二四三八名の海兵隊と、ミッドウェー海軍基地隊司令のシリル・T・シマード中佐率いる一四九四名が駐屯しており、旧式の急降下爆撃機や哨戒機を含む一二一機の飛行機があった。

そしてミッドウェーに進出した空母群はスプルーア

ミッドウェー島を目指す米空母「エンタープライズ」と「ヨークタウン」。

ンス少将率いる「エンタープライズ」「ホーネット」を中心とする第一六任務部隊と、先に記したように珊瑚海海戦の〝病みあがり部隊〟のフランク・J・フレッチャー少将率いる「ヨークタウン」を中心とする第一七任務部隊である。単純な兵力比でも、日本側が有利であった。

その上日本側は連合艦隊司令長官自ら率いる「主力部隊」も、真珠湾攻撃のときと同じく〝出撃〟していた。ただし進出位置は南雲機動部隊の後方約三〇〇浬(かいり)(約五五五キロ、一説では四八五浬で約九〇〇キロという)で、新鋭の超大戦艦「大和」を旗艦とした戦艦七隻を中心とする第一戦隊である。連合艦隊司令部は二月十二日より戦艦「大和」に移っていたが、この主力部隊はミッドウェー作戦に出撃はしたものの、「空母炎上」の報を受けても身動きすらしなかった無用の艦隊ではあった。

六月四日、その「大和」の連合艦隊司令部に、大本営から「敵機動部隊らしきものがミッドウェー方面に行動中の兆候があり」との情報が届いた。山本は首席

母艦上で出撃前の訓示を受ける日本軍パイロットたち。

ミッドウェー海戦日本軍編成表

（×は沈没、△は損傷）

指揮官＝連合艦隊司令長官：山本五十六大将

第１機動部隊

第１航空艦隊司令長官：南雲忠一中将

空襲部隊

　第１航空戦隊＝空母・×赤城、×加賀

　第２航空戦隊＝空母・×飛龍、×蒼龍

支援部隊

　第８戦隊＝重巡・利根、筑摩

　第３戦隊第２小隊＝戦艦・霧島、榛名

警戒隊

　第10戦隊・軽巡＝長良、駆逐艦12隻

主　隊

本隊（山本大将）

　第１戦隊＝戦艦・大和、陸奥、長門

警戒隊

　第３水雷戦隊＝軽巡・川内、駆逐艦８隻

空母隊＝鳳翔、駆逐隊・夕月

特務隊＝潜水母艦・千代田、水上機母艦・日進

警戒部隊

本隊

　第２戦隊＝戦艦・伊勢、日向、山城、扶桑

警戒隊

　第９戦隊＝重巡・北上、大井、駆逐艦９隻

攻略部隊　第２艦隊司令長官：近藤信竹中将

本隊

　空母・瑞鳳、戦艦２隻、重巡４隻、軽巡1隻、駆逐艦８隻

参謀の黒島亀人大佐に「機動部隊に転電するか」と尋ねた。しかし黒島は「傍受されているでしょう、無線封止を破ってまで知らせる必要はないでしょう」と答え、山本はそれに従った。

この辺が、山本が作戦面では〝凡将〟と言われるゆえんであろう。実際、南雲中将座乗の空母「赤城」は、航空母艦であることから艦橋が低く、アンテナの位置も低いためにこの電文を傍受できなかった。無線設備が完備された「大和」に届くのは当然だが、航空母艦である「赤城」に届かないのは決して不思議ではないのだ。

米機動部隊らしき艦隊の行動など知らない南雲機動部隊の四空母は、六月五日午前四時三十分（日本時間午前一時三十分）、予定どおりミッドウェー島北西三九〇キロの地点で、友永丈市大尉（飛龍飛行隊長）率いる第一次攻撃隊を発艦させた。九七式艦攻三六機、九九式艦爆三六機、制空隊の零戦三六機からなる一〇八機であった。

この第一次攻撃隊の出撃と前後して、機動部隊は空母「赤城」「加賀」から九七式艦攻各一機、重巡「利根」「筑摩」から零式三座水偵各一機、戦艦「榛名」から九五式三座水偵一機の計七機が索敵に発艦した。ただし利根四号機はカタパルトの故障で三〇分遅れで発艦した。

そして四空母に残った艦上攻撃機（艦攻）には敵艦

隊攻撃用の八〇〇キロ魚雷を、艦上爆撃機（艦爆）には二五〇キロ爆弾を装着、第二次攻撃隊（全一〇八機）として待機させた。

目的はミッドウェー島攻略か敵機動部隊撃滅か？

第一次攻撃隊は発艦二時間後の午前六時十五分過ぎ、ミッドウェー島上空に達した。眼下の滑走路に米軍機の姿はない。日本の攻撃隊は知る由(よし)もなかったが、すでに米軍側の偵察機は日本の艦隊を発見し、基地の飛行機は全機が上空に退避するか、日本艦隊攻撃に出動していたからである。

米軍は二七機の戦闘機が上空で日本の攻撃隊を邀撃(ようげき)し、護衛の零戦隊と激烈な空中戦を展開した。戦闘は明らかに零戦隊の方が優れ、米戦闘機は一五機が撃墜か行方不明になり、基地に戻った一二機のうち七機が大破、どうにか飛べるのは五機だけだったという。

友永大尉指揮の攻撃隊は、激しい対空砲火のなか、基地施設に爆撃を加えた。しかし飛行機の発着を不可

母艦を発艦した日本軍攻撃機。

能にするには滑走路の破壊は不十分と見た。友永大尉は機動部隊に打電した。

「第二次攻撃の要あり」

この短い電文が、やがて南雲機動部隊の命運を決するのである。

一方、ミッドウェー島を飛び立った米哨戒機は午前五時三十分、日本の機動部隊を発見し、基地のシマード中佐は前記したように一部の戦闘機を上空直掩（ちょくえん）に残し、他の飛行機は日本の機動部隊攻撃に出動させていた。そして日本の攻撃隊が島の上空に来襲するや、米機動部隊に向けて「日本の艦上機来襲、攻撃中！」を打電した。

報告を受けたスプルーアンスは「エンタープライズ」と「ホーネット」の攻撃隊に出撃を命じた。

午前七時二分、雷撃機二八機、爆撃機六八機、F4F戦闘機二〇機の合計一一六機が発艦した。

この米艦上機隊の出撃時刻とほぼ同時刻の午前七時過ぎ、ミッドウェー基地から発進した米軍機が次々と南雲機動部隊の上空に到達、攻撃を開始した。攻撃機

出撃の準備をする米空母「エンタープライズ」の艦載機。

の機種から、ミッドウェー島から出撃してきたことは明らかだった。米軍機はアベンジャー雷撃機にドーントレス急降下爆撃機、あるいは陸軍の爆撃機B17やマーチン・マローダー爆撃機ありと、雑多な飛行機五〇数機が一時間余にわたって間断なく攻撃してきた。しかし米軍機は上空掩護の零戦隊に次々撃退され、日本の空母に被害はなかった。

ミッドウェー海戦米軍編成表

指揮官＝太平洋艦隊司令長官：C・W・ニミッツ大将

空母攻撃部隊（F・J・フレッチャー少将）

第17任務部隊（フレッチャー少将）

　空母・×ヨークタウン

　重巡・アストリア、ポートランド

　駆逐艦6隻

第16任務部隊（R・A・スプルーアンス少将）

　空母・エンタープライズ、ホーネット

　重巡・ニューオーリンズ、ミネアポリス、ビンセンズ、ノーザンプトン、ペンサコラ

　　軽巡１隻、駆逐艦９隻

補給部隊＝駆逐艦２隻、油槽船２隻

　この間、日本の艦上攻撃機は友永大尉からの「第二次攻撃の要あり」という報告で、艦艇攻撃用の雷装をはずし、陸上攻撃の爆装に転換する作業が終わりつつあった。

　実は内地を出撃する二日前の五月二十五日、連合艦隊と南雲機動部隊幹部による最終打ち合わせが行われた。その席上、山本長官は「この作戦はミッドウェー島を叩くのが主目的でなく、そこを衝かれて顔を出した敵空母を潰すのが目的なのだ。いいか、決して本末を誤らぬように……だから攻撃機の半分に魚雷を付けて待機させるように……」と言い含めている。

　だが、南雲が受けた「ミッドウェー島作戦に関する陸海軍中央協定」の命令には、作戦目的を「ミッドウェー島を攻略し、同方面よりする敵国艦隊の機動を封止し、兼ねて我が作戦基地を推進するに在り」とし、その作戦要領は「海軍は有力なる部隊を以て攻略作戦を支援援護するとともに、反撃のため出撃し来ることあるべき敵艦隊を捕捉撃滅す」とある。

　これでは作戦の主目的が米機動部隊撃滅なのか、それともミッドウェー島攻略なのか、南雲には理解ができなかったに違いない。いや、南雲中将はその両方を満たそうと必死になり、雷装から爆装への兵装転換命令を出したのだろう。

日本軍の第1次攻撃で火災を起こしたミッドウェー島の米軍施設。

ところが、そうした最中の午前八時過ぎ、第四番索敵線の利根機から、ミッドウェー島の北方に「敵らしきもの一〇隻見ゆ」という報告が入った。

「赤城」の艦橋に緊張が走った。それまで機動部隊司令部には、ミッドウェー海域に米空母はいないのではないかという思いが支配的だったからだ。

司令部は利根機に「艦種知らせ」と指令し、まもなく利根機から「敵兵力は巡洋艦五隻、駆逐艦五隻なり」と返電があった。司令部はホッとした。

ところが午前八時三十分、利根機から第三報が入った。

「敵はその後方に空母らしきもの一隻をともなう」

「赤城」の艦橋は衝撃につつまれた。甲板には再度ミッドウェー島を爆撃するため陸用の八〇〇キロ爆弾に兵装を換えたばかりの九七艦攻三六機と、二航戦の九九艦爆（急降下爆撃機）三六機のみである。護衛の零戦はほぼ全機が敵機の迎撃に飛び上がっている。

南雲中将は艦攻隊に魚雷装備の再転換命令を出した。八〇〇キロ爆弾をはずして魚雷を装着する――簡単な作業ではない。作戦の主目的がはっきりしないための右往左往である。

米急降下爆撃機の奇襲で火焔（かえん）に覆われる三空母

このとき「飛龍」艦上の二航戦司令官山口多聞少将から「現装備のまま攻撃隊ただちに発進せしむを正当と認む」という厳しい調子の発光信号が南雲中将宛に送られてきた。先手必勝、とにかく爆弾でもいいから一時も早く敵空母を攻撃すべしというのだ。

しかし南雲長官も草鹿参謀長も、護衛の戦闘機がいないことを理由に山口少将の意見具申をにぎりつぶした。

兵装転換でごった返す各空母に、ミッドウェー島攻撃を終えた第一次攻撃隊が戻ってきた。各機はすでに燃料切れ間近のため、各空母は攻撃隊を収容しなければならない。魚雷への兵装転換を終え、甲板に並べられていた第二次攻撃隊機は格納庫にいったん下ろされる。甲板上は混乱の極に達した。

米軍の急降下爆撃機。米軍機の突然の飛来に日本軍機動部隊は大混乱に陥った。

このとき、米艦上機群はすでに日本の機動部隊を発見し、攻撃態勢に入った。日本の空母の見張り員も午前九時半前には米攻撃隊を発見し、零戦隊は邀撃に入った。そして米三空母の雷撃機を次々撃墜し、空母も巧みな操艦ですべての魚雷を回避していった。機動部隊の各艦橋に安堵の色が浮かぶ。

兵装転換に追われた第二次攻撃隊の準備がやっと整った。「赤城」「加賀」「蒼龍」「飛龍」の雷撃機五四機、艦上爆撃機三六機、零戦一二機の合計一〇二機の大編隊になる。

「第二次攻撃隊、発進準備急げ」

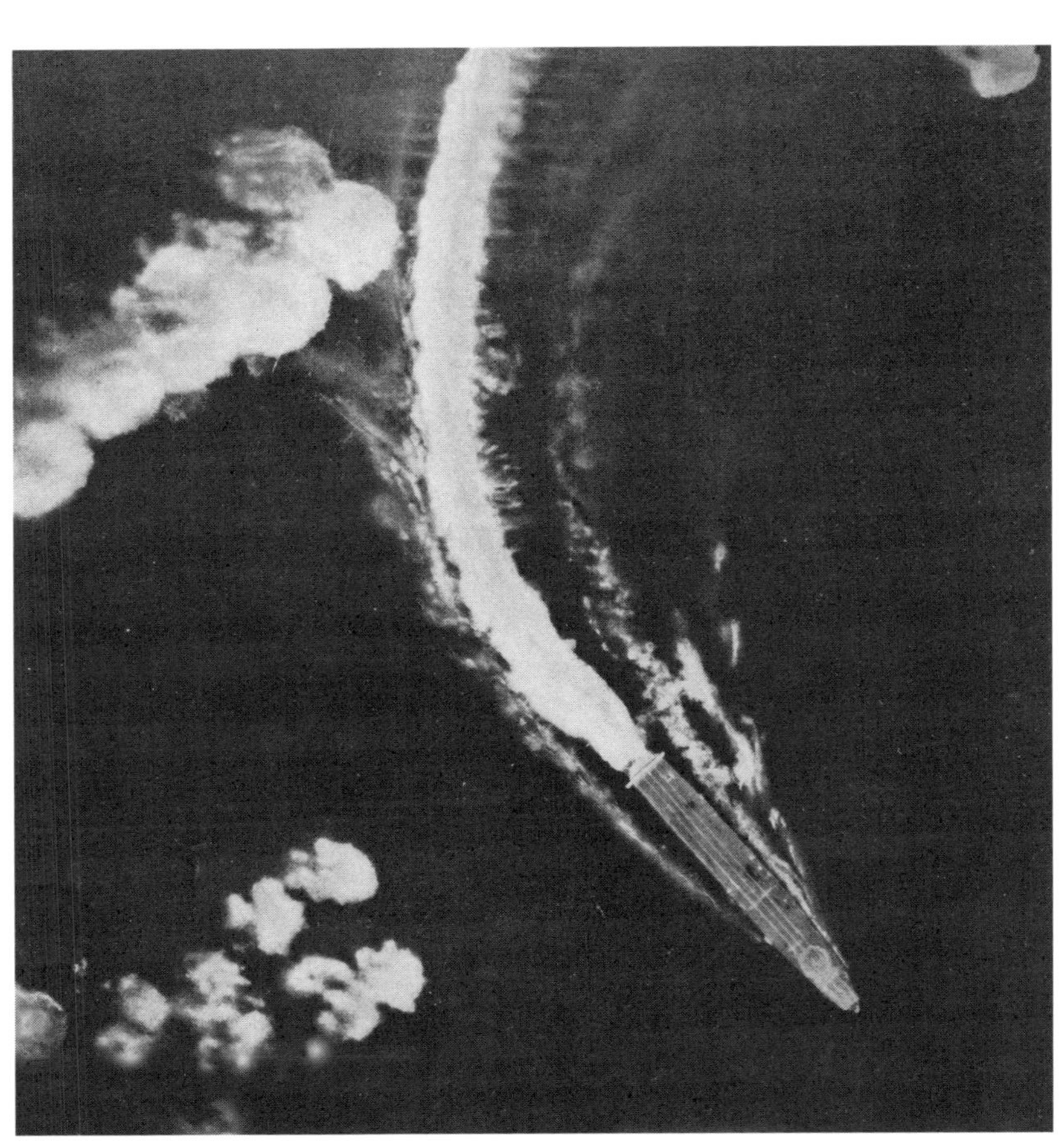

米軍機の爆撃を全速31ノットでかわす空母「赤城」。

旗艦「赤城」から各艦に信号が飛んだ。攻撃機のプロペラが回り始める。

午前十時二十分、発艦が開始された。同時に断雲の間から、突如、急降下爆撃機ＳＢＤドーントレスの編隊が「加賀」上空に現れ、急降下に入った。そして投弾！　続いて「赤城」と「蒼龍」にも襲いかかった。「加賀」には二五機（四発命中）、「赤城」に五機（二発命中）、そして「蒼龍」には一七機（三発命中）が殺到した。「飛龍」は後方に離れていたため、まだ攻撃の対象にはなっていない。

日本の三空母の甲板はたちまち火焔に覆われ、発艦寸前だった攻撃機に次々引火、燃料が爆発して凄まじい炎を上げ始めた。まさに奇襲、あっという間の出来事だった。三空母の機能は完全にマヒし、戦闘力を失った。

南雲中将は草鹿参謀長らの説得で軽巡「長良」に移乗し、これを旗艦と決めた。航空戦の指揮は、まだ健在な「飛龍」の第二航空戦隊司令官山口多聞少将に代わった。時に午前十一時三十分だった。

「一緒に月でも眺めるか」艦と最期をともにした指揮官

唯一残された「飛龍」座乗の山口少将は、ただちに艦長の加来止男（かくとめお）大佐とともに小林道雄大尉指揮の第一次攻撃隊（九九艦爆一八機、零戦六機）を発進させた。小林隊は「ヨークタウン」を発見するや一二機のＦ４Ｆが迎撃する中、果敢に突撃、一〇機を失いながらも三発の命中弾を与えた。

午後二時四十分ごろ、小林隊に続いて発進した友永大尉率いる飛龍第二次攻撃隊（九七艦攻一〇機、零戦六機）が、まだ健在の「ヨークタウン」を発見した。そしてＦ４Ｆ機の迎撃と対空砲火の中、二本の魚雷を命中させて葬り去ることに成功した。だが早朝のミッドウェー島攻撃で愛機の主翼に被弾していた友永大尉は片道燃料で出撃し、ついに母艦に帰ることができなかった。

最後まで生き残っていたその母艦の「飛龍」も、「エンタープライズ」と「ホーネット」の急降下爆撃機四

空母「ヨークタウン」の左舷に「飛龍」攻撃隊の魚雷が命中した瞬間。

○機の襲撃を受け、四発の四五〇キロ爆弾を命中されて戦闘力を失ってしまった。

加来艦長は総員退去を命じた。参謀たちは山口司令官と加来艦長の退艦も強力に求めた。だが、二人は笑顔を見せながらも首を縦には振らなかった。傾斜の激しくなった「飛龍」の艦橋に入った山口司令官と加来艦長は、お互い堅い握手を交わした。そして山口少将は加来大佐に言った。

「一緒に月でも眺めるか」

翌六月六日午前五時十分、「飛龍」は駆逐艦「巻雲」によって自沈処理され、二人の指揮官とともに海中に姿を消した。

一方、最初に攻撃を受けた「加賀」は全艦を炎につつまれ、五日の午後七時二十六分、大爆発を起こして沈没し、「赤城」は六日午前四時五十分、駆逐隊に雷撃処分され、「蒼龍」は五日の午後七時十五分に沈没した。

「空母炎上」の報告が連合艦隊司令部の「大和」の艦橋に届いたとき、山本五十六長官は前日からの腹痛の

米軍機の攻撃を受け炎を上げる「飛龍」。唯一生き残っていた「飛龍」も、戦闘の翌日自沈処理された。

気を紛らわすため、渡辺戦務参謀を相手に将棋をさしていた。そして、ただ「うむ」と肯いただけだったという。「大和」を旗艦とした戦艦七隻を中心とする連合艦隊主力部隊は、このとき南雲機動部隊の後方約三〇〇浬(約五五五キロ)の位置にとどまっており、「空母炎上」の報を知っても前進することはなく、「作戦中止」を命令し退却した。

ミッドウェー攻略作戦の失敗は、日本軍の通弊であった情報、暗号解読の重要性を認識できなかったこと、二兎を追うがごとき作戦で目的があいまいであったこと、さらに索敵が不十分で敵に後れをとったこと、航空作戦指導、艦隊編成などさまざまな原因が挙げられている。また兵装転換による戦術ミスは、セイロン島沖海戦時にもみられたにもかかわらず、また同じ失敗を繰り返していた。

過去の失敗を十分に研究せず、戦訓を導き出して次の作戦に生かそうとはしなかった日本軍の硬直性が、このミッドウェー作戦に見事と言っていいほど表れている。

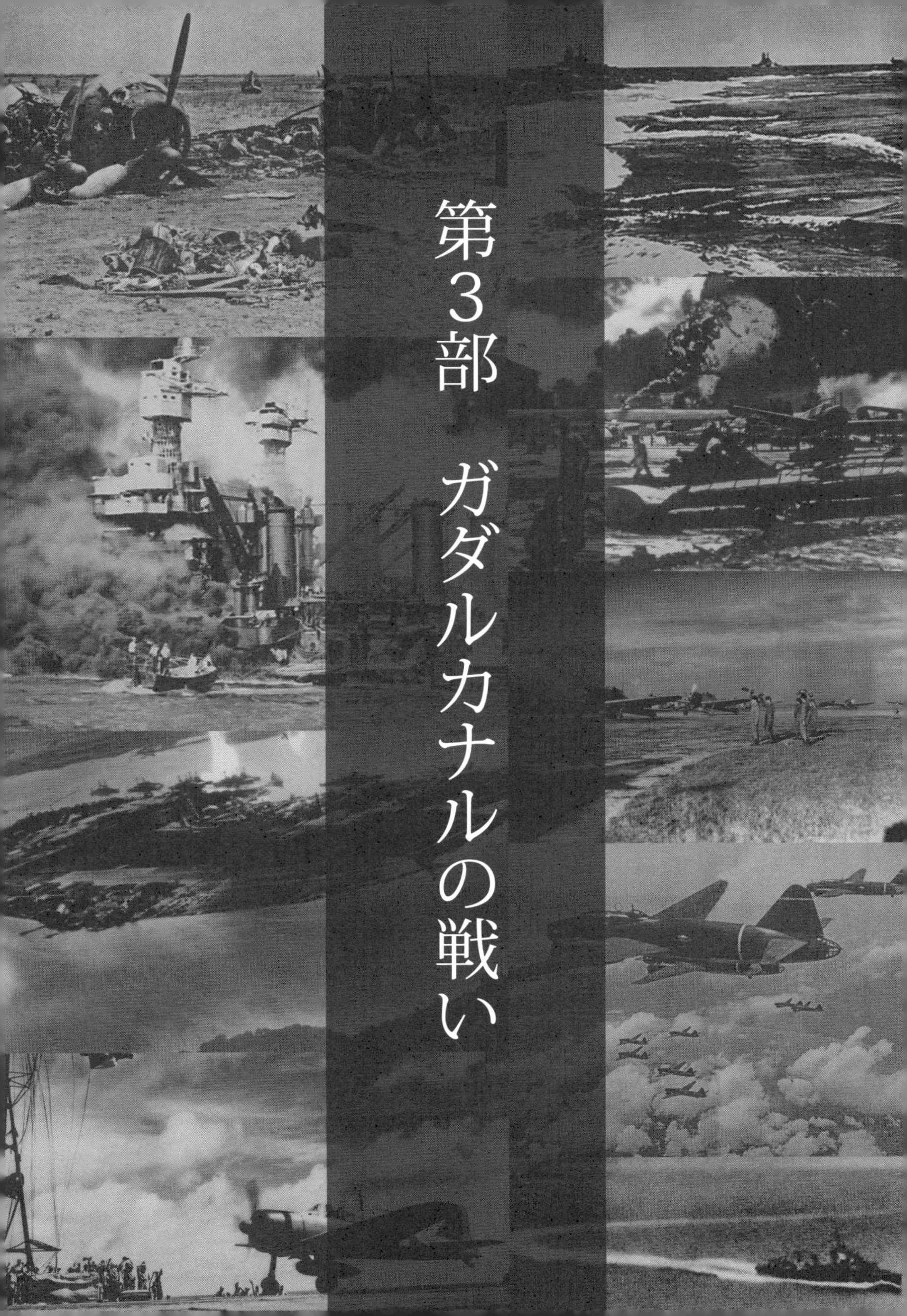

第3部　ガダルカナルの戦い

〈概説〉
飢餓の島「ガ島」をめぐる海の大激戦

日米の艦隊が半年間死闘を繰り広げた海

太平洋戦争下の島嶼戦がいずれも悲惨な結末であったように、ガダルカナルもまた屍の島であった。一九四一年（昭和十六）十二月八日の開戦以来、勝利を重ねていた日本軍が初めて大敗北を喫したのはミッドウェー海戦である。そして、陸上での最初の敗北がこのガダルカナル戦であった。

ガダルカナル島——日本の愛媛県とほぼ同じ面積を有するこのソロモン諸島の小さな島の名が、日本人の脳裏に深く刻み込まれたのは一九四五年の敗戦後である。戦時中は〝軍部政権〟によって、ひた隠しにされていたからだ。当時も現在もガダルカナル島の略称は「ガ島」であるが、いつの間にか「餓島」と書かれるようになった。すなわち、補給路を断たれたガ島は飢餓の島になっていったからである。当時の為政者＝軍部にとって、初の惨敗となったガ島戦は、国民に知られたくない極秘事項だったのである。

当初、日本の軍関係者でさえその所在地も名前もろくに知らなかった小さな島が、日米初の激戦地になったのは、日本海軍が密かに建設していた飛行場の争奪が発端だった。日本が米英蘭との戦争に突入して以来六カ月、日本はミッドウェー海戦で敗れるまで、文字通り連戦連勝を重ねてきた。しかし陸軍にすれば、ミッドウェーで敗北したのは海軍であって、帝国陸軍は向かうところいまだ敵なしという意識だった。ことに机上で作戦を立案する大本営陸軍部の参謀たちにその意識が強かった。その奢りと、敵である米英の戦力を侮（あなど）った作戦指導とが、ガダルカナルへの〝兵力の逐次（ちくじ）投入〟という愚に表れ、増派される日本軍は次々と撃破されていった。

一九四二年（昭和十七）八月から翌四三年二月までの半年間におよぶ日米のガ島攻防戦に、日本陸海軍は三万一三五八名の将兵を上陸させた（人員数は資料によって多少の相違がある。以下同じ）。記録によれば、このうち生還しえた将兵はわずか一万六六五名、還らぬ人となった将兵は二万一一三八名とある。数字に誤差があるのは、撤退作戦開始前に離島した負傷兵や、撤退中や撤退直後に病死した兵などもあり、それぞれの確認時期によって数が違うためである。それだけ混乱のきわみにあったともいえる。

日本海軍がガダルカナル島に建設した飛行場。日本軍はルンガ飛行場と呼んでいた。この飛行場をめぐって日米は半年間の死闘を行うことになる。

ともあれ、戦闘員の損耗率は六六パーセントに達している。ちなみに防衛庁戦史室の公刊戦史によれば死者の内訳は次のようである。

戦　死　一万二五〇七名（船員三三三名）
戦傷死　一九三一名（軍属三六名）
戦病死　四二〇三名
行方不明　二四九七名

だが、公刊戦史はこうも記している。

「このうち、純戦死は五千～六千名と推定されているので、一万五千名前後が戦病に斃（たお）れたことになる」

死因もその大半が「栄養失調症、熱帯性マラリア、下痢及び脚気（かっけ）等によるもので、その原因は実に補給の不十分に基づく体力の自然消耗によるものであった」と。要するにガ島の日本軍将兵は米軍に敗れる前に、すでに飢餓との闘いに敗れていたのである。ガ島はま

ガ島の海岸で擱座した日本軍戦車。

さしく「餓死の島」だったのだ。

一九四二年十二月三十一日の大晦日、軍首脳は皇居大広間の御前会議でガ島からの撤退を決定、一月四日、第八方面軍司令官と連合艦隊司令長官に〝転進命令〟を出した。こうして弾薬も食糧も底をついた日本軍は、死の島からの撤退作戦を開始する。

第一次撤収部隊を乗せた駆逐艦がガ島を離れたのは四三年二月一日の深夜から二月二日にかけてであった。以後、撤収作戦は順調に進み、前記のごとく一万余名の将兵をブーゲンビル島に収容したのだった。

撤収作戦は「順調」に行われたと書いたが、それは完璧という意味ではない。帰還兵の証言やその記述の中には、日本軍が去った後のガダルカナル島には、なお多くの日本兵が残っていたという。負傷や栄養失調、あるいはマラリアに罹って動けない兵士たちは置き去りにされている。また、ジャングル内を彷徨していて撤退命令を知らなかった兵たちもかなりいたはずだという。幸いにも米軍に発見され、捕虜になった者は生還できたが、ほとんどの兵たちは病死したか自決したかのいずれかであったろう。
　こうした生死を確認できない兵を、軍はその統計の「行方不明」者欄に入れたのである。太平洋戦争下の島嶼戦は数多いが、二五〇〇名近い「行方不明」を出した戦場はガ島をおいて他に例をみない。その原因は、ガ島が「餓島」と化したところにあったことは言うまでもない。本編第3部で紹介する海空戦は、すべてガ島をめぐる日米の攻防に絡んで起きた戦いなのである。

太平洋戦争初期の米軍戦域区分

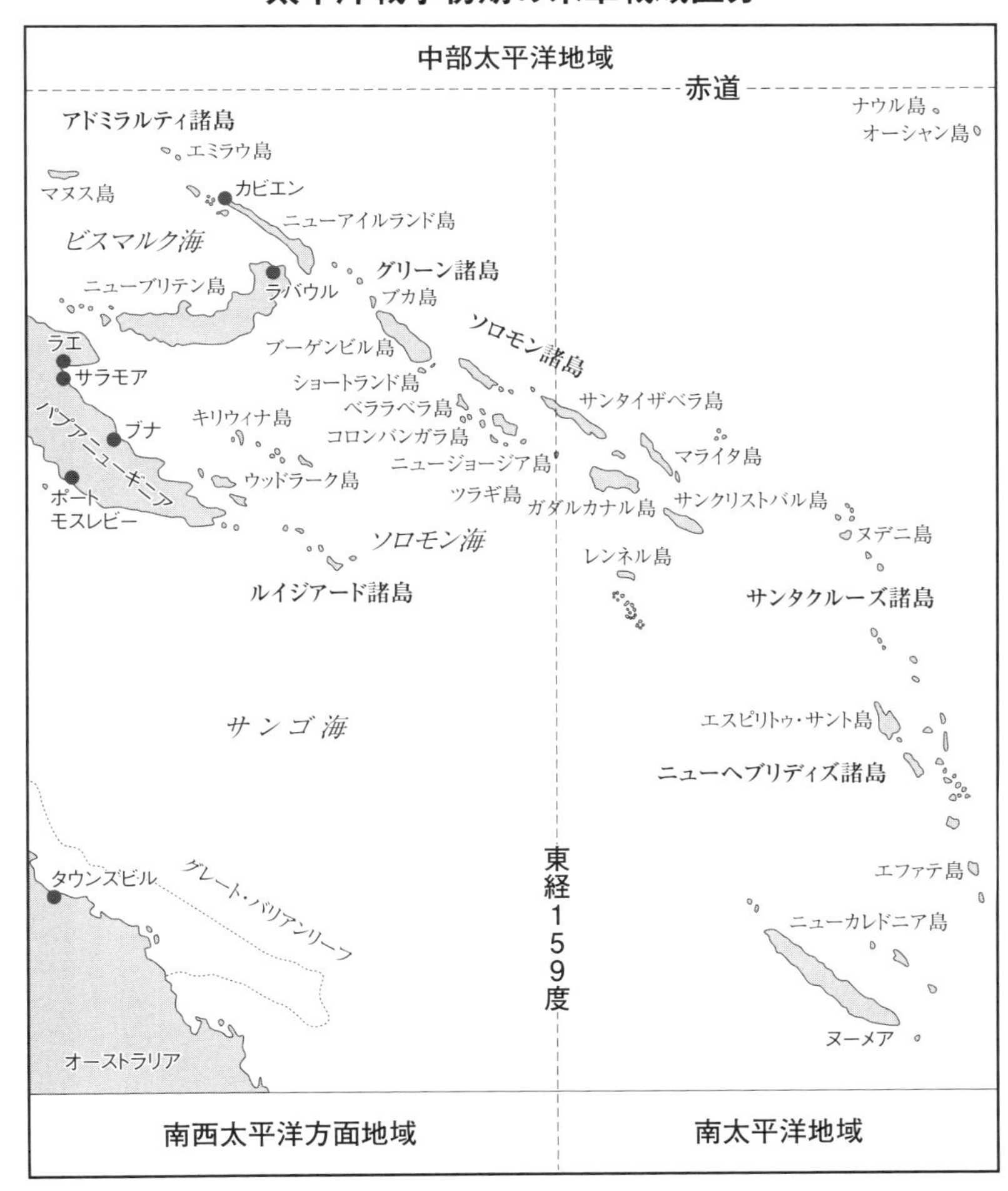

第一次ソロモン海戦

ガダルカナル島占領の米軍を撃滅せよ！

一九四二年八月七日〜九日

ツラギ警備隊から「敵猛爆中」の緊急電

一九四二年（昭和十七）六月、日本の海軍はソロモン諸島のガダルカナル島（以下ガ島と記す）へ海軍陸戦隊二五〇名と設営隊一六〇〇名を上陸させて飛行場建設を始めた。対岸の小島ツラギには五月初め、基地航空隊が同島を占領して水上機基地を設営していた。その日本軍飛行場の完成をじっと待っていた米軍は、四二年八月七日早暁、第一海兵師団約二万名を上陸させてきた。空母三、戦艦一、重巡一一、軽巡二、駆逐艦三一に支援された大部隊は、出来たての飛行場をあっという間に占領した。これが米軍の対日反攻作戦の開始だった。同時に米軍はツラギ島にも上陸したが、同島の海軍陸戦隊（第八四警備隊）は奮戦、「敵猛爆中」「敵兵力大、最後ノ一兵迄守ル、武運長久ヲ祈ル」とラバウルの第二五航空戦隊司令部（司令官・山田定義少将）に緊急電報を発信し、全滅した。

ツラギの警備隊から緊急電報を受けたラバウルの第二五航空戦隊司令部と第八艦隊司令部（司令長官・三川軍一中将）は、即座に行動を起こした。

まず八月七日午前七時三十分、第二五航空戦隊の山田少将は航空戦隊の全力投入を決定、ツラギ地区への進攻命令を発令した。そして第一部隊（台南海軍航空隊）の零戦一七機と第二部隊（第四航空隊）の一式陸攻二七機は七時五十三分、ラバウルを飛び立った。二七機の陸攻は、この日ラビ（ニューギニア南東海岸ミルン湾の連合軍飛行場）方面攻撃の命令を受けており、前夜から爆弾を搭載していた。それが急遽ツラギに出

ガダルカナル島に上陸する米軍部隊。日本の第８艦隊は、これら上陸部隊を輸送してきた米艦隊の撃滅を狙った。

現した敵艦隊の攻撃に変更されたのだ。艦船攻撃には爆撃よりも雷撃の方が効果は大きい。しかし爆弾を魚雷に取り替える時間はない。陸攻は爆装のまま発進した。

第一、第二部隊より一時間遅れて第三部隊（第二航空隊）の九九式艦爆九機も発進した。本来、艦爆の攻撃距離は二五〇浬圏以内が限度とされている。ところがラバウルからツラギまでは約五六〇浬（約一〇三七キロ）と倍以上の距離があり、それは東京と下関の距離に匹敵する。零戦の航続距離をもってしても、敵と空戦したのち帰投するには長すぎる。しかし山田少将はあえて決行した。その代わり水上機母艦「秋津洲」と二式大艇をショートランド南東の洋上に派遣し、第八艦隊に派遣要請した駆逐艦「追風」とともに洋上に不時着するであろう艦爆機搭乗員の救出を命じた。一方、零戦の救出には未整備なブカ島の小型機用

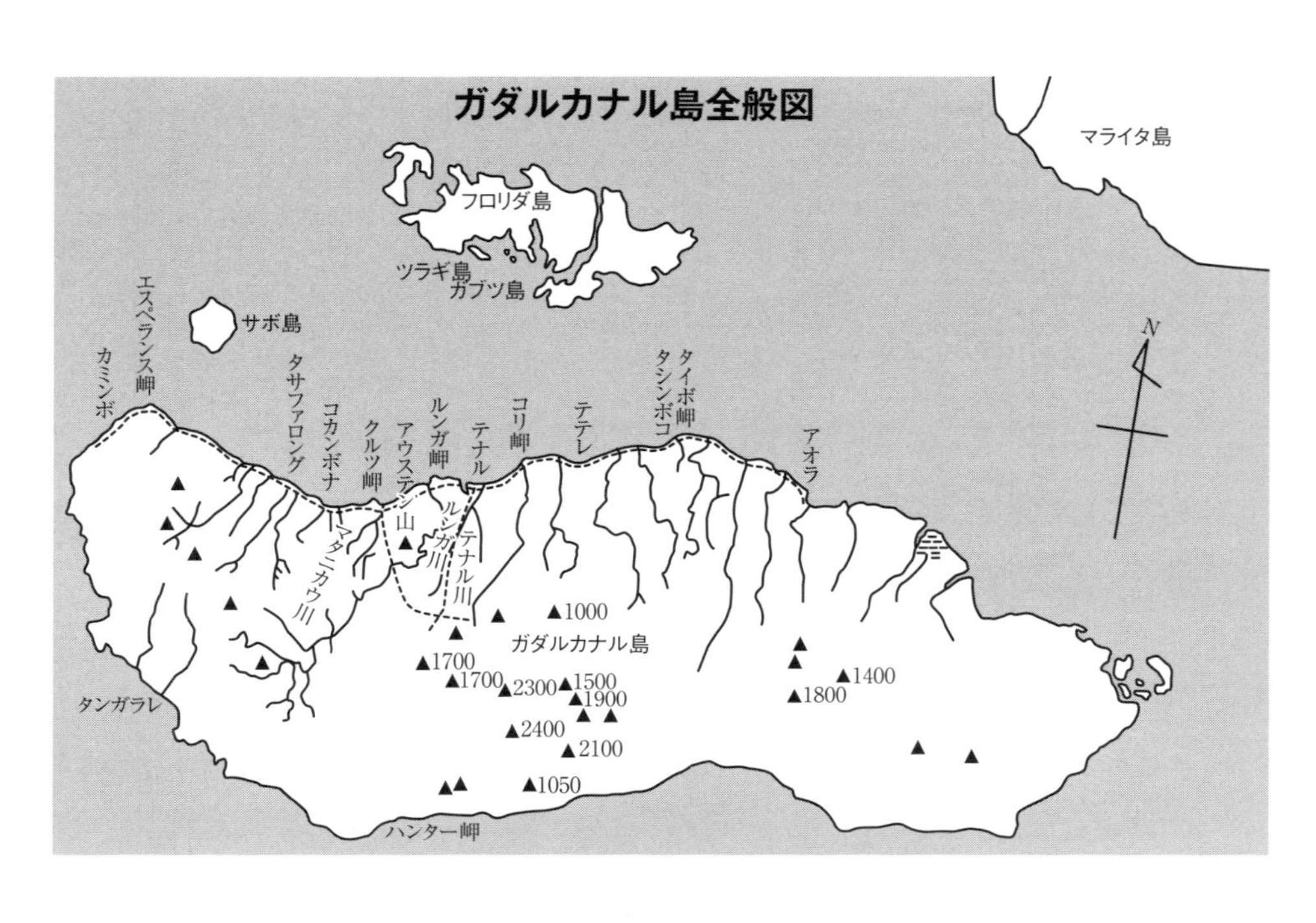

飛行場を充てることにして、駆逐艦「秋風」に整備員と燃料などを積み、これも急遽派遣した。

ジャングルに潜む沿岸監視隊員の活躍

第一陣の零戦隊と陸攻隊は午前十時二十分、ツラギ上空に到着、攻撃を開始するのだが、戦場の空には米軍の艦上戦闘機が雲霞(うんか)のごとく待機していた。

それには理由がある。第二五航空戦隊の第一陣がラバウルを発進し、日本軍占領下のブーゲンビル島上空を通過したとき、ジャングルの中から機影を追っている一人のオーストラリア人がいた。男の名はポール・エドワード・メイソンといい、日本軍占領下のガ島でも活躍しているマーチン・クレメンス大尉と同じ沿岸監視隊員の一人であった。四〇代半ば過ぎの眼鏡をかけた背の低い彼は、日本軍がブーゲンビルを占領するまでは農園を経営していた。

島の南東端に近い山中に監視基地を設けていたメイソンは、銀色の翼を輝かせて南東に向かう日本軍機の編隊を確認するや、ガ島に隣接するマライタ島にいる監視員に打電した。

「STO発、雷撃機二四、そちらに向かう」

STOとはメイソンのコールサイン（識別記号）で、妹の頭文字をとったものだという。マライタ島の監視隊員はメイソンからの情報をエファタ島にいる監視隊長ヒュー・マッケンジーに中継し、マッケンジーから連合軍の各艦艇に伝えられた。

ブーゲンビル島からガ島海域までは一時間余はかかる。監視隊員から情報を受け取った連合軍は、空母「エンタープライズ」「サラトガ」「ワスプ」から六二機のF4F艦上戦闘機を呼んで、ガ島泊地上空の守りを万全にした。

ガ島上空に達した一七機の零戦と二七機の陸攻は攻撃目標の空母が発見できず、輸送船団と巡洋艦に照準を合わせ、爆撃した。だが、あいにく雲がたれこめ、損害を与えることができない。迎撃してくる六〇余機

ガ島爆撃出発に当たって指揮官の説明を受けるラバウルの基地航空隊。

のグラマンF４F戦闘機との空戦も艦船攻撃のさまたげになった。

一時間遅れでラバウルを発進した第二陣の艦爆隊九機は、午後一時から攻撃を開始し、「敵大型巡洋艦二隻大破」の戦果を報告し、第一陣は「グラマン戦闘機四八機（内不確実八機）、爆撃機五機及び中型機一機撃墜」と報じた。戦果報告がオーバーなのは日本軍にかぎったことではないが、この日の報告はいささかオーバー過ぎた。米軍側の発表では「戦闘機一一機、急降下爆撃機一機、駆逐艦『マグフォード』被弾、艦員二二名戦死」というものだった。

一方、日本側の損害は零戦二機、陸攻五機、艦爆四機の計一一機であった。もっとも艦爆五機が洋上着水しているから、航空機の損害という

ガ島へ攻撃に向かう日本軍機の大編隊。

面からみれば日米の損害は五分五分といえる。しかし、六〇余機の戦闘機と各級艦船の対空砲火を相手に、半数にも満たない戦力で日本側はよく戦ったといえよう。それは、アメリカの戦史家も記しているように「連合軍の戦闘技術は拙劣であった」ことにも助けられた。

日本側が与えた損害は「軽微」ではあったが、米機動部隊の指揮を執るフレッチャー中将に与えた心理的打撃は大きかった。彼は空母を失うことを極端に恐れていた。そのために上陸部隊の物資揚陸期間を三日間に限定したほどである。それが初日の戦闘で空母艦載戦闘機九九機の二一パーセント（二一機）も失ってしまった。日本軍は必ず反復攻撃を仕掛けてくるであろう。そうなれば航空機の損害はうなぎ登りになる。直掩機を持たない空母は裸同然だ。事実、フレッチャーは翌八月八日夜、予定を繰り上げて空母をガ島海域から離脱させている。

その八月八日、前日の戦闘でツラギ、ガダルカナル海域にいる連合軍艦隊の規模を把握した第二五航空戦隊の山口少将は、早朝から攻撃を続行した。戦隊の使用可能な一式陸攻二九機の大半である二三機、同じく零戦三四機中一五機が午前六時にラバウルを発進した。

ところが前日同様、連合軍側はこの日もブーゲンビル島の沿岸監視隊員から事前に情報を得ていた。発信人はSTOのメイソンではなく、ブーゲンビル島北端に潜んでいるオーストラリア人のジャック・リードからだった。

「JER発、急降下爆撃機四五機、南東に向かう」

メイソンの場合は四四機の日本軍機を二四機と報告したが、リードは逆に七機ほど多く数えていた。だが、数の誤差は問題ではない。敵の動きを事前に知ることで損害を最小限度におさえることができる。連合軍にとって彼ら沿岸監視員の功績は計り知れないものがあったのだ。おかげで連合軍側はこの日も十分な準備を

整えて日本の攻撃機を待つことができた。

日本軍の命令は「第一に空母、第二に輸送船」と、あくまでも攻撃目標は空母優先であったが、この時も空母は発見できず、ガ島海域の巡洋艦、駆逐艦、輸送船の攻撃に切り替えざるをえなかった。しかし、ミッドウェー海戦同様、連合軍艦艇は主砲を一斉に開き、分厚い弾幕で対抗した。日本軍機は次々と炎上、海面に突っ込んでいった。

それでも海面すれすれの超低空で肉薄した陸攻隊は駆逐艦「ジャービス」に雷撃を加え、さらに被弾して火を噴いた陸攻一機は必死に機を操りながら輸送船「ジョージ・F・エリオット」号に体当たり攻撃を敢行した。左舷のボート・ダビットで爆発炎上した陸攻は「エリオット」の船橋を吹き飛ばし、船艙(せんそう)を火の海にした。やがて同船は放棄され、駆逐艦「ハル」が四本の魚雷を放って処分しようとしたが、猛火に包まれながらも長い間浮いていた。

戦闘はまだほんの序の口である。だが八日の戦闘で日本側は陸攻一八機、零戦二機を失った。陸攻の損失は打撃である。前日の損害と合わせると二三機になり、第二五航空戦隊が保有する陸攻の大半ということになる。そこで日本側は九日からの戦闘では、攻撃目標を空母と戦艦に絞るよう作戦方針の転換をせざるをえなくなったのである。

第8艦隊司令長官三川軍一中将。

第八艦隊緊急出動

ツラギ基地から緊急電を受け、第二五航空戦隊が出撃して最初の空戦を繰り広げている八月七日の午後、三川軍一中将の第八艦隊もラバウルを出港していた。

ミッドウェー海戦後、大本営海軍部と連合艦隊司令部は艦隊の再編制に迫られた。従来は中部太平洋から南太平洋にわたる海域は、航空作戦は第一一航空艦隊が、海上作戦は第四艦隊がその任にあたっていた。しかし、その海域はあまりに広く、加えて占領地もどん

ソロモン水域を航行する連合艦隊。

どん広がり、補給と警備を万全に行うことは難しくなっていた。そこで第一航空艦隊を解体して新たに第三艦隊を編制（司令長官・南雲忠一中将、参謀長・草鹿龍之介少将）し、同時に第八艦隊の新設も決定されたのである。

七月十四日に発令された南太平洋方面の作戦を主任務にする第八艦隊は、司令長官・三川中将、参謀長・大西新蔵少将、先任参謀・神重徳大佐、次席参謀・大前敏一中佐がそれぞれ任命された。そして旗艦「鳥海」に座乗した第八艦隊司令部がラバウルに到着したのは、ガ島に連合軍が上陸する一週間前の七月三十日だった。

ツラギから緊急電を受けた八月七日、第八艦隊の一部艦艇は第三次ブナ輸送作戦支援のためラバ

第１次ソロモン海戦日本軍編成表

（×は沈没　△は損傷）

指揮官＝第８艦隊司令長官：三川軍一中将

第８艦隊旗艦＝重巡・鳥海

第６戦隊＝重巡・△青葉、×古鷹、衣笠、加古

第18戦隊＝軽巡・天龍、夕張

駆逐艦・夕凪

注：古鷹の沈没は海戦後に帰投中、ニューアイルランド島のカビエン付近で米潜水艦の雷撃によるもの。

ウルにいなかった。旗艦「鳥海」と第六戦隊の各重巡も、この朝、カビエン（ニューアイルランド島）を出港してアドミラルティーに向かって北上中であった。午前五時三十分、三川中将はラバウルに在泊している艦船に「速ニ出撃準備ヲ完成セヨ」と下命するとともに、「鳥海」および第六戦隊の各重巡にただちに南下することを命じた。

一、本職本七日一三〇〇鳥海ヲ率ヰ「ラバウル」発「ブカ」東方ニ於テ第六戦隊ト合同「ソロモン」方面東方海面ヲ「ガダルカナル」ニ向ヒ南下セントス

二、爾後ノ行動ハ本日ノ基地航空部隊ノ偵察及攻撃ノ成果ニ依リ決スルモ為シ得ル限リ夜間敵輸送船団ノ泊地ニ殺到之ヲ撃滅セントス

こうしてラバウルに急速反転してきた三川中将が、これも反転してきた第六戦隊の重巡を率いて出撃したのは午後二時三十分である。このときの第八艦隊司令部の判断は、連合軍のガ島上陸は本格的反攻ではなく、強行偵察程度に違いないというものだった。そこで一大隊程度の陸戦兵力と第八艦隊の海戦兵力があればガ

日本軍の吊光弾と探照灯に照らし出される米豪軍の艦隊。

島方面の陸海空は制することができると見ていた。だから三川中将は麾下の艦船に出撃命令を下達するとともに、陸軍の第一七軍司令部に対しても兵力派遣を要請したのだった。

だが、陸軍側は同意しなかった。当時、ラバウルにはポートモレスビー攻略部隊である南海支隊しかいなかったこともあるが、ガ島地区の作戦はそもそも海軍が立てた作戦ではないかという意識も強くあったからだ。そこで第八艦隊はラバウル所在の海軍陸戦隊をかき集めて派遣することにした。しかし、この命令は中止される。七日の午後になって第二五航空戦隊の攻撃機や索敵機が帰還し、空母は発見できなかったものの巡洋艦四隻、駆逐艦九隻、輸送船一五隻が確認されたことから、連合軍の上陸兵力は一個師団規模と判断されたからである。一個師団の敵兵力に一個大隊の陸戦隊では戦にならない。ガ島制圧は海上と航空作戦で十分であるという結論になった。

海は静かであった。第八艦隊は七日夜にブカ島北方を過ぎ、八日早朝にはブーゲンビル島北東海域に達した。

午前八時二十分過ぎ、第八艦隊のはるか上空を豪空軍のロッキード・ハドソン爆撃機が旋回しているのが発見された。日本側の報告では、ハドソン機一機が九時二十分ごろまで旋回していたとあるが、実際は二機のハドソン機が別々に飛来し、艦隊の上空を旋回していたのである。

ハドソン機は艦隊の一斉砲撃で退散したが、三川中将をはじめ艦隊司令部は敵に発見されたことを知り、奇襲のチャンスが失われたことにいささかショックを受けた。同時に艦隊が発した偵察機が帰投し、連合軍の機動部隊は当初の報告よりも大きいことも判明した。艦隊は連合軍の目を欺くために、いったん針路をラバウルの方向に向けたが、再び艦首を南に戻し、午後四時ごろチョイセル島とコロンバンガラ島間の海峡を一挙に東に抜けた。

ガダルカナルとツラギは目前である。

南洋の夕暮れは早い。第八艦隊司令部は午後四時二十分過ぎ、各艦に手旗信号で作戦命令を伝達し、三川中将は全軍に訓示した。

「帝国海軍ノ伝統タル夜戦ニ於テ必勝ヲ期シ突入セントス、各員冷静沈着宜（ヨロ）シク其ノ全力竭（ツク）スベシ」

海上は夜の闇にすっぽりと包まれている。午後九時、三川中将は重巡「鳥海」「青葉」「加古」の三艦から一機ずつ九四式水上偵察機を発進させた。その任務は敵の情勢をつかむことはもちろんであるが、いざ戦闘開始というとき敵艦隊の頭上に吊光弾（ちょうこうだん）を落として照らし出してしまおうというのである。

第八艦隊は午後十時「総員戦闘配置」について、速力を二六ノットに上げた。ツラギ上空が赤々と染まっている。海岸が大火災に見舞われているようにも見える。実際は八月八日の第二五航空戦隊の空襲で炎上した輸送船「ジョージ・F・エリオット」号で、同船は仲間の駆逐艦が処分のために魚雷を発したものの、頑強に沈没を拒み、漂流しながら燃えつづけていたのである。これは日本軍に格好の道標と照明の役割を果たしてくれた。

突入隊形の単縦陣を組んだ第八艦隊は、「鳥海」を

第8艦隊は得意の夜戦で次々と命中弾を浴びせていった。

先頭に第六戦隊の重巡「青葉」「衣笠」「加古」「古鷹」の順で進み、第一八戦隊の軽巡「天龍」「夕張」、駆逐艦「夕凪」が続いた。連合軍からはまだ何の反応もない。艦隊はサボ島を左に、ガ島のエスペランス岬を右に見る形で狭い水道に入った。

このとき米駆逐艦一隻が艦隊の前方を右から左へ横切った。距離約一万メートル、攻撃には十分の距離である。しかし三川中将は攻撃命令を出さなかった。代わりに速力を落とし、航跡を消しながら各艦の全砲門を駆逐艦に向けさせた。三川中将と幕僚たちは、この米艦は囮かもしれないと思ったからである。

米駆逐艦は何事もなかったかのように日本艦隊の前方を横切り、暗夜の海に消えていった。三川中将は「夕凪」を消えた米駆逐艦の警戒に当たらせ、本隊は速力を三〇ノットに上げてガ島とツラギの泊地に突入していった。そして午後十一時三十八分、三川中将は命令を下した。

「全軍突撃せよ！」

「鳥海」の魚雷が一斉に発射された。後続の各艦も相

第８艦隊の探照灯に浮かび上がった米重巡。

次いで発射する。同時に九四式水上偵察機の吊光弾が連合軍艦船の頭上で次々と炸裂した。奇襲は完全に成功したのだ。

成功した「鉄底海峡」の奇襲攻撃

　日本の第八艦隊が豪空軍の哨戒機に発見され、偽装航行をしたのち再び艦首をガ島に向けた午後四時ごろ、米第六一機動部隊のフレッチャー中将は南太平洋地域司令官のゴームレー中将に空母撤退の要請をしていた。理由は先に記したように「戦闘機の損失と燃料補給」であった。ゴームレーは要請をしぶしぶ認め、フレッチャーは待ってましたとばかりに空母群を南に向けて退避させていた。

　このフレッチャー中将の〝空母戦場離脱〟は、日本の第八艦隊がこの夜の会戦に勝利をおさめたのち、連合軍の輸送船を攻撃しなかったことで三川中将の戦術があれこれ論議されたように、フレッチャーも非難を浴びることになる。フレッチャーは燃料補給と言うが、「サラトガ」は一〇日分の重油を持っていたし、「エンタープライズ」と「ワスプ」は一二日分以上の燃料をまだ積んでいた。彼は日本軍の雷撃で手持ちの空母を沈められるのを怖がっていたに過ぎない……というのが大方の非難であった。

　このとき空母群から置いてきぼりを食うターナー少将の水陸両用作戦部隊は、輸送船の積荷の半分も揚陸していなかった。そのターナーは二つの電報を傍受してショックを受ける。一通はフレッチャーの空母が撤退した電報で、もう一通は豪空軍のハドソン機が南下する日本艦隊を発見したという電報だった。それも八時間十九分も前にである。

第１次ソロモン海戦米豪軍編成表

（×は沈没　△は損傷）

第62任務部隊＝南太平洋上陸部隊

指揮官：Ｒ・Ｋ・ターナー少将

南方部隊：Ｖ・Ａ・Ｃ・クラッチレー少将

重巡・オーストラリア、×キャンベラ、△シカゴ

駆逐艦・△パターソン、バークレー

北方部隊：フレデリック・リーフコール大佐

重巡・×ビンセンズ、×クインシー、×アストリア

駆逐艦・ヘルム、ウイルソン

注:このほかに東方部隊（軽巡３、駆２）とレーダー哨戒隊（駆２）があった。

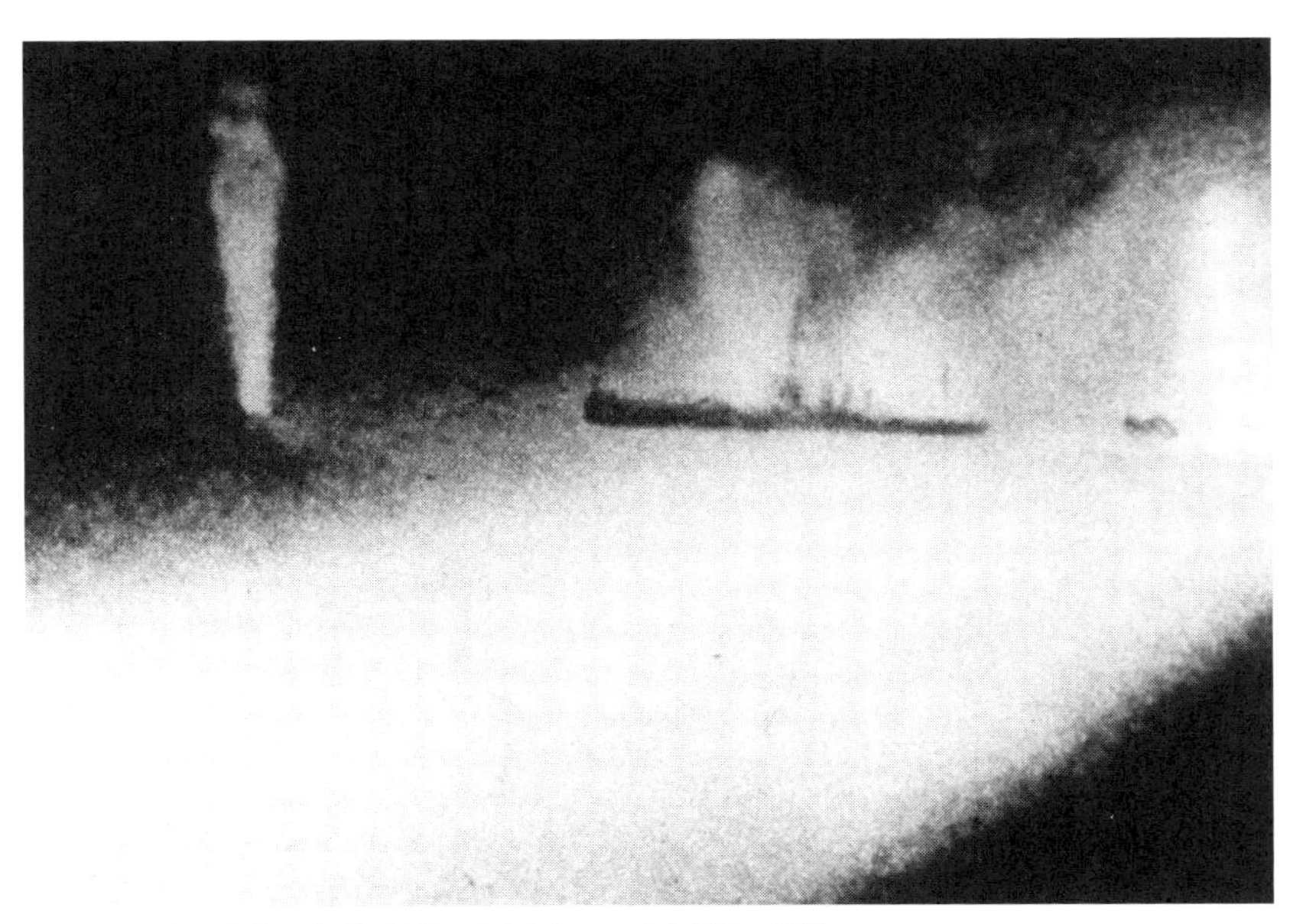
日本軍の雷撃に水柱を上げて沈没しようとしている米豪軍の重巡。

この間の抜けた索敵機の報告とフレッチャー中将の行動に怒ったターナーだったが、空からの支援が得られないとなれば、残っている艦船も撤退させなければならないと考えた。ターナーは海兵の指揮を執るヴァンデグリフト少将と護衛艦隊の指揮を執る英海軍のクラッチレー少将を旗艦「マッコーレー」に呼び、戦線離脱の協議を行うことにしたのだった。

そして皮肉にも三川中将の第八艦隊の魚雷は、この三指揮官の留守の間に発射されたのである。加えてクラッチレー少将は前線を離れるとき指揮の代行者を決めていなかった。日本軍の攻撃開始と同時に連合軍の艦艇が大混乱を起こす原因のひとつが、この指揮官不在にあったのである。

「警報！　警報！　敵味方不明の艦、わが海域に侵入！」

この夜、たった一隻で警戒任務に就いていた米駆逐艦「パターソン」は、仲間の艦隊に必死で警報を送った。しかし、もう遅かった。「総員戦闘配置につけ！」の緊急命令で乗組員が持ち場に走っているとき、オーストラリア軍の重巡「キャンベラ」は右舷艦首に二本の魚雷を食い、同時に艦のあらゆるところに砲弾の雨を受けていた。味方艦に警報を送り、連合軍艦船の中で最初に砲撃を開始した「パターソン」も、正確な日本軍の砲撃を受けて火に包まれていた。

正式にはシーラーク海峡という名のサボ島周辺の海は、やがてアイアンボトム・サウンド＝鉄底海峡と呼ばれるようになる。それは日・米・豪の艦船が五〇隻以上もこの海底に沈んだ〝鉄の墓場〟だからである。その第一夜が一九四二年八月八日の深夜から翌九日の早朝にかけて繰り広げられた、米軍が「サボ島沖海戦」と呼ぶこの「ツラギ海峡夜戦」（その後日本は「第一次ソロモン海戦」と呼称）なのである。

海戦は日本軍の一方的勝利に終わる。連合軍側は「キャンベラ」に続いて米重巡「クインシー」「ビンセンズ」も攻撃を受けて沈没、「アストリア」は九日の昼近くまで浮いていたが、これもサボの海に消えていった。米重巡「シカゴ」は魚雷を食い、艦首がめくれ上がるという無残な姿になり、航行不能になったが沈没だけはどうにか免れることができた。

日本側は三川中将の旗艦「鳥海」が「クインシー」の砲弾を二発受け、司令部海図室を粉砕されて三四名の戦死者を出したが、戦闘能力に影響はなかった。

九日の午前零時二十三分、三川中将は全艦に引き揚げを命じ、一時間後の午前一時三十分過ぎ、サボ島北西で全艦が集結するや、ラバウルへ帰投した。

ところで、のちに三川中将の作戦に対し内外から疑義が出るのはこの帰投時の行動に対してである。フレッチャー中将の例にならえば、日本の艦隊は丸裸同然になった連合軍の輸送船団をなぜ攻撃しないで帰ってしまったのか。反転して船団を撃沈していれば、ガ島の形勢は逆転していたかもしれない、というのだ。

実際、引き揚げ命令が出るまで第八艦隊司令部内では「反転攻撃」の強い意見もあったといわれている。しかし三川中将は、戦後もこの「引き揚げ命令」については口を閉ざしたままだったという。しかし、多くの戦史はこう推測をしている。すなわち、三川中将は「敵輸送船を撃滅すべく、アイアンボトム水道に引き

海戦から一夜明け、炎上する豪重巡から乗組員を救助する駆逐艦。

返そうと考えた。しかし、フレッチャー提督の空母はすでに進撃を開始し、これら空母の飛行機は夜明けに攻撃を実施するに違いないと判断した三川提督は、ついに引き返すことを断念した。北西方に遠く避退すればするほど、ラバウル基地の味方機による反撃のチャンスはより多くなるであろう」（チェスター・W・ニミッツ元帥『太平洋海戦史』）からというものだ。

ともあれ、ターナー少将には幸いであった。ターナーは本来なら四隻の重巡と同じくアイアンボトム・サウンドの一員になっていたかもしれない輸送船と警戒艦隊に、ガ島泊地からの引き揚げを命ずることができた。船団は八月九日の午後、引き揚げを開始し、夕方までには全艦船が〝鉄底海峡〟を出ていった。ちなみに第一次ソロモン海戦（サボ島沖夜戦）における死傷者は次の通りである。

米豪軍　戦死一〇二四名、負傷七〇八名
日本軍　戦死三五名、負傷五一名

第二次ソロモン海戦

一九四二年八月二十四日～二十五日

ソロモン海で再び米機動部隊と激突した南雲機動部隊

果てしないガ島をめぐる攻防

第八艦隊の〝なぐりこみ〟成功（第一次ソロモン海戦）に気をよくした大本営は、ただちにガダルカナル島（以下ガ島と記す）奪回作戦を開始した。ミッドウェー攻略部隊としてグアム島に待機中だった兵力二四〇〇名の一木支隊（一木清直第二八連隊長指揮）と兵力六一六名の海軍横須賀特別陸戦隊（安田義達司令指揮）を送り込むことにしたのである。

一九四二年（昭和十七）八月十八日、まず一木支隊の九一六名が先遣隊となってガ島のタイポ岬に無事上陸した。そして「米兵力は二〇〇〇名」と聞かされていた一木大佐は、八月二十一日、後続部隊を待たずに飛行場奪回を開始した。しかし、圧倒的兵力の米軍の猛反撃に遭い、先遣隊はイル川河口で壊滅してしまった。

このイル川を挟んで日米両軍が死闘を展開していたとき、海上でも双方の機動部隊が敵を求めて攻撃準備に入っていた。

山本五十六連合艦隊司令長官は連合軍がガ島に上陸後、ソロモン海域への兵力の増派を決定し、連合艦隊旗艦の戦艦「大和」をはじめ、主要艦隊の第二艦隊（司令長官・近藤信竹中将）、第三艦隊（司令長官・南雲忠一中将）のトラック島集結を命じていた。第一次ソ

第２次ソロモン海戦に参加した空母「龍驤」。23日の戦闘で沈没した。

ロモン海戦で米豪連合軍艦隊に〝勝利〟をおさめた三川軍一中将の第八艦隊は、すでに作戦行動を継続しており、八月十六日にトラック島を出発した横須賀第五特別陸戦隊を乗せたガ島増援部隊輸送船団の護衛に当たっていた。

これら日本海軍の各艦隊に八月二十日午後一時四十分、連合艦隊司令部から「支援部隊は補給終了次第ガ島基地北方海面に進出せよ」という電令が届く。それは、この日の午前、第二五航空戦隊の哨戒機が「空母一を含む敵機動部隊を発見」したことによる。

ここで言う「支援部隊」とは、連合艦隊司令部がソロモン海域への兵力増派にあたって立てた新たな軍隊区分で、第二艦隊を基幹とした前進部隊と、第三艦隊基幹の機動部隊からなり、南東方面部隊の基地航空部隊（第一一航空艦隊）と外南洋部隊（第八艦隊）を支援しようというものである。支援部隊指揮官は第二艦隊司令長官の近藤中将であった。

この連合艦隊からの電令を受けたとき、第二艦隊の前進部隊はトラック島に入港しており、第三艦隊の空母群はトラック島に向かって南下中であった。そして一木支隊第二梯団（ぼすとん丸、大福丸）と横須賀第五特別陸戦隊（金龍丸）を乗せた輸送船団は、田中頼三少将率いる第二水雷戦隊に護衛されてチョイセル島北方をガ島に向けて南下中であった。第一次ソロモン海戦を経験している地元の第八艦隊は、前日の夜ラバウルを出港して輸送船団を間接護衛すべくソロモン諸島の北方海域に進出していた。

「敵機動部隊現る」の報は第三艦隊の司令部を喜ばせた。第三艦隊はミッドウェー海戦後に再編された機動部隊で、司令長官の南雲忠一中将と参謀長の草鹿龍之介少将（当時）はともに改編前の第一航空艦隊の司令長官と参謀長であった。言ってみればミッドウェー海戦敗北の責任者同士である。やがて起こる第二次ソロモン海戦は、両提督にとっては汚名返上の絶好の機会であった。

こうして各艦隊は、連合艦隊司令部の電令に従い「ガ島基地北方海面」に決戦を期して進出していく。

日本軍の攻撃を受け黒煙を噴き上げる米艦艇。

空母「龍驤」撃沈される

一方、日本軍の哨戒機に発見されたフランク・J・フレッチャー中将の指揮する「エンタープライズ」「サラトガ」「ワスプ」の三空母を基幹とする米機動部隊は、そのころガ島南東約一八キロのサンクリストバル沖を航行中であった。

海兵隊のガ島上陸後、空母の損失を危惧して南方海域に避退し、海上交通路の防衛に当たっていた機動部隊だったが、改装空母「ロングアイランド」がガ島のヘンダーソン飛行場に進出する航空機を移送することになったため、その護衛として北上してきたのである。

当時、フレッチャー中将は前記三空母のほか、戦艦二隻、巡洋艦四隻、駆逐艦一〇隻を擁していた。日本の機動部隊の所在は確認できなかったが、太平洋艦隊情報部からは「日本機動部隊はトラック島北方にある公算大なり」との情報を得ていた。また、ガ島のヴァ

第2次ソロモン海戦日本軍編成表

（×は沈没　△は損傷）

機動部隊＝第３艦隊司令長官：南雲忠一中将

本隊

第１航空艦隊＝空母・翔鶴、瑞鶴、×龍驤

第10駆逐隊＝風雲、夕雲、巻雲、秋雲

第16駆逐隊＝時津風、天津風、初風

付属＝駆逐艦・秋風

前衛

第11戦隊＝戦艦・比叡、霧島

第７戦隊＝重巡・熊野、鈴谷

第８戦隊＝重巡・利根、筑摩

第10戦隊＝軽巡・長良

第19駆逐隊＝浦波、敷波、綾波

補給部隊＝第1、第2各補給部隊

前進部隊＝第２艦隊司令長官：近藤信竹中将

本隊

第２戦隊＝戦艦・陸奥

第４戦隊＝重巡・愛宕、高雄、摩耶

第５戦隊＝重巡・妙高、羽黒

第４水雷戦隊＝軽巡・由良

第９駆逐隊＝朝雲、山雲、夏雲、峯雲

第27駆逐隊＝有明、夕暮、白露、時雨

航空部隊

第11航空戦隊＝水上機母艦・△千歳、山陽丸

第4駆逐隊＝野分、舞風

増援部隊＝第２水雷戦隊司令官：田中頼三少将

護衛部隊

第２水雷戦隊＝軽巡・△神通

第24駆逐隊＝海風、江風、涼風

哨戒艇・4隻

砲撃支援部隊

第30駆逐隊＝×睦月、弥生

望月、卯月

別働隊＝駆逐艦・陽炎、夕凪、磯風

輸送部隊＝×金龍丸、大福丸、ぼすとん丸

注：航空機の喪失は艦攻6機、艦爆23機、零戦30機、水偵3機の合計62機。

日本軍の雷撃を受け爆発を起こす敵輸送船。

ンデグリフト海兵少将のもとにはラバウルやブーゲンビル島の沿岸監視隊員から「日本艦隊ラバウルに集結中」「ガダルカナル方向に航行中」といった情報も寄せられていた。

南雲中将の機動部隊にもガ島守備隊長からの「敵艦上機二〇機、飛行場ニ着陸セルモノノ如シ」という情報が第八艦隊経由で寄せられていたから、米機動部隊が戦闘圏内にいることはわかっている。だが、具体的な所在はわからない。

日米両艦隊は、お互いに哨戒機や艦上戦闘機を発進させて索敵に全力を挙げる。しかし八月二十一、二十二、二十三日とも相手の姿を捉えることはできなかった。双方の機動部隊がそれぞれの索敵機から発見され、攻撃機を発艦させたのは八月二十四日であった。

米機動部隊を発見した日本機は重巡「筑摩」から発進した偵察機であった。同機は午後零時過ぎ「敵大部隊見ユ　我敵戦闘機ノ追躡（ついじょう）ヲ受ク」と打電し、消息を断った。この偵察機の母艦である「筑摩」は僚艦の「利根」とともに第八戦隊に所属し、この日、八月二十四日未明、機動部隊支隊として軽空母「龍驤」、第一六駆逐隊（時津風、天津風、初風）と艦隊を組み、本隊から離れてガ島の飛行場攻撃に向かっていた。支隊の指揮は第八戦隊司令官の原忠一少将が執っていた。

ガ島に向かって一路南下していた機動部隊支隊は、やがて米軍機の急襲を受ける。まず午前零時五十五分、二機のＢ17爆撃機が「龍驤」を襲ったが、投下した爆弾はいずれも命中しなかった。しかし一時間後の午後一時五十七分、今度は二八機の急降下爆撃機と雷撃機が「龍驤」を襲ってきた。攻撃はわずか五分たらずだ

第2次ソロモン海戦米軍編成表
（×は沈没　△は損傷）

第61任務部隊＝フランク・Ｊ・フレッチャー中将
（旧第11任務部隊）
空母・サラトガ
重巡・ニューオーリンズ、ミネアポリス
第11水雷戦隊＝駆逐艦５隻
（旧第16任務部隊）
空母・△エンタープライズ
戦艦・ノースカロライナ
重巡・ポートランド
軽巡・アトランタ
第6水雷戦隊＝駆逐艦５隻
（旧第18任務部隊）
空母・ワスプ
重巡・サンフランシスコ、ソルトレークシティ
第12水雷戦隊＝駆逐艦６隻
注：航空機の喪失は20機。

艦爆隊が投じた250キロ爆弾が空母「エンタープライズ」の甲板で爆発した瞬間。

第２次ソロモン海戦で攻撃が終了し、帰還する海軍航空隊。

ったが、「龍驤」は米艦上機の雷爆撃で損傷し、夕方の六時に沈没した。

一方、正規空母の「翔鶴」「瑞鶴」を擁する機動部隊本隊は二十四日午前四時、再び南下を始めた。そして午後四時過ぎに「筑摩」を発進した零式水偵の「敵大部隊見ユ」の報告を受信する。南雲司令部はただちに第一次攻撃隊を発進させる。

関衛（せきまもる）少佐指揮の艦上爆撃機二七機、零戦一〇機は南下を続け、午後二時二十分、米機動部隊を発見した。「サラトガ」「エンタープライズ」の両空母を中心とする二〇隻の大部隊である。フレッチャー中将指揮の「サラトガ」は重巡三、軽巡一、駆逐艦五隻に、トーマス・C・キンケード少将率いる「エンタープライズ」は戦艦一、重巡一、防空巡一、駆逐艦六隻に護衛されていた。空母「ワスプ」の部隊は補給のため南下していて参加していなかった。

関少佐の艦爆隊は高度三五〇〇メートルで迫り、午後二時三十八分、「全軍突撃！」で一斉に「エンタープライズ」目がけて急降下に入った。空母の五インチ高角砲や二八ミリ機銃、二〇ミリ機銃が逆さ雨のように各機に集中する。しかし果敢に突っ込む日本機は三発の爆弾を命中させた。二発は甲板で爆発して火災を起こし、もう一発は甲板を貫通して五層目の下士官室で爆発した。だが、火災は炭酸ガスによる消化活動ですぐ消され、三度も傾斜しながら「エンタープライズ」はなおも二四ノットの速力を失わなかった。

被害は日本の攻撃隊のほうが大きかった。艦爆一七機、零戦三機が未帰還となり、艦爆一機、零戦三機が不時着したからだ。

第二次攻撃隊は午後二時に発進したが、米機動部隊を発見できずに全機が帰還した。第一次攻撃隊はさかんに無電で第二次攻撃隊に米機動部隊の位置を知らせ続けたが、通信不良で受信できなかったからという。

こうして、いわゆる第二次ソロモン海戦は終わったのだが、日本は空母「龍驤」を撃沈され、水上機母艦「千歳」が損傷し、さらに艦上爆撃機二三機、艦上攻撃機六機、零戦三〇機、水偵三機を失った。米軍は「エンタープライズ」が中破したものの、二カ月後には戦列復帰しており、艦上機の損失は二〇機にすぎなかった。日本は第一次ソロモン海戦の敵（かたき）を完全にとられてしまった。

ソロモンの海で日米の機動部隊が激戦を展開しているとき、米艦上機の空襲を避けながらガ島に近付いては反転するという避退行動を繰り返していた一木支隊第二梯団は、八月二十五日午前五時にはガ島の北方一五〇浬（約二八〇キロ）に近付いていた。ところが六時五分、上陸準備にあわただしい旗艦「神通」に米艦爆三機が突如銃撃を加えてきた。さらに別の一機が放った爆弾が一、二番砲塔に命中した。

同時に、兵員を満載している輸送船団も新たな艦爆隊に襲われ、「金龍丸」は致命傷を受けて護衛の駆逐艦「睦月」の魚雷で処分された。その「睦月」も機関室に直撃弾を受け、まもなく沈没していった。一木支隊第二梯団はやむなく敵前上陸作戦をあきらめ、船団はショートランド島に退避した。

米空母「ワスプ」撃沈 一九四二年九月十五日

絶好の射点をものにした伊19潜水艦

米軍を脅かす日本潜水艦部隊

ソロモンの制海権を握り、ガダルカナル島を固守しようとする米海軍を〝九月の危機〟が襲った。

一九四二年（昭和十七）八月三十一日に空母「サラトガ」は日本の潜水艦の雷撃で損傷し、以後の三カ月間、戦闘不能におちいっていた。不沈空母ともてはやされていた「エンタープライズ」も、パールハーバーで修理を急いでいる状態だった。この時期に戦場に出ていた空母は「ワスプ」と「ホーネット」の二隻だけだったのである。対する日本海軍は、ミッドウェー海戦に敗れたとはいえ、ソロモン周辺の基地に潜み、米軍にとってはまだまだ侮れない勢力をもっていた。「サラトガ」を襲った潜水艦部隊もその一隊で、米艦隊の脅威となっていた。だが虎の子の空母をどこかに隠しておくわけにはいかない。

このころガダルカナル島の日本陸軍は増強され、九月中旬にはヘンダーソン飛行場をめざして大攻撃をかけていた。そして「血染めの丘の戦い」と呼ばれたこの戦闘で日本軍はほぼ全滅し、勝敗は決しかけていた。しかし、ガ島での主導権を握り続けるには、兵力と武器の補給の続行が急務である。「ワスプ」「ホーネット」の空母部隊は、そのため輸送船団の護衛に充てられていたのだ。

九月十三日、日本の潜水艦部隊（第一潜水戦隊）はサンクリストバル島南東に九隻が展開していた。「米機動部隊発見！」の報を受け、各潜水艦は米艦隊の動向に全神経を集中させたいた。

３本の魚雷が命中し大爆発を起こし炎上する米空母「ワスプ」。

九月十五日午前九時十五分、伊19潜（艦長・木梨鷹一少佐）は米艦艇の集団音を探知した。伊19は耳を澄まして集団音を追った。そして約一時間後の十時五十分、伊19の潜望鏡は距離一万五〇〇〇メートルに「空母一隻、重巡一隻、駆逐艦数隻」を発見した。空母「ワスプ」を中心とする米第一八任務部隊だった。

このとき「ワスプ」は、快晴の空のもと哨戒機（艦戦八機、艦爆三機）を発進させて日本軍の不意打ちを警戒している最中だった。そうした午前十一時二十分、交代の哨戒機を発進させるため「ワスプ」は風上（南東）に向かって大きく変針した。これが悲劇の始まりだった。

潜水艦の水中速度は三ノットである。このままでは伊19は追いつくことはできない。ところが米空母は突如向きを変え、自ら近寄ってくるではないか。木梨艦長は〝待ってました〟とばかりに北東に針路をとり、ぐんぐん距離を縮めていった。そして距離九〇〇メートルに達した。

木梨艦長は潜望鏡を覗いたまま短く言い放った。

「発射！」

六本の酸素魚雷が吐きだされ、次々と水中を走り去る。

このとき「ワスプ」は哨戒機の発艦・収容作業を終え、基準針路に戻ろうとしていた。そこへ、「右舷に魚雷！」という見張り員の叫び声がとどろいた。艦長のフォレスト・P・シャーマン大佐はただちに反応し、「面舵一杯（おもかじいっぱい）！」と叫んだ。

しかし、間に合わなかった。「ワスプ」の右舷前部に二本の魚雷が、さらにもう一本が艦橋の前方に「ズシッ！」と突き刺さった。ときに午前十一時四十三分であった。

魚雷六本のうち五本命中

米軍の悲劇は、この後も続いた。

伊19潜水艦の魚雷攻撃で沈みゆく「ワスプ」（左）と駆逐艦「オブライエン」。

「ワスプ」を護衛していた駆逐艦「ランズダウン」の船底を一本の魚雷がくぐりぬけていった。同艦の見張り員は「これは危ない」と、空母「ホーネット」の部隊に無線電話をかける。しかし、その警告は本気にされなかった。すでに「ワスプ」は炎上し、その炎は「ホーネット」部隊から見えていたが、両部隊は一万メートルも離れているのだ。隊員たちは、まさか自分たちまで雷撃されるはずはないと思っていたからだ。

だが十一時五十二分、伊19の放った魚雷は「ホーネット」部隊にも襲いかかる。まず新式戦艦「ノースカロライナ」の左舷に一本が命中、高々と水柱が上がった。そして二分後には後方数一〇〇メートルにあった駆逐艦「オブライエン」が、艦首を打ち砕かれてしまった。日本軍の酸素魚雷は、米軍の常識を超える威力をみせたのである。

そのころ「ワスプ」の火炎は激しさを増していた。飛行甲板、格納庫に並んでいた搭載機が次々と誘爆を起こしていた。それはミッドウェー海戦で日本空母部隊が起こした現象とまったく同じものだった。

艦長のシャーマン大佐は火の回っていない艦尾を風上に向け、延焼を食い止めようとした。しかし、効果はなかった。すでに「ワスプ」は手のつけられない状態に陥っていた。そして午後十二時二十八分、「総員退艦」が命じられた。

午後一時過ぎ、「ワスプ」の乗組員一九四六名が巡洋艦、駆逐艦に救助され、母艦には駆逐艦「ランズダウン」から介錯の魚雷を撃ち込まれた。午後六時過ぎ、「ワスプ」は静かに沈んでいった。

戦艦「ノースカロライナ」は水面下の船体に一〇メートルの亀裂が生じ、修理のためパールハーバーに向かった。駆逐艦「オブライエン」は船体が二つに折れてしまい、やがて「ワスプ」の後を追うかのように沈没していった。

こうして米海軍の〝九月の危機〟は頂点へと向かう。いまや太平洋の全域で健在な空母は「ホーネット」一隻だけになってしまった。パールハーバーの太平洋艦隊司令部は、沈痛な空気に包まれていった。

サボ島沖夜戦

打破された日本海軍のお家芸「夜戦」

一九四二年十月十一日〜十二日

ガダルカナル島へ艦隊輸送

開戦以来、日米の陸上部隊が初めて激突したガダルカナル島では、壮烈な戦いが展開されていた。米軍が「エスペランス岬海戦」と呼ぶサボ島沖夜戦は、第一次および第二次ソロモン海戦に続くガ島攻防をめぐって起きた海戦の一つである。

一九四二年（昭和十七）十月、ガダルカナル島の陸上戦闘は物量の消耗戦の色を濃くしていた。それだけにガ島戦は兵員、軍需物資などの「輸送の戦い」でもあった。そうした状況下にあって、ガ島への支援こそが急務と判断した連合艦隊司令長官・山本五十六（やまもといそろく）大将は、米艦隊攻撃を第二目的とし、ガ島奪回のための増援部隊と武器、弾薬の輸送を最優先する旨の指令を発した。このときから、米軍が「トーキョー・エクスプレス」と洒落（しゃれ）て呼ぶようになった戦闘艦による艦艇輸送が開始されたのだった。

一九四二年十月十一日も「トーキョー・エクスプレス」はガ島に向かっていた。この日、艦艇輸送に当たっていたのは水上機母艦「千歳」「日進」、第九駆逐隊の駆逐艦「秋月」「朝雲」「夏雲」「綾波」「出雲」「白雪」の八隻であった（同行予定の「叢雲」は機関が故障して同行せず、後に途中まで第六戦隊に参加した）。「千歳」と「日進」には陸軍部隊（第二師団の将兵七二八名）と野砲、曲射砲などの重火器、それに特殊潜航艇、上陸用舟艇などが搭載されていた。艦艇輸送団はこれらの軍需物資をガ島のタサファロングに揚陸するのが目的であった。

午前六時、「日進」「千歳」ほか駆逐艦六隻はショートランド島を出撃、中央航路を目的地に向かった。そして、この艦艇輸送団支援のため、奪取されたガ島の米軍基地・ヘンダーソン飛行場砲撃の命令を受けていた第六戦隊は、午前十一時二十分にショートランド島泊地を出撃し、同じく中央水道を南下していった。

だが、すでにこの情報は米軍にキャッチされており、米海軍の南太平洋地域司令官ロバート・L・ゴームレー中将は、米第六四戦隊（巡洋艦隊）の司令官ノーマン・スコット少将に、日本軍の増援部隊「トーキョー・エクスプレス」の動きを封じ込める作戦を指示していた。第六四戦隊は巡洋艦四、駆逐艦五の編成であったが、ノーマン・スコット少将によって夜戦に強い部隊に訓練された特殊性をもつ部隊だった。

この日、レンネル島付近で游弋（ゆうよく）しながら偵察情報の連絡を待っていた第六四戦隊は正午過ぎ、B17哨戒機から日本の艦隊輸送団発見の通報に接した。ガ島の北西二一〇浬地点を南下中とのことであった。

スコット少将は、南下する日本の艦隊輸送団をサボ島西方で捉えるべく急遽エスペランス岬沖から北上を開始した。スコット少将の頭の中には、日本の艦隊輸送団を支援してくるであろう有力な護衛艦隊の影が映じていた。単縦陣形をとったのもそのためであった。

一方、重巡「青葉」「古鷹」「衣笠」、駆逐艦「吹雪」「初雪」からなる第六戦隊（五藤存知（ごとうありとも）少将指揮）は、全艦が戦闘配置に付いたままガ島に向けて急行し、夕闇迫った午後四時過ぎにはガ島の北西二〇〇浬の地点に達していた。途中、米機の来襲も味方からの情報もなかった。ただ、しばしばスコールの来襲があった。

午後八時二十分過ぎ、輸送艦隊からの目的地到着の報に続いて、ガ島守備隊司令部から「ガ島上空は快晴」との報を受信し、本来の任務である米飛行場砲撃は可能であると勇躍していた。

やがてスコールのトンネルを抜け出た第六戦隊は、はるか一〇浬あまり前方に、月明かりの中に浮かぶサボ島の島影を望見した。午後九時四十分を過ぎたころであった。五藤司令官は駆逐艦「叢雲」に本来の任務である艦隊輸送団の護衛に当たるよう命令を発した。

同艦はタサファロング泊地に向けて急行していった。

両戦隊の暗夜の遭遇と誤認

第六戦隊が駆逐艦「叢雲」を送り出したころ、スコット少将の率いる第六四戦隊は反転してサボ島南方水道を南下していた。これより先の九時少し前、スコット少将は状況の判断に迷っていた。水上偵察機から入った報告からは、発見した艦隊の識別が確認できず、B17哨戒機からの通報との違いがあって判断に窮していたのである。そこで、とりあえずガ島への入り口の哨戒を思い立って、サボ島西六浬で北東に変針し、さらに反転しての南下であった。

反転して数分後、軽巡「ヘレナ」と「ボイス」の両艦からレーダー探知の報告があった。

「右舷六浬に日本艦隊らしき船影を認む」

という内容だった。しかし両艦の報告には探知した方位に大きな誤差があった。旗艦「サンフランシスコ」の司令部では、先の変針の際に遅れた駆逐艦三隻の可能性があるとしていたが、その後の電話交信でこの駆

遠く煙幕が張る中35ノットで進む日本の重巡。

逐艦は本隊の右舷を航走していることが確認された。

そして九時四十分過ぎ、旗艦「サンフランシスコ」は巨艦のレーダーが右舷五〇〇〇ヤード地点に船影を探知したが、スコット少将は味方の前衛艦と見誤っていた。

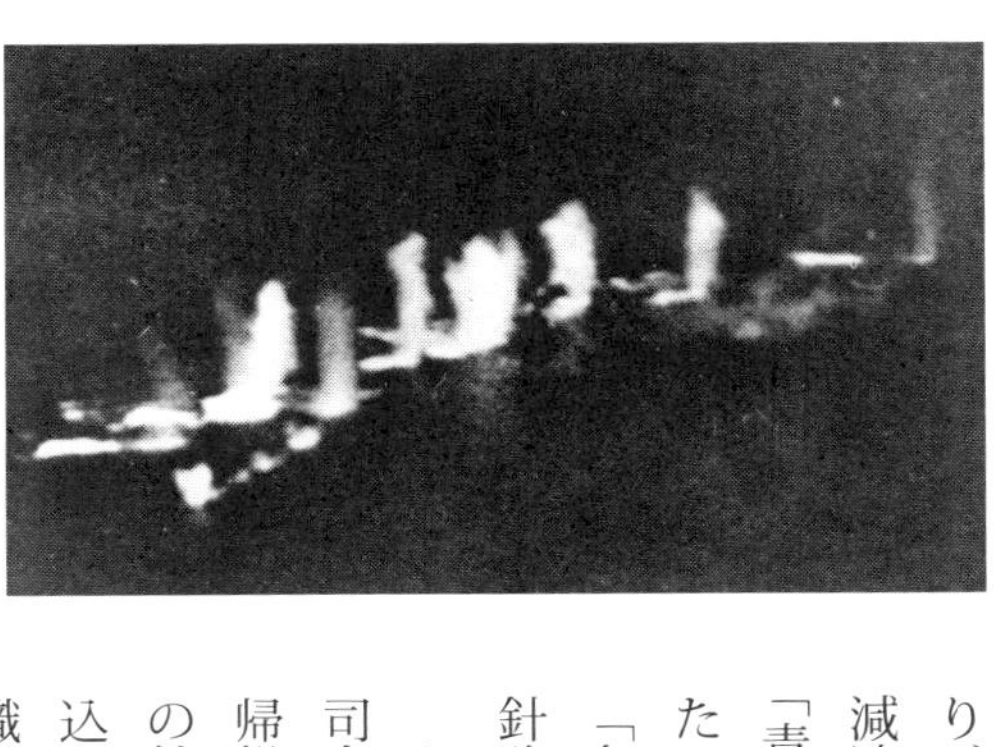
サボ島沖夜戦で米軍の砲撃を受ける日本艦隊。

駆逐艦「叢雲」を見送り、五藤司令官が全艦に減速を命じた直後、旗艦「青葉」の左舷監視に当たっていた見張員が、

「左一五度に船影三発見、針路南西、距離一万」

と報告した。だが五藤司令官は、なぜかこれを帰投する「日進」「千歳」の輸送船団であると思い込んでいた。確認のため識別の発光信号「ワレアオバ」を繰り返し送信しながら直進し、約七キロ地点まで接近した。ここでも見張員は米艦隊であることを再び報告したが、五藤少将は万が一米艦隊であった場合は同航戦に持ち込めるとの思惑からか右回頭を命じ、その上で「味方識別一〇秒」を命じた。

その瞬間であった、船影の一隅から突然、多数の照明弾が打ち上げられ、白昼のような明るさが広がると、ほとんど同時に猛烈な砲撃を浴びた。「青葉」に対しての第一陣は、軽巡「ヘレナ」の放った砲弾であったが、艦橋を破壊し、その破壊された鉄片が四散して五藤司令官はじめ多数の死傷者

サボ島沖夜戦編成表

米軍（×は沈没、△は損傷）
巡洋艦隊＝ノーマン・スコット少将
重巡・サンフランシスコ、△ソルトレークシティ
軽巡・△ボイス、△ヘレナ
駆逐艦・△ファーレンホルト、×ダンカン、
　ラフェイ、ブキャナン、マッカーラ

日本軍（×は沈没、△は損傷）
第６戦隊＝五藤存知少将
重巡・△青葉、△衣笠、×古鷹
警戒隊
駆逐艦・×吹雪、初雪

サボ島沖夜戦を戦った第６戦隊の旗艦「青葉」。米軍のレーダー射撃により大破した。

を出した。その後も米艦の砲撃は「青葉」に集中し、二番砲塔に命中弾、三番砲塔背面から貫通した砲弾によって火災を起こしていた。主砲射撃の方位盤も通信装置・施設もともに破壊された。

　このときスコット少将も同士討ちの錯覚に襲われ、砲撃中止を命じていた。そのきっかけとなった駆逐艦「ダンカン」は自艦で日本艦隊を四浬先に探知して、独自に攻撃運動を開始していた。思い違いに気付いたスコット少将は、右舷の船影が日本艦隊であることを確認し、改めて砲撃命令を発した。

　第六戦隊の「青葉」艦長久宗米次郎大佐は、この数分間を利用して、米艦隊にT字戦法をとらせている不利な態勢を散開によって挽回しようとしたが、砲撃は「青葉」に集中してきた。「青葉」も「古鷹」も主砲をもって応戦し、米艦への命中弾数発を数えたが、「青葉」は信号マストが命中弾を受けて一番高角砲の上に倒れたため旋回不能に陥り、二番高角砲は命中弾で吹っ飛んでいた。三番高角砲も操作不能。そして三番砲塔に命中弾を浴び、「青葉」は一番砲塔で応戦しつつ避退の態勢に入らざるをえなかった。

重巡「古鷹」も僚艦「青葉」の被災を目の当たりにしつつ、これを援護する態勢をとりながら応戦に努めたが、被弾して浸水がひどく、行動の自由を失っていた。そして「青葉」が避退運動のため右へ回頭した瞬間、「古鷹」が前面に押し出される隊形となり、集中砲火を浴びることになってしまった。そして運悪くも魚雷発射管に敵弾が命中し、大火災を起こし、敵の格好の砲撃目標になった。「古鷹」もまた砲撃を続けながら避退せざるをえなかった。そしてその後、「古鷹」は航行不能に陥り、翌十二日午前零時二十八分、サボ島北西二二浬地点で沈没した。

重巡「衣笠」と駆逐艦「初雪」は米艦の発砲開始と同時に左方向に反転したため、集中砲火を免れ、若干の浸水はあったが軽微な損傷で済み、戦闘に支障はなかった。駆逐艦「吹雪」は旗艦「青葉」の右舷前方を航行していたが、味方識別信号を点滅させたところを探照灯で捕捉され、避退をはかったが間に合わず集中砲火を浴び、大爆発を起こして沈没した。九時五十三分、乗組員が脱出できぬ間の瞬時の出来事であった。そして敵将スコット少将の砲撃中止命令によって戦いは終わった。時に十時二十分であった。

駆逐艦「初雪」は旗艦「青葉」の参謀貴島(きじま)中佐の命を受けて「古鷹」乗員の救出に当たったが、暗夜の中での救助作業は困難をきわめ、午前二時に作業を打ち切り、カッター、丸太など救命具代わりになるものを海上に残し、「青葉」の久宗艦長の指揮下に入って他の僚艦とともに午前八時、ショートランドに帰投した。

途中、五藤司令官は午前六時、艦内で出血多量で死亡した。第六戦隊の戦死者は「青葉」七九名、「古鷹」三三名、行方不明二二五名、救助された者五一八名。「吹雪」の戦死者は山下艦長以下二二〇名であった。

米艦隊の損害は、沈没した駆逐艦「ダンカン」、大破した駆逐艦「ファーレンフォルト」、軽巡「ボイス」、そして重巡「ソルトレークシティ」の小破であった。

この海戦は米艦隊のレーダー使用による先制攻撃が、日本海軍の伝統的な戦法・夜戦を打破した海戦であった。

南太平洋海戦

南雲機動部隊、満身創痍で最期の勝利

一九四二年十月二十六日

ガ島支援で南雲機動部隊再び南太平洋へ

ガダルカナル島の飛行場争奪戦は、二カ月を過ぎても日本軍に明るさは見えない。一木支隊に続く川口支隊の投入も屍(しかばね)を重ねるのみで、島に生き残る日本兵は飢餓(きが)と病(やまい)に襲われて戦闘力を奪われていた。そこで大本営は第一七軍麾下(きか)の第二師団（師団長・丸山政男中将）一万五〇〇〇名を投入、ルンガ飛行場（米軍は「ヘンダーソン飛行場」と呼んだ）を一挙に制圧、戦局の挽回をはかろうとした。陸軍はこの第二師団のガ島輸送と、同師団による飛行場奪取作戦への支援を海軍に要請した。

山本五十六連合艦隊司令長官は近藤信竹中将率いる第二艦隊と南雲忠一中将率いる第三艦隊（空母主体の機動部隊）に出動を命じ、支援部隊を編成して応えた。支援部隊の構成は別掲の表のようだった。

支援部隊は一九四二年十月十一日、トラック島を出撃して一路ソロモン海域に向かった。翌十二日の夕方には第二師団の主力約四〇〇〇名と武器弾薬を満載した六隻の輸送船団も、ラバウルとショートランドからそれぞれ出航した。そして輸送船団は十四日夜にガ島沖に到着、徹夜で上陸と軍需品の揚陸作業を開始した。

この間の十月十三日夜半に第三艦隊第三戦隊の戦艦「金剛」「榛名」が一〇〇〇発の主砲弾をガ島の米軍飛行場に撃ち込んだ。飛行場は火の海と化し、滑走路をはじめ基地の施設、駐機中の作戦可能機九〇機中の四二機を破壊し、米軍の航空戦力をマヒさせた。さらに輸送船団を支援してきた第八艦隊（司令長官・三川軍一中将）の重巡「鳥海」「衣笠」、駆逐艦「天霧」「望月」も米軍飛行場への艦砲射撃に加わった。そして二隻の重巡は、ガ島北岸沖を反転航行しながら七五二発の二〇センチ砲弾を撃ち込んだ。

だが米軍も必死で、突貫作業で滑走路を修復し、からくも生き残った飛行機を飛ばしては揚陸した日本軍の軍需物資と輸送船に執拗な爆撃を繰り返してきた。このため揚陸作業中の三隻の輸送船が被弾、炎上した。

こうした米軍の動きから、連合艦隊司令部は飛行場砲撃は不十分と判断、今度は第五戦隊の重巡「妙高」「摩耶」にも飛行場砲撃を命じた。艦砲射撃は十五日の夜に実施され、ヘンダーソン飛行場は三度（みたび）火の海に包まれた。

海上決戦に備える日米両艦隊

日本軍の輸送作戦は十月十七日と十九日にも巡洋艦と駆逐艦によって行われ、この一連の増援作戦によってガ島の日本軍は約二万二〇〇〇名になり、当時の米軍兵力とほぼ拮抗するまでになった。

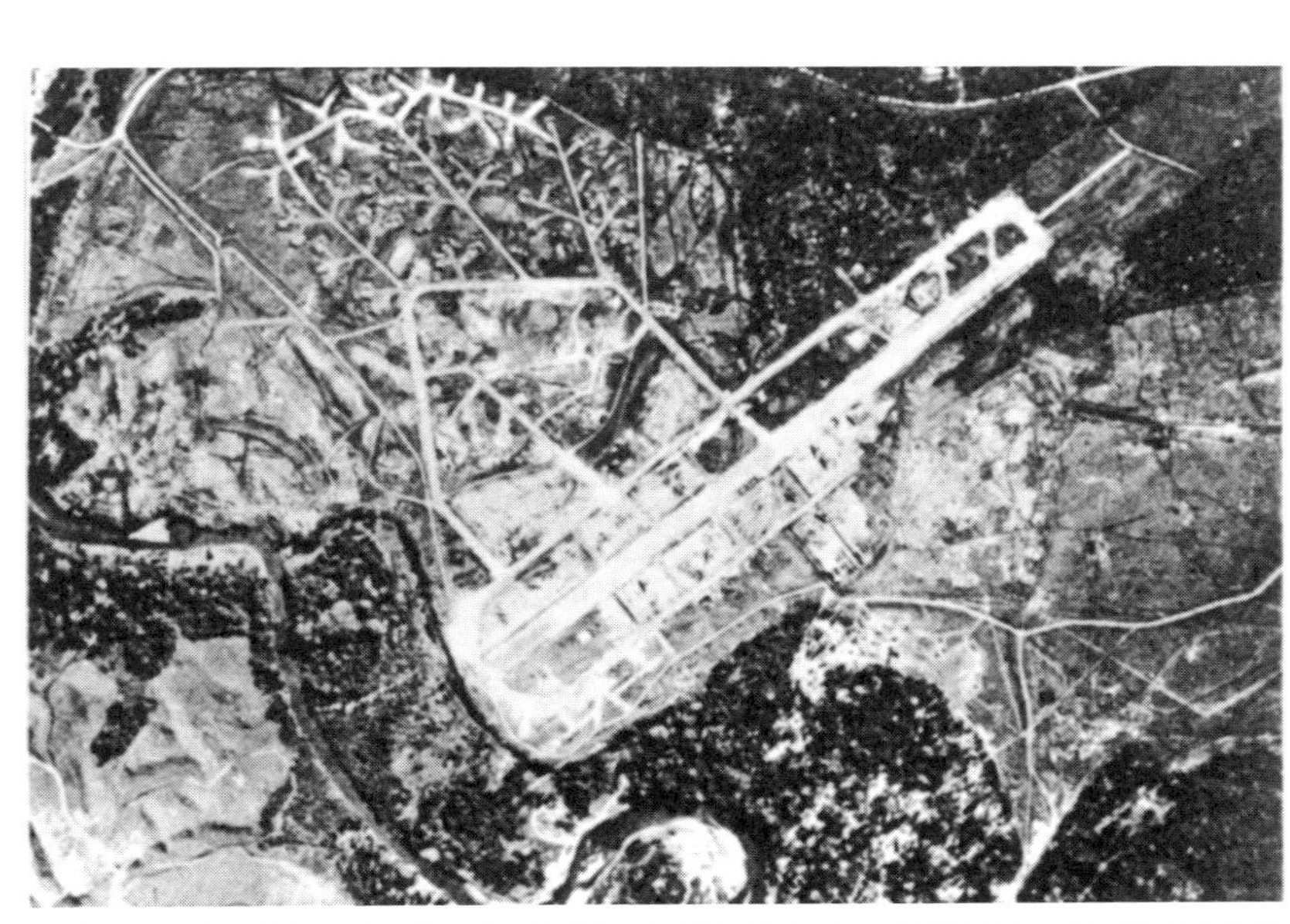

ガダルカナル島をめぐる日米の戦いは、飛行場の争奪戦でもあった。写真は日本のルンガ飛行場を拡張した米軍のヘンダーソン飛行場。

「ブル」の愛称で慕われたウィリアム・F・ハルゼー中将。

十月二十日、ガ島の第一七軍は第二師団を中心とした米軍飛行場への「総攻撃を十月二十二日に決行」すると、大本営と連合艦隊司令部に伝えてきた。

陸軍からの連絡で、支援部隊は燃料の洋上補給を行い、前進部隊は二十日午後から、機動部隊は二十一日早朝からそれぞれの予定配備点に向かって南下を開始した。

対する米軍側も、日本軍の行動から反撃作戦が間近いことを予測していた。すでに索敵機は日本の空母部隊の存在も確認しており、来るべき海上決戦の準備を急ピッチで進めていた。そうした最中の十月十五日、米太平洋艦隊司令長官チェスター・W・ニミッツ大将は思い切った人事を断行していた。ガ島地域を担当している南太平洋地域軍司令官ロバート・L・ゴームレー中将を解任し、ウィリアム・F・ハルゼー中将に替えたのだ。

消極的な作戦に終始するゴームレーとは対照的に、猛将でなるハルゼーは将兵の絶大な信頼がある。ミッドウェー海戦の直前から重い皮膚病に見舞われて入院、それが完治して現場に復帰してきたのである。ガ島や艦隊の将兵はハルゼーの着任に喚声を上げ、士気は一挙に高揚した。

ニューカレドニアのヌーメアに置かれた南太平洋地域軍司令部に着任したハルゼーは、最初の命令を出した。修理を終わった空母「エンタープライズ」を率い

南太平洋海戦米軍編成表

（×は沈没、△は損傷）

機動部隊＝トーマス・C・キンケード少将

第16任務部隊

空母・△エンタープライズ
戦艦・△サウスダコタ
重巡・△ポートランド
軽巡・△サンファン
駆逐艦・マハン、カッシング、×ポーター、△スミス、プレストン、モーレーショー、カニンガム

第17任務部隊

空母・×ホーネット
重巡・ノーザンプトン、ペンサコラ
軽巡・サンディエゴ、ジュノー
駆逐艦・モーリス、アンダーソン、△ヒューズ、オースチン、ラッセル、バートン
※航空機の損失　74機

て真珠湾からヌーメアに向かって南下している第一六任務部隊司令官トーマス・C・キンケード少将に、「ホーネット」隊と合流の上、サンタクルーズ諸島沖合（ガ島の東方約四〇〇浬）に進出せよと命令したのだ。

そのときハルゼーの下には三つの任務部隊があった。一つはノーマン・スコット少将指揮の高速艦隊に戦艦「ワシントン」を加えた部隊で、第二はG・D・マーレイ少将率いる空母「ホーネット」を基幹とする機動部隊、そして第三の任務部隊はキンケード少将自ら率いる空母「エンタープライズ」を中心に、戦艦「サウスダコタ」も加わった機動部隊である。そしてこの二つの機動部隊は十月二十四日の午後、ニューヘブリデイズ諸島の北東海上で合流に成功した。ハルゼーは自叙伝に書いている。

米機動部隊を率いた司令官トーマス・C・キンケード少将

「私はこれらの艦隊を北上させ、サンタクルーズ諸島沖で待機の上、敵の左翼を狙って反撃することにした」と。

飛行場総攻撃失敗で行きつ戻りつの南雲機動部隊

南雲中将の機動部隊は、ガ島の陸軍の総攻撃に呼応して行動を起こそうとしていた。しかしジャングルをかき分けて進む陸軍部隊はなかなか総攻撃態勢をとれず、総攻撃日を二十三日に延期し、二十三日になると「さらに一日延期する」と通告してきた。この間、海軍の支援部隊は南下しては反転北上するという行動を強いられていた。そして陸軍の総攻撃は十月二十四日の夜に決行されるのだが、攻撃は失敗に終わった。

この陸軍の総攻撃の翌朝二十五日午前七時四十分（時間は現地時間、以下同じ）、南雲機動部隊はエスピリトゥサント島（ニューヘブリディズ諸島）から哨戒に飛び立ったPBY飛行艇に発見されてしまった。キンケード少将はただちに「エンタープライズ」から一二機の索敵機と二九機のSBD急降下爆撃機を発進させた。しかし米攻撃隊は日本艦隊を発見できなかった。

だが米軍の飛行艇はその後も南雲機動部隊に接触を続けていた。キンケードの機動部隊はその飛行艇の情報に従って、南雲機動部隊に近づいていった。

米哨戒機に接触されていることなど知らない南雲部隊は、ソロモン諸島の東方海上を前進していた。その二十六日の午前零時五十分、突然「瑞鶴」の前方三〇〇メートルの地点に四発の爆弾が投下された。南雲機動部隊に接触を続けていた米軍のPBY機が、帰投するための置き土産に投下したものだった。

日本の機動部隊と前進部隊は所在をくらますため反転、北上した。しかし十月二十六日早暁、別のPBY機が「日本の大型空母一隻と六隻の艦艇を発見！」の無電を発信した。無電はヌーメアのハルゼー中将の司令部も受信した。ハルゼーはキンケード少将の二つの空母部隊に緊急命令を発信した。

「攻撃せよ！　繰り返す、攻撃せよ！」

このとき（午前五時）すでにキンケードは、「エンタープライズ」から爆弾を抱いた一六機のSBDドーントレス急降下爆撃機を索敵に発進させていた。ほぼ

日本の艦上機の攻撃を受ける米空母「エンタープライズ」。

同時刻に日本の機動部隊からも、艦上攻撃機一三機、水上偵察機七機が発進していた。

日米の両機動部隊、同時に攻撃隊を発進

夜が明けた十月二十六日午前六時五十八分、空母「翔鶴」から索敵に発進していた八機の艦攻の中の一機から待望の「敵大部隊見ユ」がもたらされた。

「サンタクルーズ島の北一〇〇浬に空母二　その他十五、空母はサラトガ型」

位置は「翔鶴」から南東二一〇浬の地点である。距離は手ごろだ。艦橋の草鹿龍之介参謀長は「第一次攻撃隊発進用意！」を命令した。

第一次攻撃隊は「翔鶴」飛行隊長村田重治少佐を隊長に、機動部隊本隊の「翔鶴」「瑞鶴」「瑞鳳」三空母の六二機で編成された。雷装した九七艦攻二〇機は村田少佐が直率し、九九艦爆二一機は「瑞鶴」飛行隊長の高橋定大尉が指揮する。この艦攻、艦爆隊を掩護する零戦二一機で編成の制空隊指揮官は、「瑞鶴」飛行隊長・白根斐夫（しらねあやお）大尉である。

日本軍機は海面スレスレの超低空で急降下し「サウスダコタ」の前部砲塔に直撃弾を食らわせた。

午前七時二十五分、村田少佐機を先頭に、攻撃隊は次々飛び立っていった。

一方、午前五時に「エンタープライズ」を発進したSBDドーントレス一六機のうちの二機が、日本の機動部隊本隊を発見したのは午前六時五十分、日本の索敵機より八分早かった。キンケード少将は日本の攻撃隊発艦より五分遅れて「攻撃隊発進」を命じた。まず「ホーネット」から艦攻六機、艦爆一五機、艦戦八機の計二九機が発進し、続いて午前八時に「エンタープライズ」から艦攻八機、艦爆三機、艦戦八機の計一九機、さらに八時十五分に艦攻九機、艦爆九機、艦戦七機の計二五機、合計七三機が発艦した。

第一次攻撃隊を見送った後、日本の各空母は第二次攻撃隊の発艦準備に追われた。そして「翔鶴」から零戦四機、艦攻一六機、「瑞鶴」から零戦五機、艦爆一九機の合計四四機が発艦するのだが、発艦準備が完了する直前、突如、上空からSBD急降下爆撃機の一隊が襲ってきた。この米軍機は南雲機動部隊を発見した索敵隊だった。

「翔鶴」の上空見張員もこのSBD隊を発見し、「総員配置につけ！　対空戦闘用意！」と拡声器でわめき、上空の空母直衛の零戦九機は果敢にSBDを追い、次々撃ち落としていった。だが断雲を切り裂いて急降

南太平洋海戦日本軍編成表

（△は損傷）

前進部隊＝第2艦隊司令長官：近藤信竹中将
第４戦隊＝重巡・愛宕、高雄
第３戦隊＝重巡・金剛、榛名
第５戦隊＝重巡・妙高、摩耶
第２航空戦隊＝空母・隼鷹
第２水雷戦隊＝軽巡・五十鈴
第15駆逐隊＝黒潮、親潮、早潮
第24駆逐隊＝海風、涼風、江風
第31駆逐隊＝長波、巻波、高波
油槽船4隻

機動部隊＝第３艦隊司令長官：南雲忠一中将

本隊
第１航空戦隊＝空母・△翔鶴、瑞鶴、△瑞鳳
　重巡・熊野
第４駆逐隊＝嵐、舞風
第16駆逐隊＝天津風、時津風、雪風、初風
防空駆逐隊＝浜風、照月

前衛部隊
第11戦隊＝戦艦・比叡、霧島
第７戦隊＝重巡・利根、△筑摩
第８戦隊＝重巡・鈴谷
第10戦隊＝軽巡・長良
第10駆逐隊＝風雲、夕雲、巻雲秋雲
第17駆逐隊＝浦風、磯風、谷風

補給部隊
油槽船6隻、駆逐艦・野分
※航空機の損失　92機

「エンタープライズ」に対して激しい攻撃を加える日本軍機。上空の黒点は米艦艇の対空砲火が炸裂したもの。

下してきた二機が「瑞鳳」に投弾した。そのうちの一発が発着甲板後部に命中し、「瑞鳳」は戦場から離脱しなければならなくなった。午前七時四十分だった。

関衛少佐指揮の第二次攻撃隊「翔鶴」隊が発進したのは、それから三〇分後の午前八時十分、さらに三五分後の八時四十五分に今宿滋一郎大尉指揮の「瑞鶴」隊が発艦していった。

日米の攻撃隊はそれぞれ敵に向かって正確に飛行していた。

午前八時三十分、「ホーネット」を飛び立った米軍の第一次攻撃隊は、途中で偶然にも村田少佐指揮の日本の第一次攻撃隊とすれ違った。しかし双方の戦闘機隊長は気がつかず、やり過ごしてしまった。ところが一〇分後、日米の攻撃隊はまたもやすれ違う。今度は「瑞鳳」零戦隊指揮官の日高盛康（ひだかしげやす）大尉が、はるか前方から飛翔してくる敵機を視認していた。相手は「エンタープライズ」の一九機だった。このまま見過ごせば母艦が攻撃される……、日高大尉は独断で攻撃を決意し、部下の零戦八機に翼を振って合図を送るや、反転して米攻撃隊の追撃に入った。スピードで勝る零戦隊はあっという間に追いつき、米軍機の後方上空から太陽を背にして一気に攻撃を仕掛けた。そしてＦ４Ｆ戦闘機四機とＴＢＦ雷撃機四機を撃墜したが、自らも自爆二機、未帰還二機、被弾大破一機の損害を出してしまった。さらに無事だった四機も機銃弾を撃ち尽くし、艦爆隊と雷撃隊を掩護するという本来の任務を放棄して母艦に帰投せざるを得なくなった。

「ホーネット」を大破したが攻撃機の過半を喪失

午前八時五十五分、第一次攻撃隊は空母を従えた米艦隊を発見した。空母「ホーネット」を重巡二隻、軽巡二隻、駆逐艦六隻がきれいに囲む輪形陣で航行する、マーレイ少将率いる第一七任務部隊だった。上空には三八機のＦ４Ｆ戦闘機が数機ずつ分かれて警戒していた。村田少佐は「全軍突撃せよ」を発信し、攻撃隊は一斉に「ホーネット」に殺到していった。

「瑞鳳」零戦隊が帰投したため一二機になってしまった白根大尉の制空隊は、三八機のＦ４Ｆと空戦を開始した。高橋大尉の艦爆隊はそのＦ４Ｆの襲撃と護衛艦艇からの激しい対空砲火を受け、一機、また一機と火を噴いた。高橋大尉機も被弾し、火災を起こして不時着水した（搭乗員は日本船に救助される）。

村田少佐の雷撃隊も「ホーネット」に果敢に突入し

攻撃にさらされる米空母「ホーネット」と、「ホーネット」に迫る日本軍機。

ていったが、護衛の零戦がわずか四機では防ぎようもなく、魚雷の発射位置に到達する前に約半数がＦ４Ｆに撃墜されていった。隊長の村田機も火を噴き、未帰還となった。

それでも第一次攻撃隊は弾幕をかいくぐり、二五〇キロ爆弾六発と魚雷二本を「ホーネット」にたたき込んだ。また被弾したため飛行甲板に体当たりした艦爆や、火を噴きながら前部砲塔に体当たりした雷撃機もあった。「ホーネット」は大破炎上し、停止した。だが第一次攻撃隊の損害も大きく、艦攻一六機、艦爆一七機、戦闘機九機の合計四二機、出撃機の六割を失ってしまった。

日本の第一次攻撃隊が接近してきたとき、キンケード少将座乗の「エンタープライズ」は、折からやってきたスコールの中に身を隠していた。そしてスコールが去った午前十時前、戦艦「サウスダコタ」のレーダーが五五浬（約一〇〇キロ）先に機影の群を捉えた。関衛少佐率いる第二次攻撃隊の「翔鶴」隊である。

午前十時二十分、関少佐も「エンタープライズ」を

米空母「ホーネット」に直撃弾が命中した。

捉え、「トトトト……」、全軍突撃のト連送を発信した。敵空母の飛行甲板前方には艦上機約二〇機が出撃準備中に見えた。九九艦爆の急降下爆撃隊は第一中隊、第二中隊、第三中隊と順を追って降下していった。

輪形陣の第一六任務部隊の対空砲火は凄まじかった。とくに「エンタープライズ」と「サウスダコタ」は、ハワイで修理中に対空兵器の傑作といわれるスウェーデン・ボフォース社の強力な四〇ミリ四連装機関砲を搭載していたから、九九艦爆は次々と被弾炎上して海面に激突していった。

しかし艦爆隊は弾雨の中を「エンタープライズ」目がけて突進した。艦首近くに最初の一弾が命中した。爆弾は飛行甲板を貫通して一五メートル下の右舷艦側で爆発、続いて前部昇降機にも命中した。昇降機はまっぷたつにへし折れ、パッと火の手が上がって火災が起こった。艦爆隊の命中弾はこの二発だけだったが、もう一発が右舷艦尾の至近弾になり、爆発してタービンの支軸を破損させた。

艦爆隊の投下爆弾は二三発を数えた。そのうち命中

日本の艦上爆撃機の攻撃を受け、急いで飛行甲板の飛行機を避難させせようとしている「エンタープライズ」の乗組員。

郵便はがき

料金受取人払郵便

牛込局承認

5559

差出有効期間
平成31年12月
7日まで
切手はいりません

162-8790

東京都新宿区矢来町114番地
神楽坂高橋ビル5F

株式会社ビジネス社

愛読者係行

ご住所 〒 TEL: ( ) FAX: ( )		
フリガナ お名前	年齢	性別 男・女
ご職業	メールアドレスまたはFAX メールまたはFAXによる新刊案内をご希望の方は、ご記入下さい。	
お買い上げ日・書店名 年 月 日 市区 町村 書店		

ご購読ありがとうございました。今後の出版企画の参考に
致したいと存じますので、ぜひご意見をお聞かせください。

書籍名

お買い求めの動機

1　書店で見て　　2　新聞広告（紙名　　　　　　　　　）

3　書評・新刊紹介（掲載紙名　　　　　　　　　）

4　知人・同僚のすすめ　　5　上司、先生のすすめ　　6　その他

本書の装幀（カバー），デザインなどに関するご感想

1　洒落ていた　　2　めだっていた　　3　タイトルがよい

4　まあまあ　　5　よくない　　6　その他(　　　　　　　　　)

本書の定価についてご意見をお聞かせください

1　高い　　2　安い　　3　手ごろ　　4　その他(　　　　　　　　　)

本書についてご意見をお聞かせください

どんな出版をご希望ですか（著者、テーマなど）

したのが二発だったことを見ても、米艦隊の防御砲火がいかに熾烈だったかが想像できる。さらに艦爆隊一九機のうち一二機が未帰還となり、隊長の関少佐機も被弾し、敵駆逐艦に体当たりしていった。

艦爆隊が去り、第二次攻撃隊「瑞鶴」隊の雷撃機（艦攻）が戦場に到達したのは午前十一時ごろだった。今宿大尉率いる瑞鶴艦攻隊はすでに火災を消し止め、飛行甲板も応急修理した「エンタープライズ」に四方から殺到した。米軍艦艇は分厚い対空砲火網を敷き、日本の雷撃機を次々撃墜していった。

最初の突入攻撃で日本の雷撃機は七機が撃墜され、残るは九機になっていた。攻撃隊は左舷から四機、右舷から五機のサンドウィッチ攻撃で迫った。しかし「エンタープライズ」の艦長はすべての魚雷を回避することに成功した。ただ一本の魚雷が「エンタープライズ」を通り越して重巡「ポートランド」に命中した。しかし致命傷にはならなかった。また魚雷発射前に被弾した雷撃機は、そのまま駆逐艦「スミス」に体当たり、爆発して同艦を火につつみ、戦線から脱落させた。

飛行甲板に４発の爆弾受け、１４４名の戦死者を出した空母「翔鶴」の惨状。

「ホーネット」を半身不随にし、「エンタープライズ」に命中弾を与えたとはいえ、日本の第二次攻撃隊の損害もまた大きかった。零戦の未帰還は一機だけだったが、艦爆は一〇機、艦攻は九機を失い、これに不時着水を加えると二四機を喪失し、出撃機の半数を超していた。そして翔鶴飛行隊長の関少佐に続いて、瑞鶴飛行隊長の今宿大尉も還らなかった。

空母「翔鶴」と重巡「筑摩」、大破して戦場を離脱

「敵機動部隊発見！」の報告を受けた連合艦隊司令部は、前進部隊の第二艦隊に編入されている空母「隼鷹」の第二航空戦隊（角田覚治少将）に、機動部隊本隊（南雲部隊）への復帰を打電した。闘将でなる角田少将は、できるだけ敵の懐深く飛び込んでから攻撃隊を発進させようと全速力で南東に驀進した。

午前九時十四分、志賀淑雄（しがよしお）大尉を指揮官とする「隼鷹」の第一次攻撃隊（艦爆一七機、零戦一二機）が発艦した。この「隼鷹」第一次攻撃隊の発艦が終わったのと同じ午前九時十八分、「翔鶴」「瑞鶴」の上空直衛零戦（一五機）が米攻撃隊を発見、空戦を開始した。「ホーネット」の第一次攻撃隊二九機だった。

零戦隊の必死の邀撃（ようげき）と各艦の対空攻撃で一五機のSBD急降下爆撃機のうち三機を撃退したが、他の一二機は断雲に身を隠してしまった。その一二機がいきなり姿を現し、「翔鶴」に襲いかかってきた。

ドカーン、ドカーンという炸裂音と大振動が艦を覆った。四五〇キロ爆弾が飛行甲板後部左舷に三発、右舷に一発命中、そのうちの一弾は甲板を突き抜けて格納庫内で爆発した。飛行甲板はめくれあがり、あるいは陥没して見る影もない。艦の後部からは黒煙と炎がメラメラと立ち上っている。

敵機が去った後の「翔鶴」艦上は惨憺（さんたん）たる状況を呈していた。高角砲員と機銃員など五〇数名は爆撃でなぎ倒され、格納庫付近にいた八〇余名の整備員は海中に吹き飛ばされたり、爆風にたたきつけられて戦死した。

「翔鶴」の火災は間もなく消されたが、損害があまり

に大きいためトラック島への帰投を命ぜられた。「翔鶴」にあった南雲中将は、機動部隊の指揮権を第二航空戦隊の角田少将に一時渡し、攻撃続行を命じた。

「翔鶴」艦上が修羅場を呈しているころ、阿部少将の前衛部隊も「エンタープライズ」と「ホーネット」の第二次攻撃隊の空爆にさらされていた。米軍の急降下爆撃機と雷撃機は防御火力の強い戦艦を避け、重巡三隻に集中した。「筑摩」と「利根」にはＳＢＤ急降下爆撃機が襲いかかり、「鈴谷」にはＴＢＦ雷撃機が殺到した。三艦は懸命な回避運動と対空射撃で応戦したが、「筑摩」が五発の命中弾を食ってしまった。そのうちの一発が艦橋を直撃し、高級将校のほとんどが戦死し、艦長の古村啓蔵（こむらけいぞう）大佐も鼓膜を破られる重傷を負ってしまった。しかし古村艦長は叫んだ。

「魚雷を海中に捨てよ！」

耳の聞こえない古村艦長は、ただ叫んだ。そして最後の魚雷が捨てられた直後、命中した爆弾が魚雷室で炸裂した。「筑摩」は艦長の必死の采配でからくも最期を免れ、戦場を離脱することができた。

空母「ホーネット」を部隊の総力で撃沈

南太平洋の戦場は敵と味方が入り乱れ、文字どおり撃滅戦を展開していた。志賀大尉率いる「隼鷹」の第一次攻撃隊が炎上する「ホーネット」を発見したのは午前十時四十分だった。ちょうどそのとき、索敵機からの報告で「エンタープライズ」の位置を知った角田少将は、艦爆隊指揮官の山口正夫大尉に攻撃命令を打電した。炎上する「ホーネット」から一〇数浬の距離である。

午前十一時十分、「隼鷹」隊はスコールの中を輪形陣で航行する米機動部隊を発見、五分後、山口大尉は「全軍突撃せよ！」を命じた。九九艦爆が次々急降下に入り、志賀大尉指揮の護衛の零戦も艦爆の後ろに張りついて急降下に入った。しかし視界が悪く、効果的な爆撃ができない。加えて艦隊直衛のＦ４Ｆ戦闘機が割って入り、零戦と激しい空戦を開始した。米艦隊の防御砲火も激烈で、九九艦爆は次々と火を噴いて撃墜されていく。

中央に停止しているのが空母「ホーネット」、これを中心に高速周回しているのは警戒艦。「ホーネット」は日本の艦上機の爆弾5発と魚雷2発を食らった。

結局、「隼鷹」隊は艦爆一一機と山口大尉を失い、戦果は「エンタープライズ」に至近弾一発、戦艦「サウスダコタ」と防空巡洋艦「サンファン」に二五〇キロ爆弾を一発ずつ命中させただけで終わった。攻撃を終えて帰投してきた「瑞鳳」と「翔鶴」の攻撃機は「瑞鶴」と「隼鷹」に収容された。角田少将はこれらの中から使用可能な飛行機を集め、二航戦の第二次攻撃隊を編成、午後一時六分に出撃させた。雷装の艦攻七機、護衛の零戦八機の一五機で、指揮官は着艦したばかりの「瑞鶴」飛行隊長・白根大尉が命じられた。

日中戦争以来のベテラン戦闘機隊長である白根大尉が戦場に戻ったとき、右に大きく傾いた「ホーネット」は、重巡「ノーザンプトン」に曳航されてハワイを目指したところだった。入来良秋(いりきよしあき)大尉率いる艦攻の雷撃隊は六本の魚雷を放ち、その中の一本が「ホーネット」に命中した。

「ホーネット」の傾斜は大きくなり、やがて「総員退艦！」が命じられ、生き残った乗組員は次々と海面に逃れた。一方、日本側の損害も大きく、入来大尉をは

傾斜する「ホーネット」の周りに救助の艦が集まってくる。しかし、「ホーネット」は沈没処置がとられた。

じめ艦攻二機、零戦二機が還らず、零戦三機が不時着水した。

しかし日本側の攻撃は執拗だった。「隼鷹」隊が去った一〇分後、爆装の艦攻六機と艦爆二機、零戦五機が新たに姿を見せた。「瑞鶴」の田中一郎中尉指揮の一航戦第三次攻撃隊だった。この田中隊の艦攻が落とした八〇〇キロ爆弾一発が、またもや「ホーネット」の飛行甲板に命中した。退艦中の乗組員は爆風で海面にたたきつけられ、阿鼻叫喚の地獄絵が現出した。

そのころ、角田少将は帰投した飛行機の中で使える機をかき集め、第三次「隼鷹」攻撃隊を送り出していた。使えたのはわずかに艦爆四機と零戦九機だった。指揮は志賀大尉が再び執った。

傷ついて停止している敵空母を探すのにたいした苦労はいらない。「ホーネット」の上空にもはや敵機は一機もいない。艦爆隊は急降下に入り、抱えてきた二五〇キロ爆弾を次々プレゼントした。そのうちの一発が格納庫に突き刺さるのが見えた。だが、「ホーネット」はまだ浮いていた。

日が沈んでも延々と燃え続ける米艦隊。

日本の攻撃隊が姿を消した後、「ホーネット」は護衛の駆逐艦から九本の魚雷を受け、砲撃も加えられたが頑として沈まなかった。米艦はいち早く逃走し、代わって駆逐艦が到着した。そこに第三艦隊の前衛部隊「巻雲」と「秋雲」が魚雷四本を放った。初の東京空襲を行ったドゥーリットル隊を運んだ恨みの米空母「ホーネット」は、やっと南海の海に姿を消した。十月二十七日午前一時三十五分だった。こうして南太平洋の長い長い一日は終わったのである。

日米艦隊の損害は別掲の編成表の×△に示したとおり、日本軍に沈没艦はなく、艦艇の損害から見れば日本の勝利といえる。だが日本は戦闘機二四機、艦爆四〇機、艦攻二八機の合計九二機を失ったのに対し、米軍は七四機にとどまった。さらに日本は一五〇名におよぶ母艦搭乗員を失っており、戦後、アメリカの軍事評論家が「必ずしも日本の勝利とは言えない」と口をそろえているのは、飛行機とベテラン搭乗員の喪失数を指したものである。

第三次ソロモン海戦

ガ島争奪をめぐる日米最後の大海戦

一九四二年十一月十二日～十四日

起死回生の大輸送作戦計画

敵米軍の掃討戦と飢餓に襲われているガダルカナル島の日本軍。そのジャングルに潜む日本軍の元に、東京から参謀本部作戦課長の服部卓四郎(はっとりたくしろう)大佐がひそかに駆逐艦で上陸し、一週間滞在して〝戦場視察〟をしていった。そして東京に戻った服部大佐は、その戦況を昭和天皇に奏上した。

「戦場を視察して痛感いたしましたのは、日米の決戦が真にこの方面に展開していることの実感でありまして、この方面が有利に解決いたしますれば、米側の苦境いちじるしきものがあると存じます。ガダルカナルに関する限り、すべての条件が今日まで我れに不利でありました。今後、異常の覚悟と努力をもって、まず

ネズミ輸送でガ島に向かう水雷戦隊。米軍はこの船団を「トーキョー・エクスプレス」と呼んだ。

敵航空戦力を制圧し、あくまでもこれが奪回を策すべきものと存じます」

一木支隊、川口支隊、第二師団と三回の総攻撃に失敗し、残余の兵力は補給難で飢えている。だが、この時点ではなおもガダルカナル奪回の方針に変更はなかった。大本営陸軍部＝参謀本部は新たな増員部隊として第三八師団を指名し、その送り込みに全力を挙げることになった。

この死の島から生還した兵士の中には、当時のガ島を回想して「ガ島の三無」を語る人が多い。参謀の能なし、軍医の薬なし、兵の力なし……である。作戦の誤りからくる思いがけない敗北、補給困難のため医薬品がない、食糧がなく兵士たちは力がないというのである。

ガダルカナルの戦いは、弾薬よりも食糧が〝切実な必要資材〟になっていたのだ。日本陸軍の常識では、食糧は前線ほど豊かだとされてきた。どんどん前進し、敵地のものを徴発して食べるからだ。食は敵地に依る――中国戦線ではそれが典型的に出ていた。

ソロモン海域に作戦中の連合艦隊。

ところがガ島では様相が違っていた。現地住民はほとんど姿を見せないから、徴発できる食糧もない。熱帯の島だからといってバナナやパパイヤがふんだんにあるわけではなく、もともと限定された地域に二万もの日本兵が集結したのだから、それらも採り尽くされていた。したがって後方の海岸に細々と揚陸されてくる米が頼みの綱である。つまり前線に出れば出るほど米から遠くなってしまう。後方からの補給がどれほど大切か、それを如実に示したのがガ島の戦いだった。

ガ島の餓島化を日本軍が手をこまねいていたわけではない。夜間ひそかに駆逐艦がガ島に接近し、食糧や弾薬を送り届ける努力を重ねていた。米軍が「トーキョー・エクスプレス」と呼んだネズミ輸送である。その主役の駆逐艦は戦闘艦であり、一隻で四〇トン前後しか積めない。つまり一〇隻の駆逐艦が必死の思いで輸送しても、届けられるのは四〇〇トン前後である。一〇隻分が完全に届けられたとしても、それは在ガ島日本軍の二日分でしかなく、これを一〇日分に食い延ばす戦いが続いていたのである。

日本軍機の魚雷が命中して爆発する米艦。

駆逐艦は米ばかりではない。増援上陸する佐野忠義中将の第三八師団の兵員輸送にも当たっていた。岐阜の歩兵第二二九連隊の他、名古屋や静岡の兵士たちだった。上陸した元気な岐阜の兵士たちは第一線のアウステン山に送られ、このあと後退なし、食糧なしの孤立の戦いを強いられることになる。

第二師団の残存兵力と第三八師団の新規兵力を合わせ、大本営は改めて「ガ島決戦」を計画した。今度こそ勝つ。そのためには食糧、火砲、弾薬を送り込み、万全の態勢で総攻撃をしたい。連合艦隊主力も出動させて海上決戦を行い、この間に大輸送船団を海岸に横づけして補給を行うというのだ。

ガ島海岸に乗り上げて兵士を救った四隻の輸送船

ただちに一一隻の高速輸送船が動員され、二万人に対する二十日分の食糧、火砲五〇余門、各種弾薬七万発を送り込む作戦である。

この補給作戦に、ガダルカナル戦の成否のすべてがかかっていたと言っていい。連合艦隊は近藤信竹中将が全体を指揮し、戦艦「霧島」「比叡」、空母「隼鷹」など三一隻を投入、輸送船団を送り届ける。作戦は一九四二年十一月十二日夜から初動作戦を開始し、十四日に本番輸送を行うことに決定した。

偶然のことだが、時を同じくして米軍も増援兵力と補給物資を載せた輸送船団を送り込むことになり、これを守るためリッチモンド・K・ターナー中将が全体

第３次ソロモン海戦編成表・11月12日

米軍（×は沈没、△は損傷）
支援部隊＝ダニエル・Ｊ・キャラガン少将
重巡・△サンフランシスコ、△ポートランド
軽巡・△ヘレナ
軽巡・×ジュノー、×アトランタ
駆逐艦・×バートン、△オバノン、×モンセン、×カッシング、△スタレット、フレッチャー、×ラフェイ、△アーロンワード

日本軍（×は沈没）
挺身攻撃隊＝第11戦隊司令官：阿部弘毅少将
第11戦隊＝戦艦・×比叡、霧島
第10戦隊＝軽巡・長良
第16駆逐隊＝天津風、雪風
第４水雷戦隊＝駆逐艦・朝雲
第２駆逐隊＝村雨、五月雨、×夕立、春雨
第27駆逐隊＝時雨、白露、夕暮
第６駆逐隊＝×暁、雷、電
第61駆逐隊＝照月

の指揮をとって戦艦「サウスダコタ」「ワシントン」、空母「エンタープライズ」など三〇隻を出動させた。

期せずして日米艦隊が同規模の陣容でぶつかり合う海上決戦は、十一月十二日の深夜に始まった。阿部弘毅少将が指揮して戦艦「霧島」「比叡」など一六隻がルンガ飛行場（ヘンダーソン飛行場）砲撃のため出動し、サボ島を回って進んでいた。このとき米艦隊もダ

ガダルカナル海戦編成表・11月13日～14日

米軍
機動部隊＝トーマス・C・キンケード少将
空母・エンタープライズ
重巡・ノーザンプトン、ペンサコラ
軽巡・サンディエゴ
第2駆逐連隊＝クラークほか2隻
第4駆逐隊＝モーリスほか2隻

日本軍（×は沈没、△は損傷）
外南洋部隊＝第8艦隊司令長官：三川軍一中将
主隊
　重巡・△鳥海、×衣笠
　軽巡・△五十鈴
　駆逐艦・朝潮
支援隊（第7戦隊中核）
　重巡・鈴谷、△摩耶
　軽巡・天龍
　駆逐艦・夕雲、巻雲、風雲

日本の艦隊は米艦隊と熾烈な砲撃戦を行った。

ニエル・J・キャラガン少将が指揮して軽巡「アトランタ」「ジュノー」など一三隻がサボ島付近に出動していた。

たまたま激しいスコールがあり、日米艦隊はお互いが至近距離にいるのを知らずにすれ違いかけた。ところがスコールが切れ、両艦隊はそれぞれ敵を発見し、砲撃戦が開始された。戦艦「比叡」はスクリューが折れて航行不能となり、駆逐艦「暁」と「夕立」はあっという間に撃沈されていった。しかし砲撃戦は日本側が一枚上で、軽巡「アトランタ」「ジュノー」を撃沈し、続いて「カッシング」など四隻の駆逐艦を海底に葬り去った。

一瞬の海戦で日本側は駆逐艦二隻沈没、米軍側は巡洋艦と駆逐艦六隻が沈没した。海戦では日本側の勝利だったが、しかしルンガ飛行場砲撃は果たせなかった。しかも航行不能となった戦艦「比叡」を海上に残す結果となり、夜明けとともにルンガ飛行場を飛び立った米軍機による波状攻撃を受け、ついに「比叡」は自沈措置をとってサボ島沖のソロモン海に沈んでいった。

日本軍機の攻撃を受けて炎上する米海軍輸送船。

太平洋戦争で日本海軍が失った最初の戦艦である。

海上決戦は十一月十三日夜へと引き継がれた。西村（にしむら）祥治（しょうじ）少将が重巡「摩耶」など六隻を率いて出撃、今度は首尾よくルンガ飛行場砲撃に成功、二〇センチ砲弾約一〇〇〇発をたたき込んだ。飛行場一帯は夜を徹して燃え続けたが、滑走路破壊には至らなかった。この間に近藤信竹中将が戦艦「霧島」などの主力艦隊を率い、一一隻の輸送船団を守ってソロモン海に乗り出した。輸送船団の直接護衛には田中頼三（たなからいぞう）少将が指揮する八隻の駆逐艦が当たっていた。しかし高速輸送船とはいえ艦艇に比べれば速度は遅く、十四日の朝を迎え、空襲の危険を冒しながらも前進を続けた。案の定、空母「エンタープライズ」発進の艦上機、それにヘンダーソン飛行場からどうにか発進した攻撃機の空襲を受けてしまった。

まず「かんべら丸」「長良丸」が沈没、続いて「信濃川丸」「ブリスベン丸」「ありぞな丸」「那古丸」が沈没、また「佐渡丸」は航行不能となった。残る「広川丸」「山月丸」「鬼怒川丸」「山浦丸」は傷つきながらも前進、そのままガ島のタサファロング海岸などに船体ごと乗り上げた。海中に沈むよりも強行揚陸して兵員と食糧、弾薬を届けることにしたのである。

この間、近藤中将は米艦隊を求めて周辺海域で行動、サボ島の近くで戦艦「サウスダコタ」を大破し、駆逐艦「プレストン」「ウォーク」などを撃沈した。しかし自らも戦艦「霧島」と駆逐艦「綾波」を失ってしまった。これら一連の海戦を日本側は第三次ソロモン海

第３次ソロモン海戦編成表・11月14日

米軍（×は沈没、△は損傷）
第62任務部隊＝ウイリス・Ａ・リー少将
戦艦・ワシントン、△サウスダコタ
駆逐艦・×ウォーク、×ベンハム、
×プレストン、△クイン

日本軍（×は沈没、△は損傷）
前進部隊＝第２艦隊司令長官：近藤信竹中将
射撃隊（ガ島飛行場砲撃）
戦艦・×霧島
重巡・△愛宕、△高雄
直衛隊
軽巡・長良
駆逐艦・雷、五月雨、朝雲、白雪、初雪
照月
掃討隊
軽巡・川内
駆逐艦・浦波、敷波、×綾波

米艦上機とガ島の飛行場飛び立った攻撃機の襲撃の中、兵員と物資だけでも助けようと海岸に乗り上げた鬼怒川丸。

戦と呼び、米側はガダルカナル海戦と呼んでいる。海戦の結果は日本側が自慢の高速戦艦「比叡」と「霧島」を含めた戦闘艦艇の沈没が五隻、米側が同じく沈没九隻である。一見、日本軍の勝利にも見える。しかし、日本側はこの他に輸送船一一隻すべてを失っている。そのうちの四隻は火炎に包まれ、沈没した。兵員二〇〇〇名は上陸したが、武器弾薬、食糧の大半が海中に沈んでしまったのである。武器弾薬と食糧不足に悩む島の将兵たちは、目前の海中に沈む輸送船の姿をどんな思いで眺めていたのだろうか……。

一方、海戦の戦況を確認した米太平洋艦隊司令部は、俄然、強気になっていた。司令長官のチェスター・W・ニミッツ大将は、「ガダルカナル戦における危機が去った」と表明し、海戦全般の指揮を執ったハルゼー中将を次のように賞賛している。

「彼は知性と軍人としての大胆不敵さを併せ持つ、たぐいまれな存在で、危険の底の底まで計算できる男である」と。

ルンガ沖夜戦

米巡洋艦隊を圧倒した日本の駆逐隊

一九四二年十一月三十日

8対11でつかんだ深夜の勝利

一九四二年（昭和十七）十一月下旬、ソロモン諸島近海の制海権と制空権は米軍のものとなっていた。日本軍は飢餓に襲われているガダルカナル島の将兵への物資補給を迫られていたが、低速の輸送船ではあまりにも損害が大きい。そこで日本軍が始めたのが駆逐艦による「ネズミ輸送」だった。食糧や医薬品などの物資をドラム缶に詰め、それを駆逐艦でガ島の海岸近くまで運んで海中に投下するという方法である。

しかし、戦闘艦である駆逐艦にはそう多くのドラム缶は積めない。そこで大量の兵員と物資を一挙に送り、戦局を逆転しようとして起こったのが「第三次ソロモン海戦」と称した海戦だった。だが、作戦は成功しなかった。そこで再び米軍が「トーキョー・エクスプレス」（東京急行）と呼んだネズミ輸送に頼るほかなくなり、新たなドラム缶輸送を始めたのである。

一九四二年十一月二十九日、田中頼三（たなからいぞう）少将指揮の第二水雷戦隊によるネズミ輸送隊がショートランド島を出航した。一五〇〇〇個のドラム缶を駆逐艦六隻に乗せ、二隻の駆逐艦に護衛されての出撃だった。そして翌三十日夜、水雷戦隊は鉄底海峡（サボ海峡）へと南下していった。

一方、暗号解読などで日本軍の動きを察知している米軍は、カールトン・H・ライト少将の第六七任務部隊を出撃させた。巡洋艦五隻、駆逐艦六隻の艦隊は、日本軍を急襲すべくサボ島北方に向かった。そして両軍は、三十日夜、ルンガ沖で遭遇する。

飢餓に襲われているガ島兵へ物資を補給するために行われたのが駆逐艦による「ネズミ輸送」だった。食糧や医薬品などをドラム缶に詰め、それを海岸近くまで運んで海中に投下した。

日本の駆逐艦部隊は午後九時ごろ、ドラム缶投下の準備に入っていた。これを旗艦「ミネアポリス」のSG式レーダーが、午後九時六分に探知する。右舷前方二万一〇〇〇メートルであった。

ライト少将はただちに隊形を変えさせた。前衛に駆逐艦四隻、本隊に巡洋艦部隊、後衛に駆逐艦二隻を配する単縦陣をとった。そして日本艦隊と並行しつつ、反航する態勢で進撃して行った。

午後九時十六分には、先頭の駆逐艦「フレッチャー」が距離六〇〇〇メートル強に敵艦影を探知した。先制攻撃をかける絶好のチャンスである。だが、ライト少将は「まだ距離が遠すぎる」と判断し、すぐには雷撃の許可を出さなかった。

日本側が米艦隊を発見したのは、ちょうどこのころ（午後九時十五分）である。田中少将は九時十六分、ドラム缶の投下を中止し、全駆逐艦に突撃を命じた。同時に米艦に近接するまで発砲しないよう指示していた。

米側がようやく攻撃を開始したのは午後九時二十分。まずは前衛の駆逐艦三隻が雷撃を開始した。計二〇本の魚雷が日本軍部隊へ放たれた。しかし、日本の各艦はこれらすべての魚雷を回避し、一本も命中しなかった。

第２水雷戦隊を指揮した田中頼三少将。

ラバウル港を出撃した水雷戦隊。

ルンガ沖夜戦編成表

米軍（×は沈没、△は損傷）
第67任務部隊＝カールトン・H・ライト少将
重巡・△ミネアポリス、△ニューオーリンズ、
　　　△ペンサコラ、×ノーザンプトン
軽巡・ホノルル
駆逐艦・フレッチャー、ドレイトン、モーリー、
　　　　パーキンス、ラムソン、ラードナー

日本軍（×は沈没）
増援部隊
第２水雷戦隊司令官＝田中頼三少将
警戒隊
　駆逐艦・長波、×高波
第１輸送隊
　第15駆逐隊＝親潮、黒潮、陽炎、巻波
第２輸送隊
　第24駆逐隊＝江風、涼風

日本の艦隊から炎が昇らないのを見た旗艦「ミネアポリス」のライト少将は、左舷側八〇〇〇メートルの日本軍部隊に対し砲撃を始めた。他の巡洋艦と駆逐艦もこれにならい、全艦の主砲が一斉に火を噴いた。

しかし、日本の各艦は沈黙を守っている。砲撃をしてこない。各米艦は射撃目標を捉えられず、砲弾の多くが後方に外れていった。ところが発砲を早まった日本艦が一隻だけあった。「高波」である。当然のごとく米艦の砲撃は「高波」に集中し、撃沈されてしまった。

米艦隊の位置を確認した田中少将は、各艦に魚雷の発射を命じた。距離八〇〇〇メートルから八〇〇〇メートルに接近していた各駆逐艦は、一斉に反転し、次々と魚雷を発射した。午後九時二十八分から五十二分にかけて、三六本の魚雷が米艦に向かって発射された。

日本の魚雷が最初に捕らえたのは、旗艦「ミネアポリス」だった。同艦には二本が命中し、艦首を吹き飛ばした。続いて二番艦「ニューオーリンズ」にも一本が命中し、やはり船体が切断して大破していた。

三番艦「ペンサコラ」は後部に魚雷一本が命中し、砲塔三基が大破、大火災を発生させた。最悪だったのは、「ノーザンプトン」である。同艦は機械室付近に二本の命中魚雷を受け、翌十二月一日午前零時四十分、沈没していった。米軍の巡洋艦で五体満足なのは「ホノルル」一隻だけになっていた。そして米軍は、この海戦で四〇〇名以上の戦死者も出していた。

ルンガ沖で海空協力して索敵する日本海軍。

日本の駆逐艦隊は、大破した「高波」は沈没したものの、あとの七隻は無傷だった。そして艦隊はガ島戦域を離脱し、十二月一日にショートランド島へ帰投した。

日本軍は高性能の魚雷、優れた夜戦能力によって久方ぶりに大勝利をあげた。米軍は「日本の魚雷にどうやって対抗するか」、早急に対策を迫られた。同時に、米軍にとって「トーキョー・エクスプレス」と、その指揮官アドミラル・タナカは侮(あなど)れない存在としてクローズアップされていった。

ただ、日本が「ルンガ沖夜戦」と呼び、米軍「タサファロング海戦」と呼んだこの海戦には、ソロモン方面の戦局を転換させるほどの力はなかった。このあとも日本軍はトーキョー・エクスプレスを続行するが、十二月中旬になり、この物資輸送も中止に至った。日本の大本営がガダルカナル作戦の中止を決定するからである。

レンネル島沖海戦

一九四三年一月二十九～三十日

ソロモン海域から米艦隊駆逐を狙う日本の陸攻隊と米艦隊の海空戦

ガ島をめざす米艦隊を発見

一九四二年（昭和十七）末、ガダルカナル島奪回の望みがないことは、作戦を直接指揮する陸海軍首脳たちが一番よく知っていた。一方で首脳たちは、ガ島で飢えと戦う将兵の処遇をどうするかという問題に頭を抱えていた。一部にはガ島の将兵を防波堤として、ブーゲンビル島をはじめとする北部ソロモン諸島やニューギニア方面の防衛態勢を強化しようという案もあったが、最終的にはガ島の将兵をすべて撤退させることになった。しかし、一万五〇〇〇名近くの将兵を収容するためには、ガ島周辺の海域に有力な米軍の艦隊がいないことが前提条件であった。このため陸攻隊は一九四三年（昭和十八）一月十四日からガ島の飛行場に対して夜間爆撃を実施し、二十五日には海軍が、二十七日には陸軍がそれぞれ航空撃滅戦を行ったが、思うような戦果は挙げられなかった。

一月二十九日、この日早朝からラバウルなどから索敵機が発進し、ソロモン諸島およびその周辺海域を目を皿のようにして飛行していた。そして、哨戒中の一機が米軍の艦隊を発見した。位置はサンクリストバル島の南方、レンネル島東沖の海域であった。索敵機は次のように打電した。

「敵戦艦四、大巡三、軽巡、輸送船一〇数隻、ツラギ

ソロモン地区の索敵に飛び立つラバウル基地の海軍機。

よりの方位一四五度、二四〇浬（かいり）、針路三三〇度、速力一八ノット……」

この報告を受けてラバウル、バラレ、ブカ、ショートランドから触接機が発進し、米艦隊の位置を見失わないように報告を送り続け、ラバウルでは陸攻隊による夕刻の魚雷攻撃の準備を着々と進めていた。

午後三時三十五分、ラバウル西飛行場に待機する第七〇五航空隊（旧三沢航空隊）の一式陸攻一六機が出撃。続いて三時四十五分に七〇一航空隊（旧美幌航空隊）の九六式陸攻一六機がそれぞれ雷装して発進した。陸攻隊が帰投するのは夜になってしまったが、七〇五空、七〇一空ともに夜間攻撃に熟練した部隊だったので、とくに問題はなかった。しかし、目標がガ島よりさらに遠距離になるため、零戦の護衛をつけることができなかった。

陸攻三二機の夜間雷撃

レンネル島沖を航行している米軍の艦隊は、ガ島への交代要員を乗せた四隻の輸送船とR・C・ギフェン

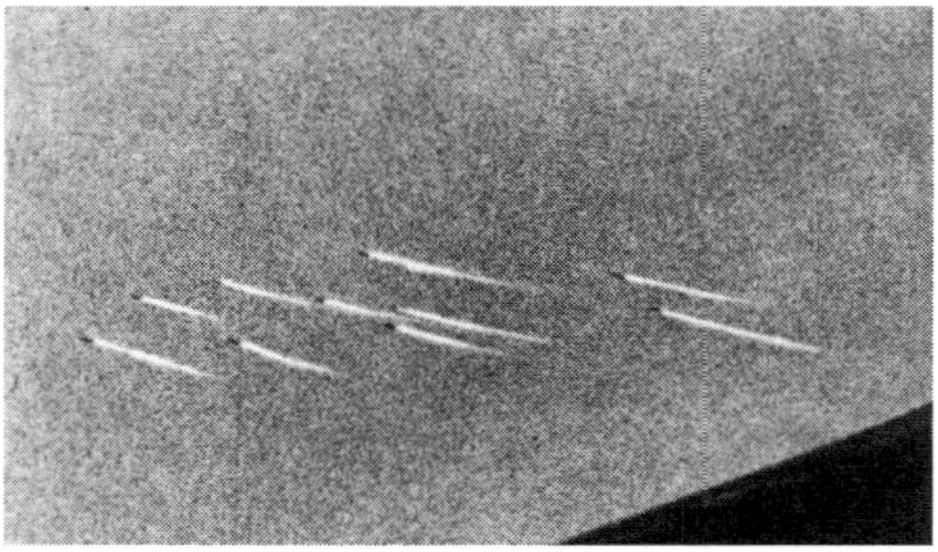

日本の哨戒機に発見されて陣形を変える米艦隊。

レンネル島沖海戦編成表

日本軍
指揮官＝第11航空艦隊司令長官：草鹿任一中将
ラバウル基地部隊
第七〇五空陸攻隊（旧三沢空＝16機）
第七〇一空陸攻隊（旧美幌空＝16機）
カビエン基地部隊
第七五一空陸攻隊（旧鹿屋空＝11機）
※航空機の損害　10機

米軍（×は沈没　△は損傷）
指揮官＝R・C・ギフェン少将
アメリカ海軍
重巡・△ウイチタ、×シカゴ、ルイスビル
軽巡・３隻
駆逐艦・△ラバレット、他５隻
戦闘機10機

少将指揮の護衛空母二隻、重巡三隻、軽巡三隻、駆逐艦八隻からなる艦隊であった。先の日本軍哨戒機の報告では「戦艦四隻」とあったが、どうやら重巡を戦艦と見誤ってのことらしい。だが、この〝誤報〟は最後まで修正されなかった。

ギフェン少将の艦隊はガ島沖に常駐している駆逐艦四隻と会合するためにひたすら北上を続けていたが、随伴する護衛空母の速力が遅く、会合予定時間にはとても間に合わないため、護衛空母二隻に駆逐艦二隻の護衛をつけて分離し、速力を上げて会合地点に急いだ。艦隊はまだガ島の米軍機の援護圏に入ってはいなかったが、上空を直衛していた護衛空母の戦闘機は夕刻とともに引き揚げてしまった。

この時点でギフェン少将の艦隊は重巡三隻、軽巡三隻、駆逐艦六隻となった。ギフェン少将は日本の潜水艦による攻撃を警戒して、輸送船団の右側に重巡「ウイチタ」「シカゴ」「ルイスビル」が単縦陣を組み、左側も同様に軽巡三隻の単縦陣で、前方二浬に駆逐艦六隻が半円形を敷く潜水艦警戒態勢で航進していた。しかし、この陣形は潜水艦の攻撃には有効だが、空からの攻撃には弱かった。

日も暮れかかった午後五時十分、七〇五空の一式陸攻一六機が米艦隊の上空に姿を現した。一式陸攻はそれぞれ高度を下げ、後方から米艦隊の右側に回り込み、単縦陣を組む米重巡めがけて突入した。雲が厚く垂れ込める薄暮の海上を、超低空で侵入する一式陸攻は、次々と米重巡に向けて魚雷を投下する。不意を衝かれたギフェン少将の艦隊は対空砲火で応戦しながら必死に雷撃を回避する。しかし、七〇五空は好条件の中で攻撃を加えながら、単調な攻撃もあって米艦隊に決定打を与えることができず、逆に一式陸攻一機が撃墜されてしまった。

七〇五空と米艦隊の死闘が終わり、海上は闇に包まれた。上空を飛行する接触機が投下した吊光弾が、米艦隊を照らし出したそのとき、七〇五空に一〇分遅れてラバウルを出撃した七〇一空の九六式陸攻一五機（離陸した一六機のうち、一機がエンジントラブルで帰還）が米艦隊に殺到した。

最初に放たれた魚雷は「シカゴ」の前方をかすめたが、続いて放った魚雷は「ルイスビル」の艦腹に命中した。しかし、この魚雷は不発であった。またギフェン少将の乗る旗艦「ウイチタ」にも魚雷が一本命中し

「米艦隊発見！」の報で、ガダルカナルの空域に向かう一式陸攻隊。

たが、これも不発だった。

九六式陸攻は次々と米軍の重巡めがけて襲いかかり、そのうちの一本が「シカゴ」の右舷に命中し、四本ある推進軸のうち三本が停止してしまった。さらに「シカゴ」へはもう一本魚雷が命中し、これで最後の推進軸も止まり、「シカゴ」は航行不能となった。

この戦闘で七〇一空は二機の九六式陸攻を失い、闇夜の中を引き揚げていった。日本軍の攻撃隊が去った後には、右に傾き、動けなくなった「シカゴ」と一一隻の艦艇が残された。「シカゴ」を傷つけられたギフェン少将は、ガ島沖の駆逐艦との会合をあきらめ、反転を開始。「シカゴ」は僚艦「ルイスビル」に曳航されながら撤退を開始した。

満身創痍で「シカゴ」を撃沈

明けて一月三十日、前日の「残存部隊」を求めて再び索敵飛行が行われた。そして、午前六時二十分、索敵機がレンネル島沖を南下する米艦隊を発見した。昨日からブカ（ブーゲンビル島北方）に進出していた第七五一航空隊（旧鹿屋航空隊）が攻撃を準備して待機していたが、いっこうに出撃命令が下りない。そして七五一空の一式陸攻一一機がようやく出撃したのは十時十五分になってからだった。この日、ギフェン少将の艦隊は空母「エンタープライズ」の艦載機に上空を守られながら、四ノットの速度でのろのろと南下していた。

午後二時六分、七五一空の攻撃隊がレンネル島北方一〇浬で、曳航される「シカゴ」を発見した。だが、攻撃隊が米艦隊の上空に到達したとき、「エンタープライズ」の直衛機が陸攻に襲いかかった。一式陸攻一一機はただちに「シカゴ」めがけて突撃を開始した。激しい空中戦となる。そして二機が撃墜され、被弾・炎上した別の一機は護衛の駆逐艦「ラバレット」に魚雷を放つと、そのまま同駆逐艦に体当たりしていった。

直衛機の攻撃をかいくぐった八機の一式陸攻は、対空砲火をかわしながら「シカゴ」に肉迫し、魚雷を投下した。こうして「シカゴ」には四発の魚雷が命中し、「シカゴ」はこれが致命傷となって沈没した。だが、

米艦隊を追い求めて索敵飛行を続ける日本の哨戒機。

この後に二機が対空砲火で撃墜され、さらに二機が米艦載機の攻撃によって撃墜された。生き残った四機も満身創痍の状態だったが、どうにか戦域を離脱してバラレやムンダに着陸した。大本営はこの一月二十九日、三十日の戦闘を「レンネル島沖海戦」と命名し、「敵戦艦三隻、巡洋鑑三隻撃沈、戦艦一隻、巡洋艦一隻損傷」と発表した。

これは明らかに誇大な戦果発表であり、実際には重巡「シカゴ」が沈没し、駆逐艦「ラバレット」が大破しただけだった。なお、交代要員を乗せた米輸送船四隻は、無事ガ島にたどり着いている。

一方、日本軍の損失は、二十九日の夜間攻撃で陸攻三機が撃墜され、三十日の昼間攻撃ではさらに陸攻七機、合計一〇機を失った。だが、この攻撃でギフェン少将の艦隊をガ島周辺海域から追い払うことができたので、翌月からのガ島撤退作戦の見通しが得られた。結果から言えば、日米双方の〝痛み分け〟に終わったと言えなくもない。

イサベル島沖海戦

一九四三年二月一日〜七日

ガ島の将兵を救出しよう！駆逐艦隊が敢行した決死のガ島撤収作戦

敵前で決行された深夜の撤収

ケ号作戦＝ガダルカナル島にあった日本の全守備隊を無事に撤退させる作戦は、駆逐艦約二〇隻を動員してスピーディに、そして米軍に気付かれないように一万名以上の兵員を連続三回で撤収完了しようという輸送計画であった。イサベル島沖海戦は、このガダルカナル島撤収作戦の一環として戦われた作戦であった。

一九四三年（昭和十八）一月二十九、三十の両日に展開されたレンネル島沖海戦で、有力な米海上部隊の北上を阻止できたことは、ガ島撤収作戦の成功の可能性を強く抱かせた。レンネルの戦いが終わった日の午後七時四十分、山本五十六（やまもといそろく）連合艦隊司令長官は「前進部隊は二月二日黎明（れいめい）時までに、ガ島北方、おおむね七〇〇浬付近に達し、爾後、機宜行動しつつ南東方面部隊の作戦支援に任ずべし」という命令を下した。

第二艦隊司令長官近藤信竹（こんどうのぶたけ）中将の指揮下にあって出撃の準備を整えていた前進部隊は、翌三十一日午前九時、トラック島を出撃して南下を開始した。

部隊の作戦任務は、米艦隊がガダルカナル島近海に出現した場合、すみやかにこれを撃滅することにあった。同時に作戦は、撤収作戦が米艦隊にばかりではなく、前線にいる味方の将兵たちにも察知されずに決行できるよう実施することにあった。

日本軍が撤収地に選んだエスペランス岬に放置されているゼロ戦の残骸。

撤収作戦をめぐっては、すでに百武晴吉中将の第一七軍司令部をはじめ、その隷下の第二師団、第三八師団、さらに南東方面部隊の各首脳たちと十分な打ち合わせが重ねられていた。その結果まとめられた計画案は次のようであった。

○第一次撤収作戦決行日＝二月一日（第三八師団、軍直轄部隊の一部、海軍部隊、戦傷者）

○第二次撤収作戦決行日＝二月四日（第二師団、軍直轄部隊の大部分）

○第三次撤収作戦決行日＝二月七日（残余の部隊）

前述したように、輸送を担当するのは駆逐艦である。それは、制空権を握られた敵前での作戦だけにスピーディーな行動を要求されるからである。駆逐艦一隻が搭載できる兵員は約五〇〇名といわれる。二つの輸送隊一二隻の駆逐艦が一回に収容できる人員は約六〇〇〇名ということになる。

二月一日早朝から、撤収部隊の駆逐艦隊はショートランド泊地に分散停泊した。上空には零戦五機が警戒飛行している。

午前六時過ぎ、米軍機の来襲を告げる警報が鳴った。ブイン基地、バラレ基地から零戦計四三機が発進して迎撃態勢に入った。同二十分ごろ、B17爆撃機九機、P38戦闘機一二機が来襲したが、零戦の迎撃のため爆弾投下の照準が定まらず、艦艇に命中弾はなかった。この戦闘で日本はB17四機を撃墜し、零戦一機が被弾して着陸に失敗、大破した以外に損害はなかった。

この泊地上空の戦闘が終わったころ、陸軍偵察機から「サボ島北方に米巡洋艦三、駆逐艦一、輸送船各一隻を発見」との報告が入った。

ブイン基地から艦爆一五機、零戦四〇機が発進した。艦爆隊は急降下爆撃をかけ、米駆逐艦「デハーベン」を撃沈、「ニコラス」に至近弾で損傷を与えた。空戦では戦闘機八機を撃墜したが、日本軍側も零戦、艦爆それぞれ三機と艦攻二機が未帰還となった。そして午後四時二十分ごろ、ニュージョージア島に隣接するバングヌ島付近では、待ち伏せしていた米攻撃隊によって警戒隊の旗艦「巻波」が集中攻撃を受け、航行不能に陥っていた。

ガ島最後の戦闘で米軍の捕虜になった日本兵。

午後六時ごろ、警戒隊は輸送隊と別れて先行した。乗組員は米艦艇との遭遇戦を予期して砲戦、魚雷戦の準備をし、総員が戦闘配置に付いたまま警戒を続けていた。そして警戒隊三番隊の「皐月」「長月」がカミンボ泊地に突入したのは午後八時ごろで、ただちに付近の警戒に当たった。

カミンボ隊の輸送隊は午後十時に泊地に到着し、第三八師団主力の収容に当たり、約二時間で収容作業を完了、午前零時に泊地を出港した。

一方、エスペランス泊地に向かった警戒隊は八時四十五分ごろ、泊地に接近した米魚雷艇二隻を発見、これを「江風」が砲撃で撃沈したが、一隻は遁走した。その後、輸送隊六隻が泊地に入ってきた九時頃、先に遁走したはずの魚雷艇一隻を発見、「風雲」が砲撃して撃退した。

執拗に迫る米魚雷艇、機雷攻撃の中で「巻雲」が機雷に触れて損傷を受ける事故もあったが、エスペランス隊は午後十一時二十分、飢餓と病で痩せ衰えたガ島の守備兵を各艦に収容し、二日午前零時までには全艦が泊地を出港した。

同日午前四時四十六分にカミンボ隊とエスペランス隊は合同し、警戒航行序列をとり、中央航路を北上して米機の圏外への脱出を図った。しかし、五時五十分ごろ、米軍の艦爆、艦攻二〇数機が来襲した。将兵を満載した輸送隊は巧妙な回避運動を展開し、一隻の損傷もなく敵の攻撃から脱出することができた。そして午前十時、輸送隊はブーゲンビル島南端エレベンタに着岸、収容人員の揚陸を終えた。撤収した人員は海軍二五〇名、陸軍五一六四名であった。第一次撤収作戦は成功したのである。

第二次撤収作戦と第三次撤収作戦

当初の計画通り第二次撤収作戦は二月四日に決行された。前回の作戦で「巻雲」を失い、「巻波」に損傷を受けていたため、警戒隊から「朝雲」と「五月雨」が参加し、増援部隊二〇隻は午前九時三十分にショートランドを出撃、南下した。

この日、早朝からガダルカナル南方海域にあって哨

日本軍の陣地跡で見つけた出征祝いの日の丸を見つけて掲げる米兵たち。旗の持ち主の佐藤さんは会津29連隊の兵士で、すでに戦死していた。

戒にあたっていた陸攻が、ツラギ南東三九〇浬に米機動部隊（空母一、戦艦二、軽巡二、駆逐艦九隻編成）を発見、東北東に針路をとっていると報じてきた。ただちにブカ島から七五一空の陸攻九機が零戦一七機の援護の下に発進した。しかし米機動部隊はレンネル島南東約二〇〇浬の地点から動く気配がない。とすれば遠距離過ぎて攻撃は不可能である。この米機動部隊がいつ、どう動き出すか不気味ではあったが、十一時二十分に攻撃中止の命令が出たため、上空の攻撃隊は引き揚げた。

ところが一時五十分ごろ、逆に米軍は一〇数機が編隊となって撤収艦隊に波状攻撃をかけてきた（戦闘機三一機に護衛されたSBDおよびTBF三三機）。攻撃は二時間にわたった。増援部隊直衛の零戦一七機がこれに応戦して米機一〇機を撃墜したが、零戦一機が撃墜され、一機が不時着、三機が小破、駆逐艦「舞風」が至近弾で航行不能になった。

しかし駆逐隊はエスペランスとカミンボの両泊地に午後八時、まず警戒隊が進入、約一時間後に輸送隊が到着できた。エスペランスでは「磯風」に第一七軍司令官以下司令部が乗艦し、「浜風」には第二師団司令部が乗艦した。こうして第二師団の兵員を乗艦させた輸送隊は午後十一時三十分にはガダルカナル島を離れ、五日未明にガダルカナル西方で合同した両隊は、ソロモン海を北上、午前十一時頃エレベンタに到着した。海軍五一九名、陸軍四四五八名の撤収を成功させたのである。

しかし、ガ島にはまだ多くの将兵が残っている。第三次撤収作戦を前にして、誰もが前二回と比べ、きわめて危険な作戦になるであろうと考えていた。米軍は戦況の変化に気付き撤退を見破っているに違いない。とすれば、この作戦は米軍の張った網の中に突入することになる可能性が高い。これが幕僚たちの共通の思いであった。

第三次撤収のための準備が行われた。撤収駆逐艦一八隻による出撃となった。撤収部隊の編成は第一隊八隻、第二隊一〇隻と決められた。第一隊はエスペランス岬とラッセル島を結んだ線の南方海域の警

イサベル島沖海戦日本軍編成表

〈第１次撤収作戦〉

○エスペランス隊

警戒隊（指揮官＝３水戦司令官：橋本信太郎少将）
　旗艦＝△巻波
　１番隊＝舞風、江風、黒潮
　２番隊＝白雪、文月
輸送隊（指揮官＝第10戦隊司令官：木村進少将）
　第10駆逐隊＝風雲、△巻雲、夕雲、秋雲
　第17駆逐隊＝谷風、浦風、浜風、磯風

○カミンボ隊

輸送隊（指揮官＝第16駆逐隊司令：荘司喜一郎大佐）
　第16駆逐隊＝時津風、雪風
　第８駆逐隊＝大潮、荒潮
警戒隊
　３番隊＝皐月、長月

〈第２次撤収作戦〉

○エスペランス隊

警戒隊（指揮官＝３水戦司令官：橋本信太郎少将）
　１番隊＝白雪、黒潮
　２番隊＝朝雲、五月雨
　３番隊＝△舞風、江風
輸送隊（指揮官＝第10戦隊司令官：木村進少将）
　第10駆逐隊＝夕雲、風雲、秋雲
　第17駆逐隊＝谷風、浦風、浜風、磯風

○カミンボ隊

輸送隊（指揮官＝第16駆逐隊司令：荘司喜一郎大佐）
　第16駆逐隊＝時津風、雪風
　第８駆逐隊＝大潮、荒潮
警戒隊
　４番隊＝皐月、長月、文月

〈第３次撤収作戦〉

警戒隊第１隊（指揮官＝３水戦司令官：橋本信太郎少将）
　１番隊＝白雪、黒潮
　２番隊＝朝雲、五月雨
　３番隊＝時津風、雪風、皐月、文月
輸送隊第２隊（指揮官＝第10戦隊司令官：木村進少将）
　１番隊＝夕雲、風雲、秋雲、長月、谷風
　２番隊＝浦風、浜風、△磯風、大潮、荒潮

戒とカミンボにおける守備兵の収容が任務であり、第二隊の任務はラッセル島に支援上陸した部隊の収容と、

日本軍が引き揚げた後の陣地に残されていた白骨死体と壊れた兵器。

第一隊の警戒線の北方海域の警戒であった。

七日午前九時十分に出発。同じコースをとる危険を避けてソロモン諸島の外側、南方接岸コースを進んだ。午後三時四十分、米軍の艦爆ＳＢＤ一五機の来襲があったが、上空警戒をしていた零戦三二機はこれに気付かず、駆逐艦だけの対空戦になった。この米機の不意打ちで「磯風」が砲塔の前部と艦尾に命中弾を受けて火災を起こし、舵に故障が発生した。

午後五時三十分、第二隊はラッセル島に向かった。ガ島のカミンボでは午後七時三十分ごろから残存部隊が海岸に待機し、駆逐艦の到来を待っていた。

午後九時過ぎに駆逐艦が入泊、午後十時には全員の乗艦が終了した。収容したのはカミンボから海軍二五名、陸軍二二二四名で、ラッセル島からは派遣部隊の海軍三八名、陸軍三五二名であった。こうして最後の撤収部隊は翌八日午前八時ごろ、エレベンタに無事到着し、七日間にわたった撤収作戦は成功裡に終結した。この間に行われた幾多の海空戦を、大本営は「イサベル島沖海戦」と名付けた。

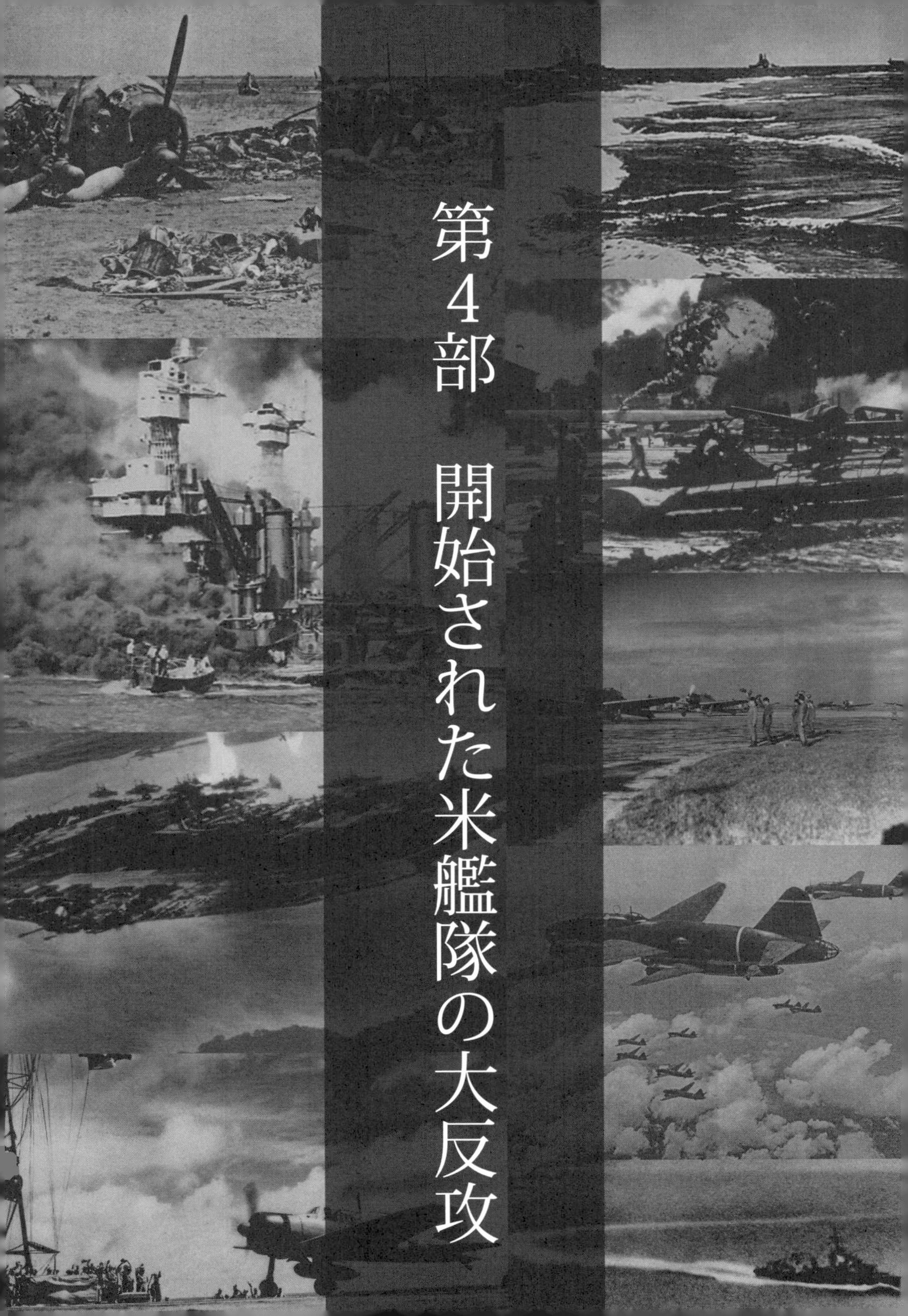

第4部　開始された米艦隊の大反攻

〈概説〉

逆転した戦局、圧倒的物量で進攻する連合国軍

ガ島撤退後の防衛線をどこに設けるか？

およそ半年間にわたるガダルカナル島の攻防戦に敗れた日本軍は、一九四三年（昭和十八）二月にガ島から全面撤退した。ガ島撤退時、日本軍はガ島の北西にあるラッセル島を占領していたが、これは撤退作戦のために一時的に確保していたに過ぎず、撤退作戦が終了すると同時に同島からも撤収した。そして地上部隊は、ソロモン諸島中部のニュージョージア島とイサベル島の線まで後退していた。

やがて米軍が北上してくるのは必至だったが、日本の陸軍と海軍は、ソロモン諸島のどこで米軍の進攻を食い止めるのかで対立していた。

陸軍は中部ソロモンを確保することで得られるメリットは認めているが、中部ソロモンの島々に充分な兵力を満遍なく配置することは不可能で、しかも、やがてガ島と同じように補給が困難になり、孤立化するのではないかと恐れていた。この際、ソロモン諸島から兵力を撤退させて、さらに北のビスマルク諸島のニューブリテン島とニューアイルランド島まで下がるべきだと主張した。

これに対して海軍はソロモン諸島の確保にこだわった。ソロモン諸島を失えば、南方最大の航空基地としてにらみを利かせているニューブリテン島のラバウルが連合軍機の攻撃圏内に入り、もし、ラバウルを失えば、連合艦隊の根拠地となっている内南洋東カロリン諸島のトラック環礁も失うことになりかねないという危機感を抱いていた。海軍としては中部ソロモンの確

保は絶対に譲れなかったのである。

結果的にガ島撤退後の防衛計画は、陸軍と海軍の主張を足して二で割ったような折衷案が採用された。それはニュージョージア島とイサベル島の防衛は海軍が主体となり、ソロモン諸島北端のブーゲンビル島の防衛は陸軍が担当するというものであった。

米軍の作戦転換と機動部隊の増強

一方、ソロモン方面の作戦を担当する米南太平洋方面部隊指揮官のウィリアム・F・ハルゼー大将は、当面の目標をラバウル攻略に定め、その第一段階としてニュージョージア島の占領を企てていた。

一九四三年二月二十日、米軍はラッセル島を占領、六月三日に攻略計画を完成し、日本軍の飛行場のあるニュージョージア島のムンダ地区、および対岸のレンドバ島、コロンバンガラ島を攻略するため、第四三歩兵師団を中心とした部隊が六月三十日にレンドバ島に上陸した。

日本軍はムンダ飛行場を確保し続けるために増援部

ニューブリテン島のラバウル。大艦隊の泊地に適しており、日本海軍最大の航空基地もここにあった。

それまで日本軍の零戦にやられ放題だった米軍は、零戦と互角に戦うことができる戦闘機の開発を急いだ。そして完成したのがこのＦ６Ｆヘルキャットだった。

隊を送り込もうとして、高速の駆逐艦による夜間輸送が行われた。そして日本の増援部隊上陸を阻止するためにやってきた米艦隊との間で、局地的な海戦が繰り広げられた。

戦闘の様相はまさしくガ島近海で行われた海戦と同じで、ここでも日本艦隊は苦戦を強いられたのである。だが、苦戦していたのは日本艦隊ばかりではなかった。米軍もまた地上では日本兵の驚異的な抵抗にあってムンダ飛行場の占領が進まず、当初予定していた一個師団だけでは手に負えず、最終的に四個師団を投入して一カ月余りの戦闘の後、八月四日になってようやく占領したのである。

ムンダ飛行場攻略をめぐっての思わぬ苦戦を教訓として、米軍は日本軍が固く防備した拠点を一つひとつ占領していくのではなく、防備の手薄な所を攻略していく作戦に変更した。そのためラバウルへの直接進攻を取りやめたが、機動部隊により空襲してラバウルを無力化させることになった。

物量にものを言わせる航空作戦ならば、米軍の独壇

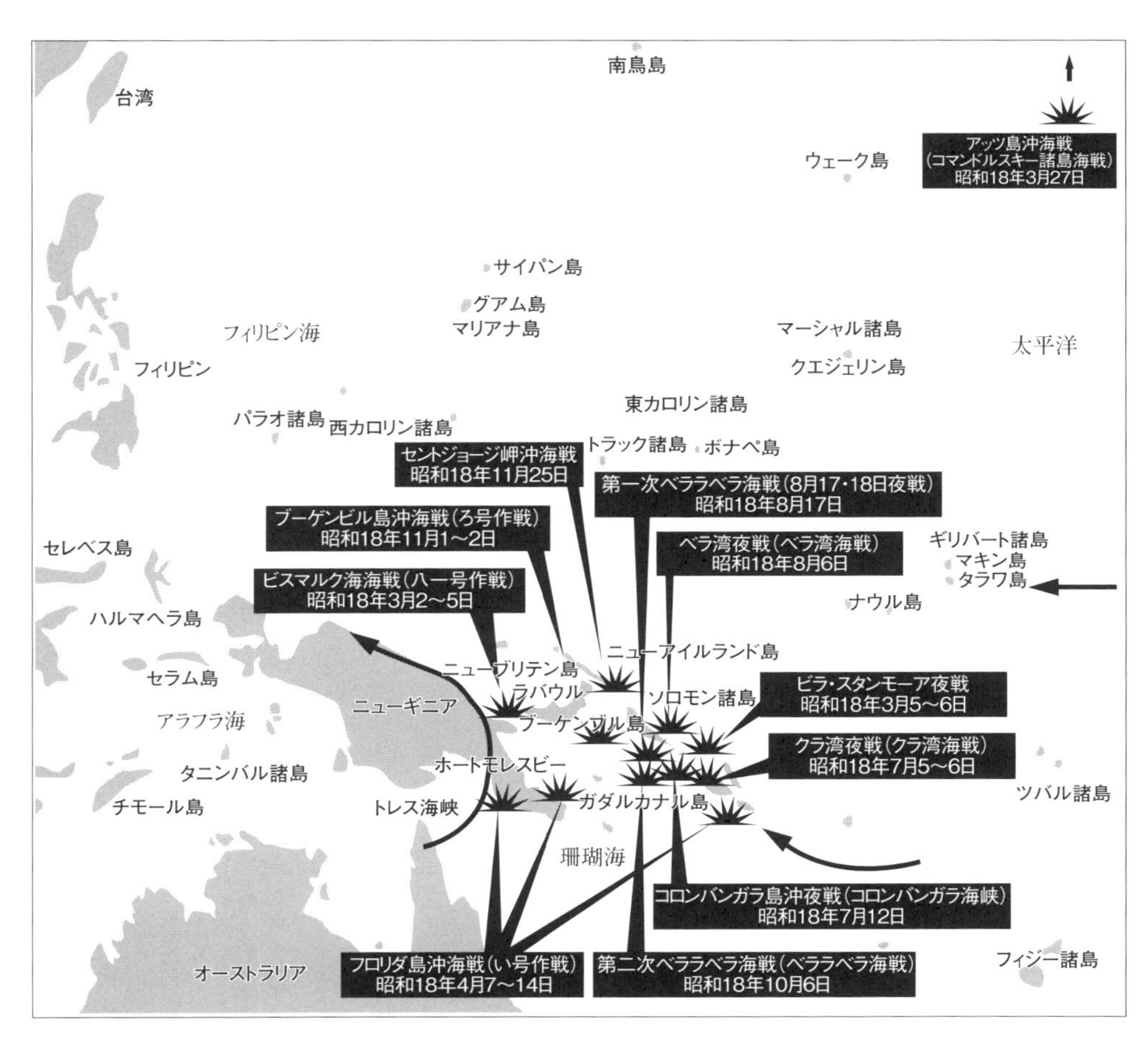

場である。開戦後に始まった軍需物資の大量生産は、このころには軌道に乗り始め、一九四二年末から「エセックス」級大型空母が二カ月に一隻、小型空母はさらに速いペースで建造されていた。飛行機も続々と増産されていき、とくに零戦に対して互角以上に戦うことができるF6F戦闘機の量産も軌道に乗りつつあった。

これに対して日本の海軍航空隊は、出撃するたびに大きな損失を被り、再建に着手するが、その途中でまた出撃し、戦力を消耗するという悪循環を繰り返して、米機動部隊に対抗する力を蓄えることができないでいた。

八一号作戦

ダンピール海峡に消えた日本の輸送船団

一九四三年三月二日～五日

東部ニューギニアへの増派計画

一九四三年（昭和十八）二月、日本軍がガダルカナルから撤退し、ニューギニアのブナ地区の戦闘も米豪連合軍の勝利のうちに終わった。南太平洋方面の各戦場はしばしの平穏を取り戻し、日本軍も連合軍も〝小休止〟に入っていた。それは連合軍側は今後の進攻作戦の計画時期に入り、日本軍は東部ニューギニアへの兵力増強問題で陸海軍間の協議の最中にあったからだった。

ニューギニア東部のブナ地区を米豪軍に奪取された日本の第八方面軍（司令官今村均中将）は、第一八軍（司令官安達二十三中将）麾下の第四一師団をウエワクに、第二〇師団をマダンに、そして第五一師団をラエに増派することにした。その海上輸送と船団護衛を海軍（南東方面艦隊・司令長官草鹿任一中将）に要請したのである。

陸軍は兵員の輸送には駆逐艦を使い、軍需品や食糧などは船団による輸送にしたいと申し入れた。しかし海軍側は駆逐艦輸送に難色を示した。特にラエに対しては危険が多すぎると反対した。ラエは米豪軍が制圧したブナにも近く、制空権も米豪軍に移りつつあるからというのが理由だった。

だが、陸軍は是非ともラエ、サラモア地区に直接、部隊を急派したかった。当時、第五一師団の一部（岡部支隊・約一個連隊）がサラモアの奥地、山岳地帯のワウ飛行場攻撃に失敗し、苦戦を強いられていたからである。陸軍は増援部隊を送り込めばワウは攻略できると考えていた。陸軍は強硬にラエ輸送を主張した。

一九四三年二月十一日、ほぼ陸軍の主張を取り入れた形の陸海軍協定が結ばれた。ラエへの輸送は船団輸送に決まり、日程は次のようになった。

ウエワク　二月二十日〜二十六日
ラ　エ　三月三日
マダン　三月十日

そしてラエへの輸送作戦は「八一号作戦」と称され、関係部隊に出動準備が命ぜられた。連合国が「ビスマルク作戦」と呼ぶ作戦である。

悲劇の出撃となった輸送船団の出立

ウエワクへの第四一師団の輸送は、計画通り海軍艦船によって二月二十六日に終了した。次は、いよいよラエへの第五一師団（師団長中野英光中将）の輸送である。輸送には船舶工兵第八連隊と第三揚陸隊があたり、船団は二分隊に分かれてラエに向かうことになった。

○第一分隊　「神愛丸」「帝洋丸」「愛洋丸」「建武丸」
○第二分隊　「旭盛丸」「大井川丸」「大明丸」「野島」

乗船兵員は『南東太平洋方面関係電報綴』によれば六九一二名とされているが、第一八軍の『猛作命甲第一五七号乗船区分表』では五九一六名、そして井本第八方面軍参謀の業務日誌には約七五〇〇名とあり、正確な数はわからない。ともあれ、約七〇〇〇名前後の将兵の乗船は二十八日には終わり、午後の四時三十分までに全船がニューブリテン島のラバウル港に集結した。

搭載された軍需品は火砲四一門、車輌四一輌、輜重車八九輌、大発三八隻、不沈

開戦当初のニューギニア進攻作戦は順調に推移していたが、連合国の反撃態勢が整うに従って、日本軍は次第に追いつめられていった。写真はブナ付近に上陸した陸戦隊。

ドラム缶約三〇〇〇本、燃料ドラム缶約二〇〇〇本、その他食糧・弾薬など約二五〇〇トンという膨大な量であった。

午後十一時、船団は第一分隊が右縦隊、第二分隊が左縦隊でラバウルを出港した。計画では、ラエ入泊は三月三日午後四時三十分ごろとされている。

船団の周囲には第三水雷戦隊(司令官木村昌福少将)の駆逐艦八隻が警戒配備についた。そして駆逐艦「時津風」には安達二十三中将以下の第一八軍司令部が乗り、「雪風」には中野英光中将の第五一師団司令部と約一五〇名の陸軍将兵が乗っていた。

船団は暗黒の海上をニューブリテン島の北方をニューギニアに向かって進んだ。夜が明ければ、上空には陸海軍機が護衛に現れるはずだ。日本軍は陸海軍協定によって、船団上空の警戒(直衛)を陸海の航空隊が交代で行うことにしていた。警戒飛行は毎日朝の五時三十分から夕方の五時三十分までとし、次のように分担を決めた。

〇三月一日　一日中陸軍
〇三月二日　午前＝海軍　午後＝陸軍
〇三月三日　午前＝海軍　午後＝陸軍
〇三月四日　午前＝陸軍　午後＝海軍
〇三月五日　午前＝海軍　午後＝陸軍

護衛の航空兵力だが、このとき陸軍の第六飛行師団には作戦可能機は四〇機前後しかなく、大半は海軍の第一一航空艦隊の基地機に依存しなければならなかった。

船団は暗夜の海上を順調に航行し、三月一日の日の出を迎えていた。海上は北からの微風が吹き、空は快晴であった。

米空軍の超低空立体爆撃法

三月一日の午後、ポートモレスビーの米豪連合航空軍基地では、日本船団発見の報で出撃準備に追われていた。

すでに連合軍の情報部は日本軍の動きをキャッチしており、二月十九日に「日本軍はラエ方面に軍隊を移動させつつあり」と管下の部隊に通報していた。さらに情報部では、ニューブリテン島北方海域の気象情報などを分析し、日本軍のラエ上陸は三月五日ごろで、マダンには三月十二日前後に上陸するであろうと推定していた。気象情報では、三月初めのニューブリテン島周辺の天気はきわめて悪いから、日本軍はこの悪天候を利用して部隊輸送を決行するに違いないと読んだのだ。

日本船団の攻撃は、南西太平洋方面軍連合航空軍前進部隊の役目だった。同航空軍は米陸軍航空部隊の第五空軍と豪州空軍の連合部隊で、指揮官は米第五空軍のG・C・ケニー中将が兼務していた。司令部はオーストラリアのブリスベーンにあり、前進部隊の司令部をニューギニアのポートモレスビーに置いていた。

第五空軍は一九四二年九月に豪州東部とパプアニューギニア方面の航空作戦を担任する部隊として発足し、この半年の間にポートモレスビー周辺に七つの飛行場を建設していた。保有機数も増加されて、重爆撃機のB17、B24、中型爆撃機B25、B26、軽爆撃機A20など計二五五機、戦闘機P38、P39、P40など計三三〇機、総計五八五機を超える攻撃機を持ち、輸送機も数多くそろえていた。航空兵力では南西太平洋方面の日本軍をはるかに凌駕(りょうが)していた。

航空部隊の増強とともに、第五空軍は一九四二年の末から重爆撃機による低高度の艦船爆撃法を訓練していた。二〇〇〇メートルを超える高高度からの水平爆撃の命中率は、多く見積もっても二・二五パーセントたらずだった。そこで、すでにイギリス空軍が取り入れて効果を上げている、低空からの爆撃法の開発に入ったのである。それは、できるだけ攻撃目標の艦船に近づき、マストすれすれの超低空から爆弾を放つ。すると爆弾は水面でいったん飛び跳ね、それから目標を捉えるという方法である。それを米軍は「スキップ・ボンビング」(反跳爆撃)と言った。

訓練は八〇〇〇トンの難破船を目標に、爆弾に五秒遅動信管を付けて行われた。爆弾を放つ飛行機への被害を防ぐためである。B17、B25、そしてA20、豪空軍のビューファイター機も加わり、次第に命中率を上げていった。

さらに第五空軍は、まずB25とA20が機銃掃射をしながら低空爆撃を行い、同時にB17が一五〇〇から二〇〇〇メートルの高度で水平爆撃を行う立体戦法も編み出した。この機銃掃射のために、B25は下方と後方用の機銃を撤去して機首と両翼に集め、上方にも新たに二基を搭載した。A20とビューファイターにも機関砲と機銃が増強された。

こうした最中の一九四三年三月一日、「日本軍はラエ方面に軍隊を移動させつつあり」という情報をもとに哨戒飛行を続けていたB24の一機が、上空を戦闘機に掩護された日本船団を発見したのだ。ニューブリテン島北西ウビリの四〇浬（かいり）付近である。午後二時十五分ごろだった。

執拗な米軍機の船団攻撃

ポートモレスビーの第五空軍は戦闘機、軽爆、中爆、重爆、合計二六八機に出撃準備を命じた。しかし重爆撃機以外の機にはまだ距離が遠く、攻撃は無理だった。

日本軍もB24の哨戒飛行を確認していたが、船団は予定の航路を進んでいた。一方のB24も哨戒飛行を続け、陽も落ちた午後七時過ぎからは吊光弾を投下して接触を続けていた。

三月二日の朝、日本船団はニューブリテン島西端のグロセスター岬の北東海域にさしかかっていた。第五空軍からはすでにB17八機が索敵攻撃に発進していたが、あいにく天候が悪く日本船団を発見できずにいた。だが、ポートモレスビーの第五空軍は第二波の索敵攻撃機を発進させた。まずB17八機が飛び立ち、続いて二〇機が飛び立った。さらにB24も続き、P38の戦闘機隊も続々と後を追った。

この日、日本軍の上空警戒は午前が海軍、午後は陸軍と決められていた。陸攻機に誘導されたカビエンとラバウルの海軍基地航空部隊の零戦隊は、午前四時五十分発進の第一直衛を皮きりに続々と船団上空に向かっていた。零戦は合計三三機で、第一直の九機は六時三十五分には船団上空に到着していた。午前七時二十分、その第一直の零戦隊がP38に掩護された米重爆機の編隊を発見した。七時三十分、激しい空戦が開始された。

米重爆隊は空戦の間を縫って船団上空に迫る。日本の護衛駆逐艦が一斉に対空砲火の火ぶたを切る。しかし三機のＢ17が日本船団の左側に回り、八時五分、高度二〇〇〇メートルから四五〇キロ爆弾の投下に成功した。

反跳爆撃を受けるダンピール海峡の日本軍輸送船団。写真中央のマストをかすめながらオーストラリア軍の飛行機が攻撃している。

日本側の記録によれば、この初攻撃で「旭盛丸」が第一、第二船艙に直撃弾を受けて沈没した。乗っていた一五〇〇名の陸軍将兵のうち、九一八名は駆逐艦「朝雲」と「雪風」に救助されたが、約六〇〇名は行方がわからなかった。「朝雲」に乗艦していた

ビスマルク海海戦編成表

日本軍（×は沈没）

護衛部隊

指揮官＝木村昌福少将（第3水雷戦隊司令官）

輸送船隊

第１分隊＝×神愛丸、×帝洋丸、×愛洋丸、×建武丸

第２分隊＝×旭盛丸、×大井川丸、×大明丸、×野島

護衛部隊

第８駆逐隊＝×朝潮、×荒潮

第９駆逐隊＝朝雲

第11駆逐隊＝×白雪

第16駆逐隊＝×時津風、雪風

第19駆逐隊＝敷波、浦波

護衛航空部隊

海　軍

第253空＝零戦30機（基地カビエン）

第204空＝零戦25 ～ 30機（同ラバウル）

第252空派遣隊＝零戦11機（同ラバウル）

瑞鳳派遣隊＝零戦19機（同カビエン）

第582空艦爆隊＝艦爆９機（同ラバウル）

第751空＝陸攻20 ～ 25機（同カビエン）

陸　軍

第６飛行師団＝戦闘機約40機

米軍

米豪連合航空隊兵力

南西太平洋方面軍連合航空軍前進部隊指揮官＝Ｇ・Ｃ・ケニー中将

重爆撃機・Ｂ17　39機

中爆撃機・Ｂ25　41機

軽爆撃機・Ａ20　34機

雷爆撃機・ビューフォート　数機

戦闘機・Ｐ38、Ｐ40、ビューファイター154機

第九駆逐隊司令小西要人大佐は、「雪風」に乗艦している中野師団長ともども救助兵をラエに急送し、再び船団の位置に取って返した。「旭盛丸」が爆撃を受けたとき、「愛洋丸」「帝洋丸」「建武丸」も至近弾を受けて小破したけれども、航行に支障はなかった。

米第五空軍の攻撃は執拗だった。哨戒のB17は船団を離れることはなく、午後二時二十分からは新たなB17部隊が上空直衛の日本の陸軍機と空中戦を行いながら、約一時間にわたって銃爆撃を行い、輸送船の日本軍将兵にかなりの死傷を与えていた。午後四時過ぎからも米爆撃隊は船団を襲い、運送艦「野島」に至近弾を加え、さらにB17一一機が日没後にロング島東方のビティアズ海峡に入った船団に最後の攻撃を加えた。

日本軍輸送船団の壊滅

初日の作戦を終えた南西太平洋方面軍連合航空軍前進部隊では、終夜にわたって豪州空軍のPBY（哨戒飛行艇）が船団に接触を続け、翌三日早朝の四時四十五分にB17に哨戒を引き継いだ。

ダンピール海峡で日本軍の輸送船団を超低空で襲うA20攻撃機。

日本の船団はフィンシュハーフェンに近いフォン湾の入り口に達していた。天候が回復し、軽爆撃機の攻撃圏内に入ってきた。いよいよ低空爆撃の訓練成果を発揮するときがきた。米豪連合航空軍の戦爆連合機は、夜明けとともに続々離陸していった。そして早くも五時十五分にはB25が超低空銃撃を行い、七時過ぎには豪空軍のビューファイター隊が魚雷攻撃を仕掛けたけれども、日本の記録では被害は僅少だった。

米豪連合機は続々船団上空に到達している。日本の各護衛駆逐艦の信号兵は「敵機、数えきれない!」と絶叫していた。

午前七時三十分、B17一三機はビューファイターとの協同攻撃のために高空に集結した。八時過ぎ、一三機のビューファイターが、高度一五〇メートルから機銃を射ちながら一直線になって船団に突っ込み、さらに高度を下げると横一列になって爆弾を投下した。

ビューファイターが機銃掃射を開始したとき、高空のB17が一斉に爆弾を投下し、間を置かずに中空のB25一三機も標準爆撃を敢行した。さらに別のB25一二機は編隊を解いて一五〇メートルまで降下し、回避運動を続ける日本の艦船に機銃掃射を加えながら二二五キロ(五〇〇ポンド)爆弾を投下した。艦船のマストに衝突するのではないかと思われるほどの低空から放たれる爆弾は、水面で跳躍するや次々と日本の艦船に命中していった。初め日本の乗組員たちは「敵魚雷!」と報告したように、それが爆弾であるとは誰も思わなかった。このB25一二機は三七発の爆弾を投下し、一七発の直撃を確認したと米軍の記録にはある。

連合航空軍の攻撃はますます激しさを増し、新たなB25編隊に加え、A20、P38も上空に到達して正午までに二〇〇発以上の爆弾を投下していた。

日本の輸送船はほとんどが炎上しており、護衛の駆逐艦の中にも炎を上げている艦がある。攻撃は午後も続けられたが、低空から侵入する米豪軍機に対する日本艦船の迎撃はほとんど役に立たなかった。また、はるか上空を哨戒していた日本軍機は、その数においても圧倒されていたが、敵機の低空攻撃になす術(すべ)もなかった。

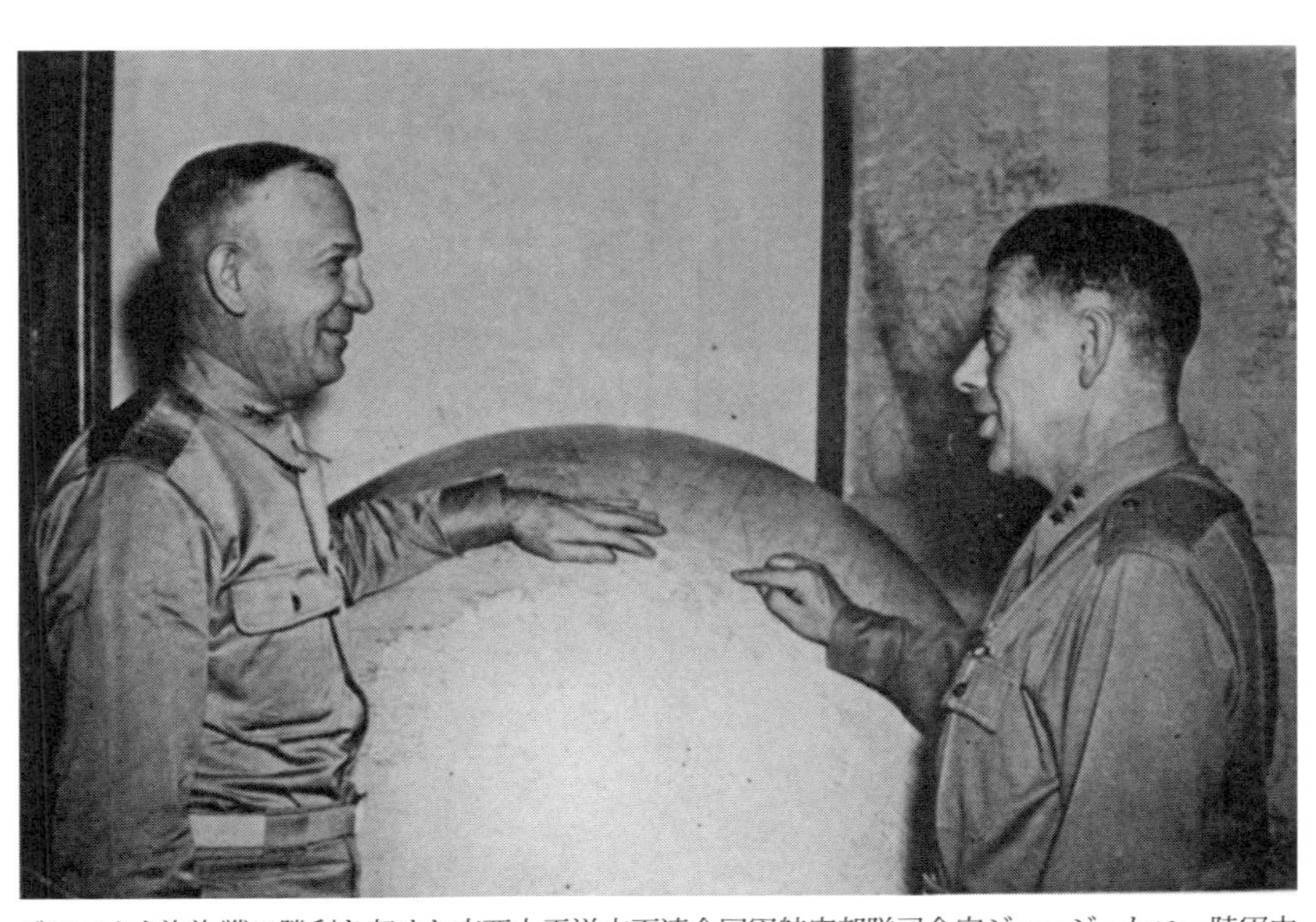

ビスマルク海海戦で勝利を収めた南西太平洋方面連合国軍航空部隊司令官ジョージ・ケニー陸軍中将（右）と副司令官エニス・ホワイトヘッド陸軍少将。

日本の輸送船団は、文字通りダンピール海峡で全滅した。防衛庁（当時）作成の公刊戦史『南東方面海軍作戦』は記している。

「八一号作戦の失敗によって我が軍は、陸軍輸送船七隻、海軍運送艦一隻、駆逐艦四隻を失った。それと同時に陸軍は第一八軍司令部、第五一師団主力の六九一二名中約三〇〇〇名の将兵を失い、第一八軍司令官以下約二七八七五名がラエに上陸し、第五一師団長以下〇〇名がラバウルに帰投した。搭載中の貴重な武器、弾薬、車輌などすべてを失った。海軍側は、多くの駆逐艦乗員及び第二三防空隊の人員、武器などを失った（海軍側の喪失人員は記録がなく不詳）。この船団輸送の失敗によって、爾後のニューギニア方面の作戦に多大の支障をきたすことになった」

ちなみに三月三日の戦闘で米豪軍はB17一機、P38三機を失ったのみである。

ビラ・スタンモーア夜戦

コロンバンガラ輸送駆逐艦の沈没

一九四三年三月五日〜六日

ガダルカナル島奪還後の米軍作戦

すでにガダルカナル島から撤収を終えた日本軍は、ソロモン諸島の中、北部の諸島に移動して、米軍の反攻を阻止しようとしていた。大まかに言えば、中部ソロモンのニュージョージア島やイサベル島とその周囲は海軍、それ以北のショートランド島やブーゲンビル島などは陸軍が守ることになった。

ニュージョージア島の北側に、円形をしたコロンバンガラ島がある。同島はニュージョージア島西端の小島アルンデルとブラッケット水道で隔てられている。そのコロンバンガラ島側の岬の一つが、ビラ岬である。ブラッケット水道を抜けると、コロンバンガラ島東岸とニュージョージア島西岸に抱かれたような広い海上に出る。そこはクラ湾と呼ばれる。

一九四三年（昭和十八）三月五日夕方、駆逐艦「村雨」（第二駆逐隊）と「峯雲」（第九駆逐隊）がラバウルを出港した。コロンバンガラ島へドラム缶入りの弾薬と糧食を輸送するためである。第二駆逐隊司令橘正雄大佐指揮のこの駆逐隊は、無事にブラッケット水道を通過して同日午後九時半には目的のコロンバンガラ島泊地に着き、一時間後には揚陸作業を終わった。

作業終了後、ただちに帰路についたが、ブラッケット水道ではなくクラ湾を北上した。その直後の十一時過ぎ、両駆逐艦は闇の中で突然の砲撃を受けて、最初に「峯雲」が、続いて「村雨」が撃沈された。

「村雨」「峯雲」を撃沈したのは、スタントン・メリル少将が指揮する軽巡三隻、駆逐艦三隻の第六八任務

占領後、米軍に拡張されて一変したガダルカナルのヘンダーソン基地。

部隊であった。同部隊は、一二〇〇キロも東に位置するエスピリトゥサント島（ニューヘブリディズ諸島）から出撃してきた。作戦の狙いは、クラ湾に入り、そこからコロンバンガラ島の日本軍基地を砲撃することにあった。

ガダルカナル島から日本軍が撤収した直後、このような積極的な攻勢が行われたことは注目してよい。この時期、日本軍のガダルカナル島へもっとも近くて最大の基地は、ニュージョージア島のムンダ航空基地とコロンバンガラ島のビラ航空基地であった。コロンバンガラ島はその基地のちょうど西方背後にあたる。これらはいずれも、ガダルカナルを確保したばかりのニミッツ軍と東部ニューギニアのブナ、ギルワまで進出してきた連合軍にとって大きな脅威であった。

ただ、それに反撃するガ島のヘンダーソン基地が、三つの戦闘機用滑走路とともに完全な爆撃機基地に拡大され、その背後にそれ以上の大きな基地カーニー飛行場が完成するのは四月に入ってからである。米軍はさらにガ島北方約一〇〇キロのラッセル諸島を占領し、そこに小艦艇用基地を建設した。

ムンダなど重要基地は航空部隊の攻撃に任せて、小艦隊はその周辺の日本軍の動きを牽制するということであった。エスピリトゥサント島など遠方の基地から出撃する必要がないように、距離を大いに短縮した。しかし、三月上旬という時点ではまだそれは完成していない。

ともあれ、メリル少将のコロンバンガラ島への砲撃

早朝の哨戒飛行を終えてソロモンの基地に帰ってきた米軍水上偵察機。

は、米軍としては同島に対する最初の攻撃となった。

米軍、レーダー射撃で夜戦が優位に

メリル艦隊はソロモン諸島の北側列島と南側列島に挟まれた中央航路に入った。そろそろ日本海軍の守備範囲でもある。同艦隊から三機のブラックキャット（レーダー装備の夜間用飛行艇）が飛び立ち、警戒態勢に入った。

三月五日午後八時半、ガダルカナル島の通信隊から一つの情報がもたらされた。日本軍軽巡または駆逐艦二隻が、五日夕方にショートランド島（ブーゲンビル島西端ブインの対岸の小島）を出て、南東方面に向かったというのである。要するに、メリル艦隊の方向を目指しているというのだ。

そこでガ島情報を手がかりに、ブラックキャットが前方を警戒しつつ索敵をした結果、コロンバンガラの日本海軍泊地に入る艦艇を発見した。これが、「村雨」「峯雲」であったことは言うまでもない。

メリル隊がその捜索レーダーで両艦を探知したのは

ビラ・スタンモーア夜戦参加兵力表

日本軍（×は沈没）
指揮官＝第２駆逐隊司令：橘正雄大佐
第２駆逐隊＝×村雨
第９駆逐隊＝×峯雲

米軍
第68任務部隊
指揮官＝スタントン・メリル少将
軽巡・モントピーリア、クリーブランド、デンバーノ
駆逐艦・コンウェー、コニー、ウォラー

午後十一時直前という。その数分後の十一時一分、先頭にいた駆逐艦「ウォラー」が、距離約六五〇〇メートルで魚雷を発射し、それを合図に各艦も一斉に攻撃発射に入った。いずれもレーダー射撃であり、夜陰でも正確だった。「村雨」「峯雲」もすぐ応戦してきたが、こちらはレーダーはない。最初に撃沈されたのは「峯雲」だが、「村雨」と共に戦闘に入ったという無電は一度も発せられなかった。

メリル隊の軽巡三隻に装備されていた主砲は六インチ砲三連四基で、マーク34の射撃指揮装置にマーク8モデル1射撃用レーダーを装備していたのだった。この海戦では一万メートル前後からの射撃だったが、実際には三万メートル前後から射撃できる優秀なレーダーだった。

二艦の沈没を見届けたメリル隊は、この出撃の本来の目的であるビラ航空基地に対する砲撃を一六分間実施してクラ湾を離れた。

実は同じ時刻に別の米艦隊の一隊が、日本軍のムンダ航空基地を砲撃している。ムンダ、ビラ両航空基地への砲撃は一つの連携作戦であり、「村雨」「峯雲」の撃沈は、たまたま生起した海戦にすぎなかったのである。

両艦の退艦者約二〇〇名弱がコロンバンガラ島へ漂着し、同島基地に収容された。指揮官橘大佐は七日、次のような報告をラバウルに送った。

「村雨、峯雲ヲ率ヰ五日二一三〇『コロンバンガラ』航空基地着二二三〇揚陸完了シ同地発『クラ』湾北上中二三一〇敵巡洋鑑三隻以上ト遭遇交戦　更ニB17十数機の雷爆撃ヲ受ケ各艦航行不能トナリ峯雲交戦直後大火災二三一五沈没　村雨二三一五機械室浸水相次デ全罐室及一番砲火災二三一五航行不能ニ陥リ二三三〇沈没セリ　敵ニ与エタル損害不明……」

輸送船団護衛のために戦闘海域に向かう水雷戦隊。

実際の戦場には航空機は進出していないが、指揮官は航空機による攻撃もあったと信じていたことがわかる。

米艦隊はすでにサボ島沖海戦あたりから射撃用レーダーを装備していたが、今回はその性能を上回るレーダーを装備しており、夜戦における射撃戦をより有利に展開しようとしていた。

もともと夜戦こそ日本海軍の〝お家芸〟として自負していた当時としては、容易ならざる強敵の出現を徹底分析して、後の戦いに役立たせるべきであったが、実はラバウルの海軍基地にはそんな余裕はなかった。なぜなら、この「村雨」「峯雲」の沈没という不幸なニュースが入る前々日には、ラバウル発の輸送船団八隻がすべて撃沈され、そのうえ護衛に当たっていた駆逐艦が四隻も沈められるという大敗北のショックの中にいた。いわゆる〝ダンピール海峡の悲劇〟と言われるビスマルク海海戦である。

ガ島撤収直後の日本海軍は、昼も夜もほとんど勝ち目のない戦いを強いられていたのである。

アッツ島沖海戦

太平洋戦争最北の海戦で勝利を拾った米艦隊

一九四三年三月二十七日

慎重すぎた日本軍の揚陸予定日変更

一九四二年（昭和十七）六月八日、日本軍はミッドウェー作戦と並行してアリューシャン作戦を実施し、同列島のキスカ島とアッツ島を占領した。米軍はただちに反撃を開始し、八月には巡洋艦部隊が初めてキスカに砲撃を加え、以後、米陸軍航空部隊はカナダ空軍の協力を得て両島に空襲を繰り返していた。そして一九四二年末から翌四三年の春先にかけて、アダック島とアムチトカ（キスカの東方約一〇〇キロ）を占領、この両島に飛行場を建設して日本軍輸送路の遮断作戦を開始していた。

一方、日本軍は一九四三年二月五日、米ソに対する防衛体制を強化するため、アッツとキスカに飛行場を建設し、双方からの進攻を食い止める計画を立てていた。だが、行動開始は米軍の方が早かった。アラスカ方面指揮官に任命されたトーマス・C・キンケード少将は、自国領土のアッツ、キスカ両島奪回の準備をすでに一カ月前に整えていた。

そして二月十九日、チャールス・H・マックモーリス少将率いる巡洋艦・駆逐艦部隊はアッツ島に砲撃を加え、島の西方海域に進出して日本

アッツ島遠景。日米艦隊による北海の戦いは、この島の争奪戦でもあった。

軍の輸送船団を待ち伏せていた。この作戦中に軍需品を満載した三隻の日本船団を発見、一隻を沈め、二隻を北千島の幌筵に遁走させている。

日本の大本営は、このままでは米ソの進攻阻止どころか、西部アリューシャン列島の維持すらできなくなると危機感を抱き、同列島を維持するために大規模な集団輸送方式の計画を立てた。そして細萱戊子郎中将率いる第五艦隊に輸送船団の援護命令を下したのだった。

第５艦隊司令長官・細萱戊子郎中将。

第五艦隊に護衛された集団輸送方式による第一次輸送船団は、三月四日に幌筵を出港、三月十日にアッツ島入港に成功した。続いて第二次集団輸送が計画され、第五艦隊は輸送船三興丸、浅香丸、崎戸丸の三隻を護衛して再度出港することになった。まず三月二十二日午後四時、三興丸を直衛する駆逐艦「薄雲」が幌筵を出港、翌二十三日午前十時には駆逐艦「雷」と「電」が出港した。さらに同日の午前十二時には浅香丸と崎戸丸を護衛する軽巡「阿武隈」が、午後五時には細萱戊子郎司令長官の旗艦重巡「那智」と「摩耶」、軽巡「多摩」、駆逐艦「若葉」「初霜」が出動した。

千島列島の東方海上には発達した低気圧があり、船団は荒天の海にもまれていた。細萱長官は二十五日の揚陸予定を二十六日に改め、低気圧の通過を待った。やがて海は静まってきたが、アッツ島周辺海域は依然として荒れているという現地からの報告を考慮し、揚陸をもう一日遅らせた。この予定日変更が、結果的には米艦隊と遭遇し、大失策の海戦を展開することになる。

船団はあらかじめ決定されている合流地点へと急ぎ、二十六日の午前十一時には脚の遅い「薄雲」と三興丸の二隻を除いて合流に成功した。そして日本の主力艦隊は「薄雲」と三興丸を待って、二十六日を丸一日つぶした。しかし合流はならず、主隊は翌二十七日午前二時ごろ、単縦陣を組んで北上を開始した。

日本軍のミスに救われた米艦隊

　ソ連領コマンドルスキー諸島（カムチャツカ半島の東側）の南方海域を哨戒していた米艦隊が、日本船団をレーダーで捉えたのは三月二十六日の早朝だった。マックモーリス少将は重巡「ソルトレークシティ」、軽巡「リッチモンド」、駆逐艦「ベーレー」「コグラン」「デール」「モナガン」の六隻を率いて日本艦隊の後方から北上していった。そして午前二時三十分、「リッチモンド」は日本の艦隊を発見した。ただちに全艦戦闘配置につき、じわじわと日本艦隊に接近していった。

　このときマックモーリス少将は、日本艦隊が自分たちよりもはるかに強力な部隊であるとは夢にも思わなかった。たとえば日米の砲力を比べてみても、「ソルトレークシティ」の二〇センチ砲八門に対して「那智」「摩耶」は二〇センチ砲二〇門、軽巡「リッチモンド」の一五センチ砲一〇門に対して「阿武隈」「多摩」の一四センチ砲は一四門、日本艦隊は圧倒的に有利だったのだ。だが、戦いは砲門数だけではないことを、これから起こる海戦は教えた。

　午前二時三十七分、日本側も米艦隊を発見した。しかし日本軍は合流が遅れている駆逐艦「薄雲」と「三興丸」であろうと判断していた。日本の艦隊司令部が近付く艦船を米艦と確認したのは午前三時十分だった。細萱長官はただちに輸送船を北方に退避させ、風上である米艦隊の北東側より攻撃を開始するため面舵（おもかじ）を取り、約一八〇度進行方向を変え、米艦隊の北東の位置に出て南進を始めた。

　そして両艦隊の距離がほぼ二万メートルに接近したとき、日本の「那智」と「摩耶」が砲撃を開始した。ほとんど同時に「リッチモンド」も砲門を開いた。と

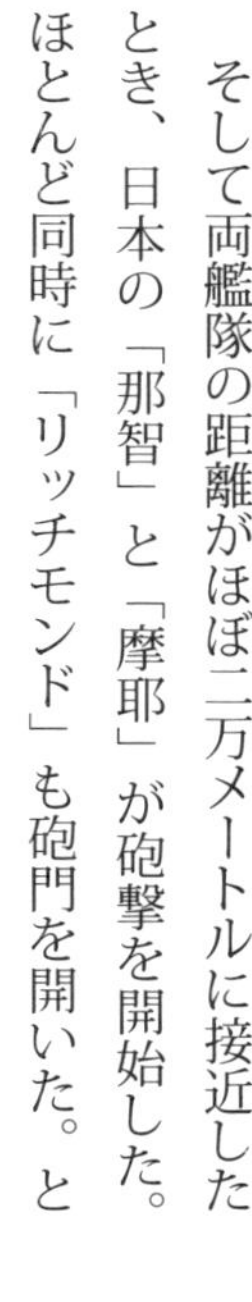

北海の海を進むアッツ島沖海戦の旗艦「那智」。後方にかすかに見えるのは重巡「摩耶」。

日本軍の砲撃を受けて火災を起こした重巡「ソルトレークシティ」。

ころが、距離が近づくにつれてマックモーリス少将は日本艦隊の優勢さを知り、あわてて煙幕を展張しながら射弾回避運動を繰り返し、南西に退避を開始した。

米艦隊が進路を変える少し前、「那智」は命中弾を受けて艦橋が爆発し、通信装置と主砲の方位盤電路が使用不能になっていた。また「摩耶」も射撃目標を重巡に、測距目標を軽巡にあわせて砲撃を開始したため、まったく見当違いの方向に大砲を射ち込むという信じられないミスを犯していた。それでも米艦隊が方向転換をするや、日本艦隊もただちに南西に進路をとった。そして、やっと「那智」「摩耶」の砲撃も米艦隊を正確に捉え始めた。

午前四時十分、「摩耶」の一弾が「ソルトレークシティ」に命中した。十分後には「那智」の一弾も当った。米艦隊は進路を北に変え、さらに退避した。やがて猛射を浴び続けた「ソルトレークシティ」は右に左にと大きく揺れはじめ、浸水を始めた。マックモーリス少将は駆逐艦「ベーレー」と「コグラン」に煙幕

アッツ島沖海戦編成表

日本軍（△は損傷）
第５艦隊　指揮官：細萱戊子郎中将
主隊
第21戦隊＝重巡・△那智、摩耶
　　　　　軽巡・多摩
第21駆逐隊＝若葉、初霜、薄雲
護衛部隊
第１水雷戦隊＝軽巡・阿武隈
第６駆逐隊＝電、雷
輸送船団
輸送船・浅香丸、崎戸丸、三興丸

米軍（△は大中破艦）
第50任務部隊（第５艦隊・巡洋駆逐戦隊）
指揮官：C・H・マックモーリス少将
重巡・△ソルトレークシティ（旗艦）
軽巡・リッチモンド
第14駆逐隊＝ベーレー、コグラン、
　　　　　デール、モナガン

駆逐艦が必死に煙幕を張って日本軍の攻撃から逃れさせようとしている。

展張を命じ、同時に他の駆逐艦に日本艦隊への魚雷攻撃を命じた。日本艦隊の接近を牽制するためである。

煙幕が「ソルトレークシティ」を包んだ。このため日本艦隊は砲撃を一時中止した。この間に「ソルトレークシティ」は応急修理を施し、再び西に向かって退避を始めた。

午前六時ごろ、南方に進路をとった「ソルトレークシティ」に対して、細萱長官は全軍突撃を下令した。そして「那智」の一弾がふたたび「ソルトレークシティ」の艦尾に命中した。マックモーリスはふたたび煙幕展張を命じて退避を続行した。だが、日本艦隊の勝利は時間の問題のように見えた。

ところが午前六時半ごろ、「那智」の前部砲塔から「徹甲弾なし」の報告があった。これを司令部が「残弾なし」と聞き違えるミスを犯した。加えて「那智」の弾着観測機から「ソルトレークシティ」の漂流が報告されたが、通信回路が故障したままの「那智」には届かなかった。

細萱長官は追撃を諦めた。そして南西に進路をとり、船団を集めて幌筵へ退却していったのである。日本艦隊は、あとひと押しというところで勝利を逃がしたばかりか、輸送作戦も取り止めて千島に戻ってしまった。マックモーリスには僥倖（ぎょうこう）が二重に訪れ、辛くも敗戦を免れたのだった。一方の細萱中将は、この戦闘の失策により四月一日付で第五艦隊司令長官の職を去らねばならなかった。

「い」号作戦

連合艦隊航空隊のガ島、ニューギニア基地攻撃

一九四三年四月七日〜十四日

米軍の戦力増強に危機感を抱く山本五十六連合艦隊司令長官

日本軍がガダルカナル島から撤退したあと、米軍は同島の飛行場拡充に力を入れ、ヘンダーソン飛行場は三つの戦闘機用滑走路を持つ爆撃機基地に拡大された。さらにヘンダーソンの東方八キロには、さらに大きい爆撃機基地のカーニー飛行場を完成させ、一九四三年（昭和十八）四月一日に使用を開始していた。

「当時、ガダルカナルには各種飛行機三〇〇機以上があり、ニュージーランド空軍、米国の陸海軍、および海兵隊の爆撃機と戦闘機が互いに協同作戦を展開していた。ソロモン諸島航空部隊（エア・コマンド・ソロモンズ、「エアソルス」と略称）として知られ、異分子の集まりではあるが緊密に統合されたこの部隊にとって、ラバウルを叩きのめすことが、その主要任務であった」（邦訳『ニミッツの太平洋海戦史』）

このガ島の航空戦力に加えて、米軍にはダグラス・マッカーサー大将（南西太平洋方面軍司令官）指揮下のニューギニアには、オーストラリア空軍数個中隊を含む米第五空軍を中心にした南西太平洋方面軍連合航空軍（司令部・ブリスベーン）があった。第五空軍はニューギニア南東部のポートモレスビーに前進部隊司令部を持ち、周辺には広い滑走路を持った七つの飛行場が常時使用可能な状態にあった。そのほかラビにも三カ所の滑走路が整備され、ブナの近くのドボヅラには一大作戦基地が建設されていた。

このときの第五空軍の保有機は重爆撃機B17五五機、

ラバウル基地で出撃する搭乗員に訓示する山本五十六長官。

B24六〇機、中型爆撃機B25約五〇機、B26四〇機、軽爆撃機A20約五〇機、戦闘機はP38、P39、P40など計三三〇機、合計五八五機を超えており、そのほか多くの輸送機を持つまでに〝成長〟していた。

一方、珊瑚海海戦以来、三次にわたるソロモン海戦、それに続く南太平洋海戦などで日本海軍の母艦航空兵力ははなはだしく損耗しており、多くの熟練パイロットを失っていた。そこで連合艦隊は南太平洋海戦のあと、大急ぎで母艦航空隊の再建に努め、三月に入ってどうにか目途が立ってきたところだった。

ラバウルにある南東方面艦隊（司令長官・草鹿任一中将）麾下の基地航空部隊（第一一航空艦隊）も、ガダルカナル戦開始以来ほとんど連日の出撃で、母艦航空隊以上の損害をこうむっていた。しかし、このまま手をこまねいていたのでは、海空戦力を充実させてきた米軍に南太平洋の制空海権を完全に奪われかねない。

すでに大本営海軍部も、四三年三月四日に「大東亜戦争第三段作戦帝国海軍作戦方針」の策定作業を終えていたが、連合艦隊司令部の危機意識はさらに強く、独自の作戦計画を進めていた。その裏には、陸軍の第五一師団をニューギニアのラエに増援する陸海合同の輸送作戦が、三月二、三両日にわたる米第五空軍の攻撃で、陸軍の将兵約七〇〇〇名を乗せた輸送船団が全滅するという〝ダンピール海峡の悲劇〟（ビスマルク海海戦）があった。

トラック島に碇泊する戦艦「武蔵」に将旗を揚げている山本五十六長官が、かねてより考えていた機動部隊（第三艦隊・司令長官・小沢治三郎中将）の艦上機をラバウル基地に集結し、基地航空部隊と合同して、ガ島とニューギニア東部に展開する連合軍の空海戦力を一挙に壊滅しようという作戦を実行に移す決心をしたのは、そのビスマルク海海戦の直後であった。これが「い」号作戦と呼ばれた運命の作戦だったのである。

機動部隊の艦上機、ラバウルに進出

ところが作戦内容を聞かされた第三艦隊の幕僚の間から強い不満が出た。

「虎の子の母艦航空兵力を基地航空戦に使用することは根本的に誤りである。消耗した母艦航空機の再建と練度回復は容易でなく、少なくとも再建に三カ月以上はかかるのだ」

さらに幕僚たちには、ラバウルの基地航空隊との合同作戦になれば、第三艦隊の小沢長官よりも南東方面艦隊の草鹿中将の方が先任だから、機動部隊飛行機隊の指揮も併せて執ることになるだろうし、そこで母艦機を無茶に使われて大きな損害を出されたら大変だという〝危惧〟もあったといわれている。しかし第三艦隊も一一航艦も、すでに首席参謀以上の幹部は作戦に合意していたから、一般幕僚の不満や危惧は無視される形になった。

こうした機動部隊側の空気を察知した連合艦隊司令部は、実戦部隊に指揮権へのわだかまりがあっては搭乗員の士気にも影響しかねないと判断、山本司令長官自らラバウルに進出して両艦隊を直接指揮することになったのだという。

「い」号作戦は中央も知らないうちに立案された連合艦隊独自の作戦だったから、連合艦隊がどのような作戦命令を出したかはわからないが、防衛庁（当時）作成の戦史叢書によれば「諸資料から次の骨子の命令が三月二十六日ころまでに下令されたと推定される」という。

その概要は次のようなものだつた。

〈作戦目的〉

ソロモンおよび東部ニューギニア方面の敵水上、航空兵力に痛撃を加え、敵の反攻企図を撃砕、妨圧する。そして当面急迫する補給輸送を促進し、第一線戦力の充実を促進する。

〈作戦期間〉

第一期　四月五日から十日までソロモン方面。

作戦開始に先立ってブインやバラレ基地に進出する攻撃隊を見送る山本長官。

作戦名称・X作戦＝ガ島方面攻撃（機動部隊、基地航空部隊連合）

第二期　四月十一日から二十日まで東部ニューギニア方面。

　作戦名称・Y作戦・ポートモレスビー攻撃（機動部隊、基地航空部隊連合）

作戦名称・Y一作戦・ラビ攻撃（基地航空部隊担当）

作戦名称・Y二作戦・ブナ方面攻撃（機動部隊担当）

　艦上機のラバウル進出を命じられた当時の第三艦隊は、第一航空戦隊（司令官小沢中将兼務、空母「翔鶴」「瑞鶴」「瑞鳳」）と第二航空戦隊（司令官角田覚治中将、空母「隼鷹」「飛鷹」）で編成されていた。このうち一航戦の「瑞鶴」（艦隊旗艦）「瑞鳳」はトラックにあったが、「翔鶴」は南太平洋海戦で飛行甲板が大破し呉で修理中のため「い」号作戦への出動は無理だった。二航戦の「隼鷹」と「飛鷹」も修理と整備をかねて呉の海軍工廠にいたが、第三艦隊司令部の出動命令を受けて三月二十二日に出航、二十七日にトラック島に入泊した。

　こうしてトラック島に勢ぞろいした機動部隊飛行機隊は四月二日の早朝、大編隊を組んでラバウルに向かった。小沢中将をはじめとする第三艦隊司令部員も同時に進出した。このとき進出した飛行機隊は零戦一〇三機、艦爆五四機、艦攻二七機の合計一八四機だった。母艦別の内訳は次のとおりである。

瑞鶴隊＝零戦二七、艦爆一八、艦攻一八。

瑞鳳隊＝零戦二一。

隼鷹隊＝零戦二七、艦爆一八。

飛鷹隊＝零戦二八、艦爆一八、艦攻九。

　一方、基地航空隊（一一航艦）の飛行機定数（補用を除く）は次のようだった。

第二一航空戦隊＝二五三空・零戦三六。七五一空・陸攻三六。

　一五一空・陸偵一二。

第二六航空戦隊＝二〇四空・零戦四五。五八二空・零
　戦二七、艦爆一六。

　七〇五空・陸攻三六。

　合計すると零戦一〇八機、陸攻七二機、艦爆一六機、陸偵一二機の二〇八機で、これに増援の艦上機一八四機を加えると、三九二機（資料によって相違がある）という大航空隊になった。

大戦果を挙げたX作戦？

　母艦機が進出した翌四月三日、山本五十六長官は幕僚とともに二式大艇二機に分乗してラバウルに飛び、南東方面艦隊司令部に将旗を掲げた。機動部隊の艦上機を迎えたラバウルの各飛行場とカビエンなどの前進基地は壮観だった。

　攻撃開始前日の四月四日、基地航空部隊に続いて機動部隊の零戦隊と艦爆隊は、ガ島により近いブーゲンビル島南東端のブインやバラレ島に進出することになっていたが、ラバウル一帯は激しいスコールに見舞われていて離陸ができない。このためX作戦は六日に延期されたが、天候は翌五日も回復せず、さらに作戦開始は七日に延ばされた。

　六日は快晴で、艦上機隊は山本長官の打ち振る白い帽子に見送られてブインやバラレに進出し、明日の出撃に備えた。そして七日もソロモン一帯は好天に恵まれていた。いよいよ「い」号作戦の開始である。

　午前九時四十五分、攻撃隊（九九艦爆）六七機が離陸を開始し、続いて制空隊（零戦）一五七機が後を追った。早朝にラバウルを発進した一〇〇式司偵の事前偵察によれば、ガダルカナルとツラギ地区には約四〇隻の大小艦艇が停泊しているという。ラバ

帽子を振りながら出撃する攻撃機を見送る山本長官。

幕僚とともに一機一機、出撃する攻撃隊を見送る山本長官。

ウルの幕僚たちは「好餌まさに我を待つ観あり」と皮算用を始めていた。

ところがガ島の米軍司令部は、すでに通信諜報や空中偵察写真などから日本軍機がブインなどに異常集中しているのを発見していた。日本軍のガ島集中攻撃を予測した米軍は、東部ニューギニアなどに展開する連合軍の使用可能機のガ島集中を命じ、迎撃準備を整えていた。そして七日の昼前、ブーゲンビル島に潜む南西太平洋方面軍（マッカーサー軍）配下の沿岸監視隊員たちから、「ブカ、ブイン、バラレの日本軍基地から無数の飛行機がそちらに向かっている」という無電が届いた。

ガ島のヘンダーソン飛行場からＰ38、Ｐ39、Ｆ４Ｆ戦闘機など七六機が邀撃に飛び、海上の艦艇は対空砲を西の空に向けて日本軍機の到着を待ちかまえた。

午後十二時二十五分、基地航空部隊の零戦隊がガ島上空に突入し、激しい空戦が開始された。続いて艦爆隊も上空に達し、双方入り乱れた空戦の中で爆撃を開始した。

戦闘は一時間たらずで終わった。当初の報告では戦果はいたって少ないようだったが、夜になって各隊の戦果報告をまとめると、意外な大戦果であることがわかった。翌八日、連合艦隊司令部は大本営に、これにて「第一期作戦を打ちきり、第二期作戦に転移す」と戦果報告をした。

連合艦隊から戦果報告を受けた大本営海軍部は大喜びで、この作戦を「フロリダ沖海戦」と名付け、国民に大々的な〝大本営発表〟を行った。

幻だった「い」号作戦の大戦果

Ｘ作戦に続く第二期のＹ作戦（ポートモレスビー攻

撃）とＹ一作戦（ラビ攻撃）は、ニューギニア方面の天候悪化や基地航空隊の零戦が陸軍の輸送船護衛に駆り出されたことなどにより延期され、東部ニューギニア北岸攻撃のＹ二作戦が先行されることになった。

四月十一日午前九時、艦爆二一機、零戦七二機、合計九三機の機動部隊飛行機隊はラバウル上空を発進してオロ湾の連合軍艦船に襲いかかった。ここでもガ島上空と同じく日本軍機の到達五分前に五〇機の米戦闘機群が舞い上がり、待ちかまえており、零戦隊との激しい空戦が展開された。その中を各機六〇キロ爆弾二発ずつを抱えた艦爆隊は急降下爆撃を敢行し、それぞれ午後二時過ぎにはラバウルに帰投した。

4月12日の日本の陸攻機の爆撃で炎上する、ポートモレスビーの米軍燃料基地。

翌十二日はポートモレスビーの飛行場を攻撃するＹ作戦が決行された。零戦と陸攻、艦爆連合の合計一七五機は、午前六時四十五分、ラバウル上空を発進していった。七六機の零戦に直掩された四四機の陸攻隊は、オーエンスタンレー山脈を越えたところで米戦闘機群（四四機）の邀撃を受けた。対空砲火も熾烈をきわめていたが、陸攻隊は飛行場上空への進入に成功し、駐機中の飛行機や飛行場施設、さらには湾内の艦船に「多大な損害を与えた」という。

出撃するたびに〝大戦果〟を挙げてきたラバウルの連合航空隊は、四月十三日は整備休養し、十四日にミルン湾とラビに対するＹ一作戦（基地航空隊）とＹ二作戦（機動部隊）を同時に決行した。Ｙ一の基地航空部隊は陸攻三七機（うち六機は戦闘不参加）、零戦五六機が出撃し、Ｙ二の機動部隊は九九式艦爆二三機、零戦七五機が出撃した。

連合軍の反撃はポートモレスビーほど激しくはなく、日本軍攻撃隊はここでも連合軍の艦船を次々撃沈、あるいは大破炎上させたと報告している。

零戦の機銃掃射で地上破壊されたポートモレスビーのP38戦闘機。

次々「大戦果」の報告を受ける大本営はますます上機嫌で、天皇にも戦果を奏上した。連合艦隊には「非常に満足に思う旨連合艦隊司令長官に伝えよ。尚、ますます戦果を拡大するように」という天皇のお言葉が軍令部総長を通じて伝えられた。

山本長官の表情にもゆとりが出ていた。その山本は四月十六日の機動部隊の零戦隊だけによるブナへのY二攻撃を下令していたが、天候悪化が予想されるという報告を受けるとあっさりと中止を決め、同時に「い」号作戦の終結も下令した。これも、戦果は十分に挙げたからという、余裕の結果だったのかもしれない。そしてこの日、軍令部総長に戦闘概報が打電された。艦船の撃沈は巡洋艦一、駆逐艦二、輸送船一五隻の合計一八隻、大小破が輸送船八隻、そして飛行機は不確実機を含めれば一三四機撃墜、あるいは撃破したという。

事実であれば「い」号作戦は大成功である。だが連合軍の実際の損害は、撃沈されたのは駆逐艦、海防艦、タンカー、輸送船が各一隻で、輸送船一隻が擱座、撃墜・撃破された飛行機二五機という「僅少な損害」だった。飛行機ではむしろ日本側の方が損害は多く、零戦一八機、艦爆一六機、陸攻九機、合計四三機にのぼっていた。

日本側の戦果報告は明らかに誇大だった。それは搭乗員たちが艦船が煙を上げれば「撃沈」「大破」と報告し、さらに同一艦船を別の搭乗員がまた「撃沈」「大破」と報告したために戦果はネズミ算式にふくれ上がっていったのだ。加えて指揮官や幕僚たちもなんらチェックをせず、足し算を繰り返して「大戦果」を作り上げていたのである。

そして山本長官もその誇大戦果を素直に信じ、前線視察をしてからトラック島に引き揚げることにしたのだった。

海軍甲事件

山本五十六長官の命を奪った前線視察

一九四三年四月十八日

長官機護衛に選ばれた六名の零戦パイロット

　空母搭載の艦上機をラバウル基地に進出させ、基地航空部隊と合同でガダルカナルとニューギニアに展開する連合国の艦船と航空機を撃滅しようという作戦は、一九四三年（昭和十八）四月七日に開始された。連合艦隊司令長官の山本五十六大将の陣頭指揮で行われた作戦は〝大勝利〟で、米豪の艦船二六隻を撃沈破、航空機一三四機を撃墜・撃破したと報告された。実際は艦船五隻を撃沈、航空機二五機を撃墜破したに過ぎなかったが、山本長官は、この「い」号作戦と称した航空戦の〝大戦果〟に気を良くし、最前線のブイン、ショートランドの基地を視察、将兵の士気を盛り上げることにした。

　前線視察計画は次のように立てられた。山本長官と副官の福崎昇中佐、宇垣纏参謀長、樋端久利雄航空甲参謀、室井捨治航空乙参謀、今中薫通信参謀、友野林治気象長ら連合艦隊司令部一行（当日は高田六郎軍医長、北村元治主計長も同行）は二機の一式陸攻に分乗し、護衛の零戦六機をともなって午前六時にラバウルを発ち、バラレ→ショートランド→バラレ→ブインと移動して、午後三時四十分にラバウルに帰還するとい

南太平洋の日本軍の前線基地だったニューブリテン島のラバウル基地。山本長官一行もここから出立していった。

うもので、分刻みのスケジュール表が視察先の部隊に暗号で無線連絡された。

ラバウル東飛行場の搭乗員待機所にいた森崎武中尉ら六名の零戦パイロットは四月十七日に司令部に呼ばれ、第二〇四航空隊司令杉本丑衛大佐の命令を受けた。

「明十八日、連合艦隊司令長官ほか幕僚一行が、前線視察と士気鼓舞のため、一式陸攻二機でブインに向け出発される。わが隊は、その直掩を命ぜられた。出発時刻は明朝〇六〇〇」

選ばれた搭乗員は次の通りである。

第一小隊長　森崎武予備中尉（指揮官）
二番機　辻野上豊光一等飛行兵曹
三番機　杉田庄一飛行兵長
第二小隊長　日高義巳上等飛行兵曹
二番機　岡崎靖二等飛行兵曹
三番機　柳谷謙治飛行兵長

当時、まだラバウルからブインまでは日本の制空圏内にあって、輸送機でも単独飛行を行っていた。だが、実戦部隊の最高指揮官である連合艦隊司令長官の護衛

山本長官と宇垣参謀長が座乗した１式陸上攻撃機と同型機。

が、わずか零戦六機とはいささか少ない。護衛任務を命ぜられた杉本二〇四空司令自身も二〇機の零戦を護衛に付けるよう進言した。しかし山本長官は「大切な飛行機をたかが護衛のために、そんなに飛ばせる必要はない」と取り合わなかった。強硬に反対したのはショートランドの第一一航空戦隊司令官城島高次少将であった。城島少将は山本長官の前線視察を伝える暗号電文を受け取ると、ただちにラバウルに飛んできた。

「長官が最前線にお出かけになれば一同大変喜ぶと思います。しかし私は行かないほうがよいと思います」

こう言った上で城島少将は、あまりに詳しい長官視察の内容を知らせる電文に対して、「主将の行動を、第一線に於いて詳細な無線電報で打電する者があるものか」と、傍らの宇垣参謀長に詰問した。すると、宇垣少将はそっけなく答えた。

「（敵は）暗号を解読しておるものか」

低空から襲いかかるP38と零戦の死闘

ところがハワイ真珠湾の米太平洋艦隊戦闘情報班は、宇垣参謀長をあざ笑うかのように、長官視察の暗号電を解読していた。そしてニミッツ大将（米太平洋艦隊司令長官）は山本搭乗機の撃墜を決意、ガダルカナル島の米陸海軍航空隊指揮官のミッチャー少将に山本機攻撃を命じた。ミッチャーは襲撃隊の隊長にミッチェル陸軍少佐を指名し、当時もっとも長い航続距離を持つロッキードP38ライトニング戦闘機（双胴の悪魔）が襲撃機に選ばれた。

四月十八日午前五時二十五分、ガ島の飛行場から一八機のP38が離陸を開始した。ミッチェル少佐の計画では、襲撃隊は最初一八機編成で、ランフィア大尉とバーバー、マックナーン、ムーア各中尉の四機が長官機を狙い、残る一四機が護衛の零戦に対抗することにした。ところがマックナーン、ムーア両中尉のP38がトラブルで脱落し、襲撃隊は一六機になっていた。

襲撃隊は日本軍のレーダーや見張所からの発見を避けるため海面スレスレの超低空飛行を行い、また大きく迂回したコースをとってブインの手前、ブーゲンビル島上空の襲撃地点に向かった。襲撃時間は午前七時

山本機と宇垣機を襲った「双胴の悪魔」P38ライトニング戦闘機の編隊。

三十分と決めていたが、燃料はギリギリだった。米軍は山本長官が時間に几帳面なことを知っており、山本機が予定の時間通りに現れることに賭けていた。

米軍の襲撃隊がガ島の飛行場から離陸した三五分後の午前六時、二機の一式陸攻は予定通りラバウルから出発した。すでに六機の護衛戦闘機は離陸し、一式陸攻の上空五〇〇メートルに位置してバラレに向かった。

午前七時三十分、柳谷飛行兵長は「そろそろブイン飛行場もマッチ箱ていどに見えてくるころだな」と前方に目をこらした。そのとき、指揮官の森崎機が長官機の前方に降下し、続いて第二小隊長の日高機も降下した。下方を見るとP38の敵編隊が約一五〇〇メートルの高度からグングン近づいてくる。虚を衝かれた零戦隊はすぐにP38に飛びかかったが、六機の零戦では対抗しきれない。

零戦搭乗員の中でただ一人戦後まで生き延

びた柳谷飛行兵長は言う。

「下から突きあげて攻撃してくるというのは、空戦のセオリーに反しているんですよ。護る方も水平線より上と後ろを中心に警戒しますし……。下の方から来たのと（Ｐ38に）迷彩がしてあったので発見しにくかったんですね」（『全記録・人間山本五十六』）

乱戦の中で零戦の攻撃をかいくぐったＰ38は二機の陸攻を襲い、陸攻はたちまち火を噴いて墜落していった。そして山本長官の一号機はブーゲンビル島のジャングル内に墜ち、宇垣参謀長の二号機は海上に不時着した。時間にしてわずか一、二分の出来事だった。

目的を果たしたＰ38隊は、あっという間に飛び去っていった。途中、柳谷飛行兵長に追撃されたパイン中尉機は撃墜されたが、それでも米軍の挙げた戦果は大きかった。

撃墜された二機の一式陸攻の中で、生き残ったのは宇垣参謀長と北村主計長、そして二番機の主操縦手林浩二等飛行兵曹の三名だけだった。六機の零戦はすべてラバウルに帰還したが、杉本司令は箝口令（かんこうれい）を敷いて

ブーゲンビルのジャングルに撃墜された山本長官一行座乗の1式陸上攻撃機の胴体後部とエンジン。写真は「山本元帥景仰会巡拝団」撮影。

東京の日比谷公園で行われた山本五十六大将の国葬。

六名のパイロットに山本長官撃墜死の事実を伏せさせた。一カ月後の五月二十一日、山本長官の戦死が発表され、「海軍甲事件」と呼ばれるようになったが、日本海軍は暗号が解読されたのでは？という疑念を晴らそうとはしなかった。

その後、生き残った六名のパイロットは、まるで追い立てられるかのように連日にわたって出撃し、森崎中尉、辻野上一飛曹、日高上飛曹、岡崎二飛曹の四名はソロモン上空に散り、杉田飛行兵長も一九四五年（昭和二十）四月、鹿屋基地上空でＦ６Ｆ戦闘機との空中戦で戦死した。

生き残ったのは、柳谷飛行兵長ただ一人である。一九四五年六月にラッセル島上空で右手首を失うという重傷を負い、本土に後送されたからだった。

クラ湾夜戦

補給線をめぐる中部ソロモンの攻防

一九四三年七月五日～六日

山本長官の戦死と米軍の攻勢

ガダルカナル島を奪取した米軍は、中部ソロモン各島の日本軍基地に対し攻勢を強めてきた。日本軍は戦後まで全く知らなかったのだが、すでにこのとき米軍は日本軍の戦術暗号をかなりの精度で解読していて、日本軍の次なる作戦を事前に把握していたのである。その典型的な事例がミッドウェー海戦の勝利や、山本五十六連合艦隊司令長官の戦死である。日本軍の暗号解読で山本長官の前線基地視察日程をつかんだ米軍は、山本長官座乗の日本軍機を撃墜すべく特別チームを編成、ブーゲンビル島上空で待ち伏せ、撃墜に成功したのである。いわゆる「海軍甲事件」である。

山本長官の戦死とともに、米軍の行動はさらに活発となり、一九四三年(昭和十八)六月三十日にはニュージョージア島ムンダ飛行場の対岸にあるレンドバ島に六〇〇〇の兵力で上陸を敢行し、あっというまに同島を占領した。

南西方面艦隊司令長官草鹿任一(くさかじんいち)中将は、ただちに航空攻撃を実施した。だが米軍の対空砲火と迎撃機に阻まれ、日本軍の損害ばかりが

輸送船団を護衛する日本の駆逐隊は、文字通り捨て身の戦法で連合国艦艇に立ち向かっていった。

増した。この航空攻撃は三回にわたり、とくに七月四日の最後の陸海軍共同の空襲では、陸軍の重爆は出撃一七機のうち約半数を失うという損害を出してしまった。以後、陸軍機はソロモン方面から手を引いた。この三回の戦闘は「レンドバ島航空戦」と呼ばれる。

一方、同じ七月四日にコロンバンガラ島へ陸兵一三〇〇名を揚陸するため、金岡国三(かなおかくにぞう)大佐の第二二駆逐隊は四隻の駆逐艦「長月」「皐月」「新月」「夕凪」を率いて出撃した。途中、ニュージョージア島ライス湾付近を攻撃中の米水上部隊（軽巡三、駆逐艦四）を発見、その後方から日本軍は雷撃して米駆逐艦一隻を葬った。

クラ湾夜戦で日本の水雷戦隊に砲撃を加える軽巡「ヘレナ」。

突然の雷撃に米軍は一時は混乱したが、猛烈なレーダー射撃で反撃を開始した。第二二駆逐隊は米艦隊に撃退されて輸送作戦は失敗した。この海戦を「クラ湾夜戦」といい、米軍は翌日未明、ライス湾に上陸し、クラ湾の水上航路を圧迫した。

駆逐艦二隻を失い揚陸成功

草鹿中将はただちに二回目の輸送を実施するため、第三水雷戦隊司令官秋山輝男(あきやまてるお)少将に輸送隊の指揮を命じた。秋山少将は最新鋭駆逐艦「新月」に座乗した。戦力は駆逐艦一〇隻ではあるが、そのうちの七隻には陸兵二四〇〇名、補給物資一八〇トンを積載していたため、戦闘に参加できるのは旗艦「新月」を含めた三隻だけだった。

七月五日、ショートランドを出撃した艦隊は途中で会敵せずにクラ湾に進入した。午後十時、支援隊より先行していた第一輸送隊は、コロンバンガラ島の北方およそ三七キロで揚陸地点に向けて南下した。その約一時間後に「新月」の逆探は五キロ付近にレーダー波を捉え、第二輸送隊とともに反転北上した。しかし、折からのスコールで視界をさえぎられ、敵艦隊を発見できなかった。そのため秋山少将は十一時四十三分、同行していた第二輸送隊を揚陸地点に反転南下させた。だが、その五分後に突然スコールが止んで、「新月」より右方七キロに敵艦影を発見した。

この艦隊はウォルデン・L・エーンスワース少将率いる米艦隊であった。旗艦の「ホノルル」では十一時三十六分、すでに日本艦隊をレーダーが捉えていた。スコールから日本艦隊が出てくるのを待ち伏せしていたエーンスワース少将は、三隻の巡洋艦にレーダー射撃を命じた。

米艦隊を発見したとき、秋山少将は一度南下させた第二輸送隊を急遽呼び戻したが、米艦隊の放った砲弾は旗艦の「新月」に集中し、「新月」は反撃する暇もなく撃破され、秋山少将は戦死、第三水雷戦隊司令部も全滅し、「新月」はまもなく沈没した。

その間、「新月」に後続していた支援隊の「涼風」「谷風」の二隻は米軽巡に対して四キロの距離で魚雷を発射、すぐさま退避行動に移った。このときになってようやく米艦隊からの砲撃が「涼風」「谷風」の二隻に襲いかかったが、二隻に致命傷を与えることはできなかった。逆に「涼

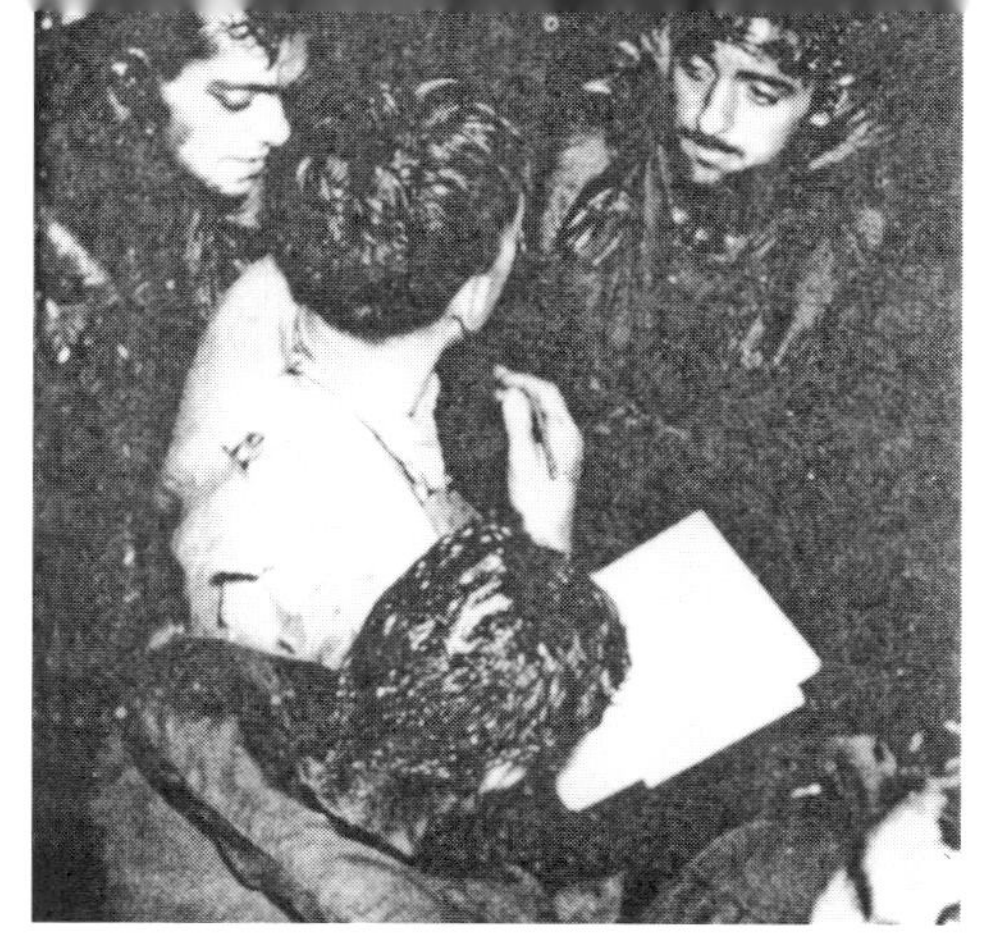

海上から油まみれで救助された、クラ湾夜戦で撃沈された軽巡「ヘレナ」の乗組員。

クラ湾夜戦編成表

日本軍（×印は沈没）
指揮官＝第３水雷戦隊司令官：秋山輝男少将
支援隊
駆逐艦・×新月、涼風、谷風
第１輸送隊＝第30駆逐隊＝望月、三日月、浜風
第２輸送隊＝第11駆逐隊＝天霧、初雪
第22駆逐隊＝×長月、皐月

米軍（×印は沈没）
指揮官＝ウォルデン・L・エーンスワース少将
軽巡・ホノルル、×ヘレナ、セントルイス
駆逐艦・ニコラス、ジェンキンズ、オバノン、ラドフォード

駆逐艦「秋月」。クラ湾夜戦で沈んだ防空駆逐艦「新月」は同型。最新式の長砲身10センチ高角砲８門を積んでいた。

風」「谷風」の放った一六本の魚雷は、米軽巡三隻に向けてまっしぐらに進んでいた。エーンスワース少将は日本軍の雷撃を避けるため艦隊を反転させたとき、「ホノルル」のすぐ後にいた「ヘレナ」に突然四本の水柱が上がった。「ヘレナ」には魚雷四本が命中、たちまち艦首は切断されて沈没した。

一方、呼び戻された第二輸送隊は「長月」「皐月」を揚陸のため再度反転させ、残る「天霧」「初雪」の二艦はスコールの中を「天霧」を先頭に米艦隊へ向かっていった。そしてスコールから抜け出ると、米艦隊は目の前を横切るように東進していた。「天霧」と「初雪」は米艦隊に雷撃と砲撃を加えたが命中せず、逆に「初雪」に二発の不発弾が命中した。そして先に揚陸地点へ向かった「長月」は操舵を誤って座礁、翌日、米軍機に発見されて爆撃を受け、沈没した。

その後、戦場を離脱した支援隊二隻は、魚雷装備を終えたのち再び戦場へ向かったが、米艦隊の姿はすでになかった。揚陸を終了した「天霧」は、帰投中に米軽巡「ヘレナ」の乗組員救助のため現場に急行していた駆逐艦「ニコラス」「ラドフォード」の二隻と遭遇し、お互いに雷撃と砲撃戦を交えたが、命中弾はなかった。この後に第一輸送隊の「望月」が現れ、同じ米駆逐艦から砲撃を受けた。

クラ湾夜戦の間に輸送隊が揚陸したのは陸兵一六〇〇名、物資九〇トンで、途中、軽巡洋艦一隻を撃沈するという戦果をおさめたが、日本軍の損害も第三水雷戦隊壊滅、駆逐艦二隻喪失、四隻小破するなど、けっして少なくはなかった。

コロンバンガラ島沖夜戦

駆逐艦隊の盾となった旗艦「神通」

一九四三年七月十二日

すべて知られていた艦隊の行動

日本軍のガダルカナル島撤退から半年もたたずに、戦場は中部ソロモンに移っていた。ニュージョージア島とコロンバンガラ島の間にあるクラ湾では、駆逐艦による補給を続ける日本軍と、それを阻止しようとする米軍の間で幾度となく海戦が発生した。コロンバンガラ島沖夜戦もそうした海戦の一つである。

ニュージョージア島ムンダ飛行場をめぐる米軍と日本軍の攻防戦は熾烈(しれつ)をきわめていた。日本は米軍を撃退するため、一九四三年(昭和十八)七月九日には、コロンバンガラ島にあった精鋭の歩兵第一三連隊がニュージョージア島に投入された。このため、ブーゲンビル島から一二〇〇名の兵力をコロンバンガラ島に引き抜くことになり、海軍が駆逐艦による輸送を実施した。クラ湾夜戦から一週間後の七月十二日のことである。

クラ湾夜戦で第三水雷戦隊司令部が全滅したので、新たに第二水雷戦隊がこの輸送任務についた。二水戦の司令官伊崎俊二(いざきしゅんじ)少将は歴戦の軽巡「神通」を旗艦として、「神通」を含めた警戒隊の六隻を率い、七月十二日未明にラバウルを出港した。途中、ブーゲンビル島のブインから陸兵一二〇〇名、軍需品二〇トンを搭載した輸送隊の駆逐艦四隻と合流し、コロンバンガラ島へ向かった。

艦隊がコロンバンガラ島北岸にさしかかった午後十一時ごろ、警戒隊の駆逐艦「雪風」が装備していた逆探知機が米軍のレーダー波をとらえた。伊崎少将はた

1943年7月12日早朝、ムンダ飛行場に砲撃を加える米艦隊。

だちに麾下の艦隊に戦闘準備を下命、後続の輸送隊はクラ湾側からの揚陸を予定していたが、ベラ湾側のアリエル基地に揚陸地点を変更し、同地へ急行した。

逆探がとらえた艦隊はクラ湾夜戦を闘ったウォルデン・L・エーンスワース少将が率いる艦隊だった。エーンスワース少将は日本艦隊がセントジョージ海峡を通過するころには、すでに現地人の沿岸監視隊員の報告によってその存在を知っていた。さらにソロモン海を日本艦隊が南下中に、米哨戒機もそれを捕捉し、日本艦隊の出撃を察知していた。

エーンスワース少将はクラ湾夜戦で沈んだ米軽巡「ヘレナ」の代わりに、ニュージーランド海軍の軽巡「リアンダー」を加え、軽巡三、駆逐艦一〇の強力な艦隊で日本艦隊を待ち構えていた。米艦隊でも旗艦「ホノルル」のレーダーが日本艦隊を探知し、続いて先頭を進む駆逐艦「ニコラス」が日本艦隊の艦影を発見した。同じく「神通」も前方に艦影を見つけた。このときの距離は一万メートル、ほぼ向かい合うように航行していた。

駆逐艦に乗り込む陸軍の増援部隊の兵士たち。

旗艦「神通」に集中砲火

エーンスワース少将はクラ湾夜戦のときと同じ戦術を採用した。すなわち、レーダー射撃で先制したのち、日本軍の雷撃を避けて反転、続いて駆逐艦によって雷撃を行うという方法である。

たがいに距離が八〇〇〇メートルまで迫ったとき、

コロンバンガラ島沖夜戦編成表

日本軍（×は沈没）
警戒隊
指揮官＝第２水雷戦隊司令官：伊崎俊二少将
第２水雷戦隊＝軽巡・×神通、駆逐艦・清波
　第16駆逐隊＝雪風、浜風、夕暮
　第30駆逐隊＝三日月
輸送隊
第22駆逐隊＝皐月、水無月
付属駆逐艦・夕凪、松風

米軍（×は沈没　△は損傷）
指揮官＝ウォルデン・Ｌ・エーンスワース少将
第９巡洋艦戦隊
軽巡・△ホノルル、△リアンダー、△セントルイス
第21水雷戦隊
駆逐艦・ニコラス、オバノン、テーラー、
　ラドフォード、ジェンキンズ
第12水雷戦隊
駆逐艦・ラルフ・タルボット、ブキャナン、
　×グウィン、モーリー、△ウッドワース

伊崎少将は「神通」の探照灯で米艦隊を照射するように命じた。この照射によってエーンスワース少将の艦隊は「神通」の正確な位置を知ったのだが、エーンスワース少将は距離が六〇〇〇メートルになるまで発砲はしなかった。

その距離が六〇〇〇メートルになった午後十一時十三分、米艦隊の発砲で戦端は開かれた。米艦隊の目標はもちろん「神通」である。そのとき「神通」はすでに四本の魚雷を放っていたが、「神通」の周りはたちまち砲弾の水柱で囲まれ、艦体にも次々と砲弾が命中してきた。「神通」は火炎に包まれた。そのうちの一発が艦橋を直撃し、伊崎少将以下の司令部要員と、「神通」艦長の佐藤寅治郎（さとうとらじろう）大佐が戦死した。それでも「神通」の一四センチ砲は火を噴き続け、さらに三本の魚雷を米艦隊に向けて発射した。「神通」が三隻の軽巡から受けた総弾数は二六三〇発にものぼり、戦闘開始からおよそ三十分後の午後十一時四十五分、船体が二つに割れて、乗組員四八二名とともにソロモンの海底に沈んだ。

エーンスワース少将が「神通」一隻に引き付けられているころ、警戒隊の駆逐艦五隻は連合軍の軽巡に向けて魚雷を発射した。「神通」が最初に放った魚雷四本と合わせて三六本が海面を走り、そのうちの何本かが「リアンダー」に命中した。「リアンダー」はこの雷撃で戦列を離れた。日本の駆逐艦五隻は、魚雷の次発装塡（そうてん）のため戦場から離脱したが、エーンスワース少将はこれを基地への帰投と判断して、前衛の駆逐艦五隻を追撃に差し向けた。しかし、この米駆逐艦五隻はスコールにさえぎられ、途中で日本艦隊を見失ってしまった。当時、アメリカなど各国の艦艇の魚雷発射管には、魚雷は一発だけ装塡してあり、一度発射すればそれで終わりだった。しかし日本の艦艇には次発装塡装置があり、魚雷発射後、次の魚雷を装塡できる装置があったのである。

「ホノルル」のレーダーが午後十一時五十六分に五隻の艦影をキャッチしたが、米艦隊では追撃に出した前衛の駆逐艦隊なのか日本艦隊なのか分からず、すっかり油断していたこともあって対応が遅れた。ようやく

コロンバンガラ島沖夜戦の戦場に急行する駆逐艦隊。

曳光弾を上げて確認してみると、四〇〇〇メートルの至近距離に魚雷の次発装塡を終えた日本艦隊が「雪風」を先頭に現れていた。午前零時五分、発見からすでに十分が過ぎていた。

日本の駆逐隊が放った二六本の魚雷は米艦隊にまっしぐらに進んでいき、この雷撃で駆逐艦「グウィン」が沈没、軽巡「セントルイス」の艦首に魚雷一本が命中し同艦は大破、旗艦の「ホノルル」には艦首と艦尾にそれぞれ一本ずつ命中し、艦首を切断した。エーンスワース少将に幸いだったのは、艦尾に命中した魚雷が不発弾だったことである。また、艦隊はパニック状態に陥り、「ウッドワース」に「ブキャナン」が衝突し、「ウッドワース」は推進機を破壊されて自力航行が不可能となった。

日本の駆逐艦は無傷のままブインへ帰投し、輸送作戦は旗艦「神通」を失いながらも陸兵、軍需品のすべてを揚陸して成功した。

ベラ湾夜戦

「ポエニの戦法」に完敗した第四駆逐隊

一九四三年八月六日

コロンバンガラ島への輸送作戦

紀元前二六四〜一四六年にかけてローマとカルタゴの間で起こった三回の戦い「ポエニ戦争」。連合軍はこの戦いにヒントを得て、新たな戦法を練り上げた。連合軍は日本軍が得意としていた夜戦において、日本軍にまさる戦法を編み出したのである。

一九四三年（昭和十八）六月三十日、連合軍は中部ソロモンのレンドバ島に上陸した。七月二日、連合軍は同島対岸のニュージョージア島のムンダ飛行場を奪取すべく、レンドバの北岸に設置した重砲列から、ムンダ飛行場に向け砲撃を開始した。翌三日には、偵察隊がムンダの東方約一〇キロの海岸に上陸し、日本軍と交戦。これをきっかけとして、連合軍のニュージョージア島上陸は活発化した。連合軍はレンドバからの重砲撃と水上艦艇の援護を受け、続々と上陸を敢行、ムンダ飛行場を目指した。

八月に入ると連合軍の大兵はムンダに迫り、八月三日ムンダ飛行場を奪取。五日、日本軍はムンダを放棄しコロンバンガラ島に後退した。そして日本軍はコロンバンガラ島を強化するため、増援のための兵力輸送作戦を発令した。

八月六日午前零時三十分、第四駆逐隊司令杉浦嘉十大

ソロモンの海で輸送船団を護衛する日本の駆逐隊。

ベラ湾夜戦で米艦隊が日本の艦艇から身を隠すために展張した煙幕。

ベラ湾夜戦編成表

日本軍（×印は沈没、△は損傷）
指揮官＝第４駆逐隊司令：杉浦嘉十大佐
輸送隊
第４駆逐隊＝×萩風、×嵐、×江風
警戒隊
第27駆逐隊＝時雨

米軍
指揮官＝フレデリック・ムースブラッガー中佐
第12駆逐隊＝ダンラップ、スレーブン、モーリー
指揮官＝ロジャー・シンプソン中佐
第15駆逐隊＝ラング、ステレット、スタック

佐率いる輸送部隊の「萩風」「嵐」「江風」「時雨」の駆逐艦四隻は、陸軍六個中隊約九五〇名と軍需物資九〇トンを積載してラバウルを出撃した。輸送隊は折からのスコールの中を警戒航海隊形をとりながら南下した。スコールは夜明け前に上がったが、海上は靄（もや）がたちこめ視界は悪かった。ブカの北西水域に達したとき東に針路をとり、昼過ぎに南東に針路を変更、ブーゲンビル島の東方海面を南下した。

やがて、危惧していた敵哨戒機が現れた。「萩風」は敵機の緊急信を傍受、ただちに杉浦司令は「対空警戒」を全軍に指令した。

一方、第三水陸両用部隊指揮官セオドア・ウィルキンソン少将は、日本軍がコロンバンガラ島への増援航路としているベラ湾を制圧するため、ムースブラッガー中佐率いる二個駆逐隊六隻をベラ湾に配備していた。同駆逐隊の前任指揮官であるアーリー・バーク中佐は、熱心に駆逐隊の単独戦闘を提唱していた。彼は、紀元前二六四年〜一四六年にかけてローマとカルタゴとの間による「ポエニ戦争」からヒントを得て、相互に支援する二つの駆逐隊を巧みに使用する戦法を練り上げていた。

この戦法の基礎は、二つの駆逐隊が並行する隊形で航進し、二隊が交互に敵に奇襲攻撃を加えるというものであった。つまり、第一の駆逐隊は夜陰につけこんで敵艦隊に近づき、魚雷を発射して避退する。魚雷が

海軍の援護で上陸地を目指す輸送船上の陸軍部隊。

命中した敵艦隊が、逃げる第一駆逐隊に砲撃を開始したら、第二の駆逐隊が他方面から現れて攻撃に移る。混乱した敵艦隊が第二の駆逐隊に攻撃の目を向けたとき、第一の駆逐隊が反転して攻撃に転じる――といった戦法である。ムースブラッガー中佐はバーク中佐のこの戦法を採用し、実施することにした。

午後五時頃、ムースブラッガー中佐率いる駆逐隊は、「日本軍駆逐隊発見！」という哨戒機からの警報を受信した。中佐はブラ湾で日本軍と会敵する公算が強いと判断し、全軍に戦闘準備の指令を発した。

午後八時、ムースブラッガー隊はベララベラ島とギゾ島に挟まれたギゾ水道に達し、南方からベラ湾に進入してコロンバンガラ島沿岸に向かって西進した。二つの駆逐隊は並行した針路で北上を始めた。

午後九時三十三分、先頭を進んでいたムースブラッガー中佐の乗艦「ダンラップ」のレーダーが、前方に目標を探知した。即座にムースブラッガー中佐は全軍突撃命令を下した。

一方、日本軍輸送部隊は司令駆逐艦の「萩風」を先頭に「嵐」「江風」「時雨」の順序で各艦間隔六〇〇メートルの単縦陣を形成し、速力三〇ノットで中央航路を横切っていた。同部隊は午後九時三十分、針路一八〇度でベラ湾に突入していった。

その夜は天候が悪く、時折スコールが訪れ、海上はまったくの暗夜であった。日本軍の優秀な見張り術をもってしても、近づいてくる敵駆逐隊を早期に発見することはできなかった。

ムースブラッガー率いる第一二駆逐隊は、南下してくる日本軍輸送部隊を左舷前方に見ながら増速し、並行反航の針路で近づきながら魚雷発射に絶好の場所に位置した。

午後九時四十一分、日本軍の先頭艦との距離が五七〇〇メートルに達したとき、駆逐艦三隻は一斉に各艦八本の魚雷を発射し、右九〇度に変針、日本軍に背を向けて遠ざかって行った。

　一方、日本軍輸送部隊は九時四十二分、左七〇度方向にコロンバンガラ島を背景にした敵艦隊を発見。しかし、すでにムースブラッガー隊は魚雷を発射した後だった。

　各艦が戦闘を開始しようとしたとき、多数の雷跡が接近するのを確認、緊急回避したが間に合わなかった。「萩風」と「江風」は二本、「嵐」は三本の命中魚雷を食った。

米軍の砲撃で破壊された日本軍の1式陸上攻撃機。

　日本軍輸送部隊が被雷炎上するのを待っていた第二の駆逐隊（シンプソン中佐指揮する第一五駆逐隊）は、航行不能となっている日本の各艦に向けて雷砲撃を開始した。「江風」は二本の魚雷が艦橋の真下に命中爆発、船体が真っ二つに折れ、あっという間に沈没した。

　日本軍に魚雷攻撃を加えて避退していた第一の駆逐隊は反転し、第一五駆逐隊と協同して、炎上中の「萩風」と「嵐」に対し砲火の雨を降らせた。反撃する間もなく「萩風」と「嵐」は沈没した。

　最後尾を航行していた「時雨」は、敵発見と同時に面舵をとって右に回頭、敵に向かって八本の魚雷を発射、煙幕を展張(てんちょう)しながら北方に反転避退した。その間、舵に魚雷一本を被雷したが不発に終わり、助かった。

　ムースブラッガー中佐率いる第一二駆逐隊は「時雨」を追って北上したが発見できず、第一五駆逐隊と合流して中央航路をツラギへと引き返していった。

　「時雨」は魚雷の次発装塡を終えると、再び戦場に再突入をはかったが、敵を捕捉できず、命令によりラバウルに帰投した。

　沈没した三隻の駆逐艦に乗り組んでいた陸軍九四〇人のうち八二〇名が海没し、ベララベラ島に流れついた者はわずかに一二〇名を数えるだけだった。輸送作戦は失敗し、日本軍は完敗した。

第一次ベララベラ海戦

連合軍の飛び石作戦から起きた深夜の遭遇戦

一九四三年八月十七日

連合軍の「カエル跳び作戦」

日本軍の撤退でガダルカナル島を完全占領した米軍は、前進基地を求めてソロモン諸島を次々と攻略していた。一九四三年（昭和十八）六月三十日にはガ島西北のレンドバ島に上陸、ただちに水道を挟んだニュージョージア島に進攻していた。そしてムンダ飛行場を占領し、次なる攻勢の足場を築きつつあった。日本軍は米軍の次の目標はビラ飛行場のあるコロンバンガラ島と考え、同島の防備強化に乗り出し、約一万の守備隊は堅固な陣地を構築して米軍の進攻を待ち構えていた。

ニュージョージア島の戦闘は、八月に入っても続いていた。当初、一個師団による短期作戦と考えていた米軍だったが、約一万の日本軍の抵抗は激しく、四個師団、四万近い兵力を投入しなければならなかった。しかしニュージョージア島の戦闘も終末を迎え、すでに日本軍に勝機はなくなっていた。

その八月十五日早朝、米軍はコロンバンガラ島を飛び越して、突然、隣のベララベラ島南東部のビロア南岸に、約六〇〇〇名の大部隊を上陸させてきた。日本軍は慌てた。同島には北部に陸戦隊がわずかに七五名が配備されていただけだったからである。

米軍側から見れば、ゴロンバンガラ島攻略は困難をきわめ、多くの犠牲が予想される。戦後、南太平洋地区司令官だったウィリアム・F・ハルゼー大将は回想している。

「ムンダ作戦の遅延と損害を見ると、私はもう一度このような戦闘を繰り返すことには気が進まなかった。しかしそれを避ける方法はない。ラバウルを占領しなければ勝利はないし、コロンバンガラを陥とさなければラバウルも奪い返すことはできない……」

悩む司令官に、幕僚の一人が「コロンバンガラ島を迂回して隣のベララベラ島を占領してはどうでしょう」と提案した。ベララベラには飛行場に適した平坦地があり、もし占領すれば、米軍の艦隊と飛行機はラバウルからコロンバンガラへの日本軍の補給路を叩けるし、同島を孤立させて飢餓地獄に追い込むこともできる。

ハルゼーはこの素晴らしいアイデアを即座に取り入れ、ハワイのニミッツ太平洋艦隊司令長官に提案した。ニミッツ大将も即座に支持し、のちに〝カエル跳び作戦〟として知られる連合軍の飛び石作戦がこうして始まった。そして八月十五日早朝、ウィルキンソン少将指揮する第三水陸両用部隊は日本軍の抵抗もなくベララベラ島へ上陸し、新しい滑走路の建設に着手したのである。必死の増援作戦を続けてきたコロンバンガラ

占領した日本軍のニュージョージア島ムンダ飛行場に着陸する米軍のカーチスP40戦闘機（1943年8月14日）。

島は、一気に敵の後方に放置される形になってしまった。

この日、米軍のベララベラ島上陸を知った日本軍は、ただちにブイン、ラバウルの両基地から航空隊が反撃に飛び立った。そして敵上陸地点に対して三次にわたり艦爆二五機、零戦一二八機が波状攻撃を加えたが、見るべき戦果は得られず、敵戦闘機七〇機余と交戦して艦爆八機、零戦九機を喪失した。

基地航空隊の反撃はその後も断続的に続行されるが、現地の陸海軍はコロンバンガラ守備隊の孤立化を恐れた。同島は米軍に占領されたニュージョージア島とベララベラ島の間に挟まれた島で、下手をすると第二のガダルカナルになりかねない。かといってベララベラを奪回するのは難しい。仮に奪回作戦を行おうとすれば、一個連隊以上の兵力は必要であろうし、その兵力はブーゲンビル島守備部隊から抽出することになる。それはブーゲンビルの防備を犠牲にすることになる。

結局、現地の陸海軍はベララベラ島には積極的に兵力を投入せず、ホラニウ守備隊基地を強化して持ちこたえることにしたのだった。ここに日本軍はコロンバンガラの兵力を撤収させ、同時にベララベラに増援兵力を緊急輸送するという二元作戦を行わなければならなくなった。

日米駆逐隊、暗夜の砲雷撃戦

ベララベラ島ホラニウ守備隊基地への増援部隊輸送作戦は、八月十七日に実施された。作戦の概要は、兵力を搭載した大発（大型発動機艇）部隊はブイン基地から出発、ラバウルから出撃する夜戦部隊の駆逐艦四隻と合流してホラニウに向かうというものであった。

午前三時、第三水雷戦隊司令官伊集院松治（いじゅういんしょうじ）大佐は駆逐艦「漣」「時雨」「浜風」「磯風」を率いてラバウルを出撃、合流地点のチョイセル島沖へと向かった。

午前七時、輸送部隊もブインを出発した。舟艇の半数にはベララベラ増援の陸軍二個中隊と海軍陸戦隊一〇二名が乗船、他の半数はコロンバンガラ守備隊撤退用の空船だった。

午後九時ごろ、ラバウルから南下してきた夜戦部隊はベララベラの北方海域で輸送部隊と合流し、ホラニウに針路をとった。

輸送部隊は順調に航行を続けた。四隻の夜戦部隊はホラニウ基地に向けて南下する輸送部隊を見送り、そのまま同海域を往復して警戒を続けていた。時刻はまもなく夜の十時になろうとしていた。先刻来、敵の哨戒機の触接を感じていたが、やがて飛行艇らしい大型機が一機、突然駆逐隊の頭上に白色吊光弾を投下した。同時に一〇数機の中型爆撃機が超低空で襲ってきた。日本の駆逐隊はジグザグの回避運動をしながら、全機銃を開いて応戦した。駆逐隊の周囲に至近弾が落下し、盛んに水柱を上げているが命中弾はない。

夜空にパッと火花が上がった。B25らしい爆撃機が火を噴いて、左右によろめきながら闇に消えていった。ちょうどその時だった、旗艦「漣」の見張員が南方一万五〇〇〇メートルに敵艦隊を発見した。午後十時三十二分である。視界は中量で、海上はいたって静穏であった。

敵艦隊はベララベラ島寄りの沿岸から北上しているところだった。敵艦隊の側面東側には、先ほど別れたばかりの輸送部隊が南下中である。しかし敵艦隊は輸送部隊には気付いていないようだった。

敵艦隊はT・J・ライアン大佐の指揮する米駆逐艦四隻で、ベラ湾北方を哨戒中に日本軍駆逐隊を発見し、ちょうど北方に針路を変えたところであった。

伊集院司令官は輸送部隊から離れるため、敵を誘って西方への針路をとった。ライアン大佐の米駆逐隊は

第1次ベララベラ海戦編成表

日本軍

指揮官＝第３水雷戦隊司令官：伊集院松治大佐

夜戦部隊

第17駆逐隊＝漣、浜風、磯風

第27駆逐隊＝時雨

輸送部隊

第１警戒隊＝艦載水雷艇１隻、武装大発２隻、駆潜特務艇２隻

第２警戒隊＝装甲艇１隻

輸送隊

第１梯団＝艦載水雷艇１隻、海軍大発２隻

第２梯団＝艦載水雷艇１隻、陸軍大発５隻

第３梯団＝艦載水雷艇１隻、陸軍大発５隻

〔注〕海軍大発1隻と駆潜特務艇2隻が沈没、艦載水雷艇１隻が座礁

米軍

指揮官＝T・J・ライアン大佐

駆逐艦・ニコラス、オバノン、テーラー、シュバリエ

素直に反応した。午後十時四十六分、日本の駆逐隊は距離約七〇〇〇メートルで一斉に魚雷攻撃を敢行した。各艦八本、合計三二本の魚雷は真っ白い飛沫を立てて水面航走していったが、一発の命中もなかった。

　日本軍は二回目の魚雷攻撃の好機を狙った。同航平行、互いの距離はたちまち縮まり、敵の艦影がはっきり捉えられる。距離五〇〇〇、米軍が砲戦の火蓋を切った。しかし日本軍にとってはいきなりの砲弾落下だった。米軍が使い出したレーダー射撃である。このとき「時雨」に乗っていた第二七駆逐隊司令の原為一（はらためいち）大佐は回想記に記している。

「数発の弾丸はわが時雨の艦橋を真中に挟んで両舷五、六米に着弾し、無気味な水柱を数条射ち立てた。前後左右共に正確。しかも五、六秒間隔の無音無焔、音なしの峻烈（しゅんれつ）なる急斉射。開きしに勝る新兵器にヒヤッと悪寒を催す緊迫した光景であった」

　原司令の「時雨」は、米軍の正確なレーダー射撃の中、距離四五〇〇で四本の魚雷を発射した。やがて、

「魚雷命中、敵艦一隻轟沈！」

見張長の山下上曹が叫んだ。

　両駆逐隊は砲撃を繰り返し、「漣」が魚雷攻撃を行う。時刻は十一時を回っている。突然、米駆逐隊の上空に鮮烈な対空砲火の火花が望見された。味方の水上偵察機が触接爆撃を敢行したのだ。その対空砲火の火が消えると同時に、米駆逐隊は急速に戦場を離脱していった。日本軍は「浜風」と「磯風」が至近弾によって小破程度の損傷を受け、十数名の重軽傷者を出しただけで戦いは終わった。一方の米軍も、戦後に公表された記録によれば、被害は軽微で、轟沈された艦はなかったという。

　こうしてベララベラ島沖の海戦は終わったが、その間に輸送部隊も米駆逐艦と交戦、駆潜特務艇二隻と大発一隻が沈没していた。また艦載水雷艇一隻がホラニウ沿岸で米駆逐隊と交戦座礁し、焼却処分となった。しかし、他の輸送部隊は無事敵の目をくらますことに成功し、翌十八日午前三時にホラニウに到着し、輸送作戦は一応成功をおさめていた。

第二次ベララベラ海戦

一九四三年十月六日

米艦隊との海戦の中で成功したベララベラ島撤収作戦

ブーゲンビル島への撤退を決定

ニュージョージア島を占領した米軍は、一九四三年（昭和十八）八月十五日、日本軍の虚を衝き、隣のコロンバンガラ島を飛び越してわずかな守備隊しかいないベララベラ島へ上陸してきた。このためコロンバンガラ島は孤立し、ニュージョージア島やベララベラ島などから連日の重砲攻撃と空襲にさらされていた。食糧や物資の輸送は舟艇機動によって細々と続けられていたが、それも連合軍の艦艇や飛行機の妨害などで思うにまかせず、ほとんど途絶えていた。コロンバンガラには刻一刻、飢餓も忍び寄っていた。

そこで南東方面艦隊と第八方面軍は大本営の指示によって八月三十一日、コロンバンガラの陸海軍部隊約一万二〇〇〇名をすべて撤収し、北部ソロモンのブーゲンビル島に転用（撤退）することを決定した。「セ」号作戦と称されたこの第一次撤収作戦は、九月二十八日から二十九日にかけて行われた。作戦には第三水雷戦隊（伊集院松治大佐指揮）の駆逐隊を中心に、一〇〇隻におよぶ大発（大型発動機艇＝上陸用舟艇）が動員された。

作戦は大発一隻が米駆逐艦の砲撃を受けて沈没、九〇余名の行方不明を出したけれども、約六八〇〇名をコロンバンガラ島から撤収させ、まずは成功だった。

第二次撤収作戦は十月二日に実施された。その夜の九時半過ぎ、撤収部隊を乗せてチョイセル島に向かっていた舟艇部隊の中の大発九隻が、約二時間にわたって米駆逐艦と魚雷艇の砲雷撃を受け、五隻が沈没、約三〇〇名が行方不明となった。しかし、約五六〇〇名を撤収させることができた。

コロンバンガラ島の日本軍は一兵も残さずに撤収した。このため中部ソロモン地区で日本軍が残っているのはチョイセル島とベララベラ島だけとなった。

ベララベラ島撤収作戦

八月十五日にベララベラ島に上陸した米軍は、日本軍の反撃を予想して陣地構築に力を注いでいた。しかし同島の日本軍は増援部隊を含めてもわずか六〇〇名たらずであり、また各部隊ごとに分散して展開していたから反撃する術もなかった。

米軍の本格的な進撃が開始されたのは九月初旬になってからであった。連合軍の圧倒的な攻撃力の前に、日本軍守備隊は次第に島の北西部へと圧迫されていった。

九月二十一日、分散していた日本軍の各部隊は鶴屋好夫陸軍大尉の指揮下に集まり、陸海軍を一本化した鶴屋部隊を編成して抵抗戦を挑んでいた。しかし米軍機や魚雷艇などの妨害により食糧、弾薬などの舟艇輸送がことごとく失敗したことから、鶴屋部隊は苦境に陥っていた。九月下旬には糧食もなくなり、兵士たちは飢えとも戦わなければならなくなった。

この孤立した鶴屋部隊を救出する命令が南東方面陸海軍両司令部から下った。十月五日の夜である。コロンバンガラ島撤収作戦を終えたばかりの第三水雷戦隊司令官伊集院大佐(代将)は、再び撤収作戦の準備にかかった。

駆逐艦六隻で編成された作戦支援の夜襲部隊と、駆逐艦三隻などで編成された輸送部隊はラバウルに集結、駆潜艇を主力とした収容部隊はブインに集結した。そして、まだ夜も明けきらない十月六日の黎明、夜襲部隊と輸送部隊はラバウルを出撃。収容部隊は夕刻になってからブインを出撃し、先行する夜襲部隊の後方から収容地点であるベララベラ島北部の万代浦海岸へと向かった。

夜襲部隊がブーゲンビル島の北にさしかかったとき、駆逐艦「時雨」の電信員が怪しい電波をキャッチした。第二七駆逐隊の原為一（はらためいち）司令は、ブーゲンビル島に潜んでいるといわれる連合国の沿岸監視隊が、日本艦隊の南下をガダルカナルの司令部に報告した電波だろうと思った。

原司令の予感は当たった。まもなく雲の切れ間から一〇数機の敵機が猛然と襲いかかってきた。夜襲部隊は艦速三〇ノットで爆撃を回避しながら全機銃を動員して迎撃戦に入った。そこに南洋特有の猛烈なスコールが戦場を包んできた。あたりはたちまち暗闇に覆われ、敵機の姿も僚艦の姿も見えない。

スコールは一〇数分で去っていった。敵機の姿もなかった。損害はなく、艦隊は隊形を整えてベララベラに向かった。

そのころ、連合軍は哨戒機からの報告で日本艦隊南下の報告を受け、急ぎ迎撃準備に入っていた。チョイセル島方面を哨戒中だったフランク・R・ウォーカー大佐は、駆逐艦「セルフリッジ」「シュバリエ」「オバノン」の三隻を率いてベララベラ島北西沖に進出して日本軍を迎撃せよとの命令を受けた。さらに後続隊として、ニュージョージア島方面で船団護衛中のラルソン大佐指揮する駆逐艦三隻も駆けつけることになった。

午後八時三十分、伊集院大佐の夜襲部隊がベララベラに接近したころ、水偵の吊光弾によって収容地付近に米駆逐隊が出現していることを知らされた。このままでは輸送部隊を引き連れての沿岸侵入は困難と判断した伊集院大佐は、輸送部隊をショートランド湾西口に避退させ、船団護衛の第二七駆逐隊に第一夜襲部隊への合流を命じた。ウォーカー隊も午後八時三十一分、すでにレーダーで日本艦隊を捕捉していた。

八時三十五分、「風雲」「秋雲」の見張員が相次いで敵艦三隻を発見し、後続する第二七駆逐隊も五分遅れで敵艦隊を発見していた。反航態勢で接近する両艦隊の距離はあっという間に縮まり、まず八時五十五分に米艦隊が一四本の魚雷を一斉に発射し、砲撃も開始した。一分遅れで日本側も砲撃を開始し、「夕雲」が距離二五〇〇メートルで八本の魚雷を発射した。

米艦隊は一本棒の単縦陣で突っ走ってくる。方位角は五度もなく、魚雷攻撃はやりづらい。そこで日本の艦隊は右九〇度に一斉回頭し、つぎつぎと魚雷を発射し、砲門を開いた。

米艦隊の砲撃は最後尾の「夕雲」に集中し、早くも炎上を始めた。しかし、そのとき「夕雲」が発射していた魚雷が米艦「シュバリエ」に命中、爆発炎上、航行不能となる。午後九時一分だった。その「シュバリエ」に後続艦の「オバノン」が全速力で衝突し、艦首を大破して戦闘不能になっていた。しかし無傷で残っている「セルフリッジ」は、そのまま猛スピードで前進を続け、やっと戦域に戻った第二夜襲部隊の「時雨」と「五月雨」に向けて砲撃を開始した。

前方から突っ込んでくる艦を敵艦と判断した「五月雨」はただちに魚雷八本を発射。つづいて「時雨」も

「五月雨」と「時雨」の魚雷で艦首を破壊され、第1砲塔が大破した米駆逐艦「セルフリッジ」。

第２次ベララベラ海戦編成表
（×は沈没　△は損傷）

日本軍
指揮官＝第３水雷戦隊司令官：伊集院松治大佐
夜襲部隊（全作戦支援）
第１夜襲部隊＝駆逐艦・秋雲（旗艦）
　第17駆逐隊＝磯風
　第10駆逐隊＝風雲、×夕雲
第２夜襲部隊（兼船団護衛隊）
　第27駆逐隊＝時雨、五月雨
輸送部隊（第22駆逐隊司令：金岡国三大佐）
第22駆逐隊＝文月
付属駆逐艦＝凪、松風
小発６、折畳浮舟30隻
収容部隊（第31駆潜隊司令：片山司吾六中佐）
駆潜艇隊＝５隻（海陸全員収容）
艦載水雷艇隊＝３隻（移乗時警戒）
協力部隊＝938空、第６空襲部隊戦闘機

連合軍
指揮官＝フランク・R・ウォーカー大佐
駆逐艦・△セルフリッジ（旗艦）、×シュバリエ、
　　△オバノン

大破した「セルフリッジ」と「オバノン」。

同じ目標に八本の魚雷を発射した。その内の一本が「セルフリッジ」に命中、艦首は吹っ飛び、一番砲塔は大破して垂れ下がった。よたよろめきながら避退して行く同艦に、「時雨」と「五月雨」は追い討ちの砲撃を開始した。

午後九時五分、被弾炎上している「夕雲」に魚雷が命中した。「夕雲」は午後九時十分、被雷後たった五分で沈没していった。

九時十七分、「秋雲」と「磯風」は沈没寸前の「シュバリエ」に八本ずつの魚雷を発射。二分後には「風雲」も同じ目標に魚雷八本を発射し撃沈した。

戦いは四〇分余で終わった。損害は日米双方駆逐艦一隻を撃沈され、さらに米側は二隻が大破した。日本は「夕雲」の乗組員をはじめ二四一名が戦死した。

九時四十分、伊集院大佐は戦闘続行を断念し、輸送部隊にラバウル帰投を命じた。

一方、収容部隊は、この戦闘中に敵の妨害を受けることなくベララベラ島の収容地点に到着した。そして五八九人の鶴屋部隊全員を収容し、翌朝ブインにたどり着いた。

撤収作戦は成功した。しかし、海上に漂う「夕雲」の生存者は見放された。戦闘が終わった後、夜襲部隊は逸早く戦場を離脱し、ラバウルへ帰投してしまったからだ。付近海域になおも連合軍の水上部隊がいるとの情報が入っていたからであった。

ラルソン大佐率いる連合軍側の後続部隊が到着したのは、日本軍の姿が消えてから一五分後であったという。

ブーゲンビル島沖海空戦 ―一九四三年十月三十一日～十二月三日

熾烈！　大損害を出した「ろ」号作戦

本格化する米軍の反攻作戦

山本五十六大将の急死によって連合艦隊司令長官に就任した古賀峯一大将は、山本前長官の「い」号作戦にならって再び空母機を南東方面航空戦への投入を決定した。それは日本が実質的な戦線縮小策である「絶対国防圏」を設定したことによって、当面、同方面の維持が絶対必要とされたからだった。これが「ろ」号作戦と称されたもので、その作戦の中心がブーゲンビル島沖で戦われた海空戦だった。

当時、ソロモン方面の日本軍前線基地ラバウル（ニューブリテン島）に在った第一一航空艦隊（艦隊の名称はついているが、陸上基地航空隊の集団）は、激しい消耗戦を強いられていた。ことに一九四三年（昭和十八）十月十二日の米機動部隊によるラバウル大空襲及び同十五日のオロ湾爆撃によって被った損害は甚大なものだった。そこで古賀峯一大将率いる連合艦隊司令部は、その補充策として虎の子の海軍航空兵力である小沢治三郎中将の第三艦隊第一航空戦隊の航空機だけをラバウルに進出させた。母艦の「瑞鶴」「翔鶴」「瑞鳳」の三空母はトラック島在泊のままである。

配属された航空機は零戦八二、艦爆四五、艦攻四〇、偵察機六の計一七三機であった。この空母機の投入を大本営は「ろ」号作戦と呼んだ。状況的に見て、この時期に空母機が「ろ」号作戦の発動によってラバウルに出動したことは絶好のタイミングではあった。

第一航空戦隊がラバウルに進出した直後、すなわち十一月一日未明、米海軍の第三海兵師団がブーゲンビル島西岸のタロキナ岬の北オーガスタ湾北部に上陸を開始し、さらに一部は北方約一〇マイルの地点に上陸を開始したのであるが、その前日、十月三十一日午前零時過ぎから、ラバウルでは二度にわたって空襲警報が発せられていた。

ラバウルの港口にそそり立つ花咲山をめぐって1式陸攻の大編隊が進発していく。

哨戒機からの午前八時三十分の無電によると、米船団は輸送船三三隻、駆逐艦一〇、巡洋艦四という報告であり、続報が次々に届いた。午後二時四十分にはシンボ島西方の米船団(駆逐艦四、輸送船一二)の動勢、モノ島南方(駆逐艦四、輸送船一二、巡洋艦四)及び西方の米船団(駆逐艦八、輸送船一二)の動静など警戒区域内の動きが刻々と伝えられた。また、午後八時ごろから約四〇分間、ブーゲンビル島の北に続くブカ島に米海軍の巡洋艦四隻、駆逐艦四隻が艦砲射撃を行い、十一時過ぎにはシイド島に上陸したという報告も入っていた。

「ろ」号作戦に沿って第一航空戦隊が空母を飛び立ったのは、こうした状況下の午後一時のことであった。

ラバウルをめぐる激しい米海軍の攻勢に対して、第五戦隊をはじめとする水雷艇隊などの全勢力を結集して日本軍が出航したのは、夕闇の迫る午後のことであった。しかし、悪天候に災いされて米船団を捉えることができずに帰港しなければならなかった。これがブーゲンビル島沖海戦前夜である。

米海兵師団タロキナ岬に上陸

ブーゲンビル島沖海戦は十一月一日未明から始まった。空母「瑞鶴」の偵察機からの報告によれば、ブーゲンビル島西岸のタロキナ岬に上陸してきた機動部隊の規模は、艦船約二〇、巡洋艦八、駆逐艦一七、上陸

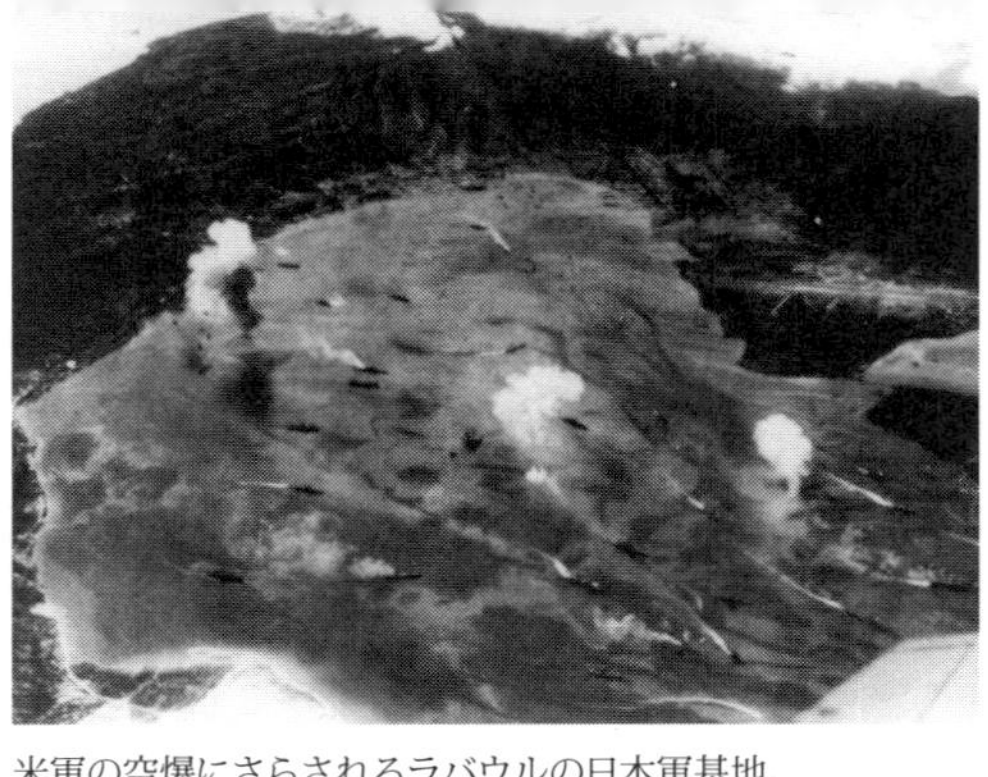

米軍の空爆にさらされるラバウルの日本軍基地。

兵力約一万と伝えられた。ところが米軍の資料によれば、上陸部隊の総兵力は約三万四〇〇〇名で、第三海兵師団、第三七歩兵師団、ニュージーランドの一個旅団をもって第一海兵水陸両用軍団を編成し、米軍のアレキサンダー・A・ヴァンデグリフト海兵中将が指揮する大部隊だった。しかし、偵察機からの報告を基地ラバウルで受信した南東方面部隊司令部では、これを阻止するために第五戦隊司令官・大森仙太郎（おおもりせんたろう）少将を指揮官とする連合襲撃隊を編成し、同日午後二時三十分、ラバウルを出撃させた。

　こうした日本海軍の動きは、米陸軍ケネー将軍指揮の空軍によって通報されていた。索敵機が飛び、早くも投下した爆弾が重巡「羽黒」に命中し、速力が減退してしまった。

　それから約三〇分後、水上偵察機から米艦隊（巡洋艦一隻、駆逐艦三隻編成）がタロキナ上陸作戦を支援しているとの情報を得たため、急遽、重巡「妙高」「羽黒」の二艦をもって、米艦隊を攻撃するために同海域に急行させた。この時、陸軍はブーゲンビル島への逆上陸を企図し、駆逐艦五隻（「文月」「卯月」「夕凪」「水無月」「天霧」）に約一〇〇〇名の兵員を分乗させて続航させたが、途中で米巡洋艦四隻、駆逐艦八隻からなるスタントン・メリル少将指揮下の巡洋艦隊及び米陸軍爆撃機と遭遇した。大森少将は、現下の状況から戦力の相違を直感し、無理な戦闘を回避し、犠牲を最小限にとどめようと輸送駆逐艦をラバウルへ帰港させた。

　ところで、日本の襲撃隊を発見したメリル戦隊と大森襲撃隊がメリル戦隊に気付いたときの間には「一八分」という時間差があった。そしてこの差が、その後の暗闇の中での戦闘で大きな損傷となって表れるのである。

　すなわち大森襲撃隊の軽巡洋艦「川内」が、夜間レーダー装備の米軽巡四隻（「モントペリアー」「クリーブランド」「コロンビア」「デンバー」）の標的となり、集中砲火を浴びて航行不能に陥ったのを始め、駆逐艦「白露」が艦尾付近に数発の至近弾を受けて操舵不能となった。そのために駆逐艦「五月雨」と接触して両艦ともに損傷するという不測の事故を招いたのであった。

指揮官の大森少将は、メリル戦隊の砲撃の様相から米艦隊は南北二つの戦隊に分かれていると判断して、正確に米艦の所在を捉えるために、敵艦隊の頭上に照明弾を打ち上げることを命じた。午前二時四十五分だった。この照明弾を打ち上げている最中、艦位を失った駆逐艦「初風」が、本隊の前方に飛び出したために重巡「妙高」と接触する事故を引き起こした。

この事故によって駆逐艦「初風」は艦首を失って取り残され、戦列離脱を強いられた。重巡「羽黒」は両艦の間に入ってかばったが、高速で迫った米巡洋艦の砲撃を大量に浴びた。しかし不幸中の幸いで、不発弾もあり、当たりどころが良く、致命的な打撃にはならなかった。

「羽黒」と「妙高」が態勢を整えて砲撃戦に参加したときは、戦闘開始から二六分が経過していた。そして、メリル戦隊の「デンバー」に三発の命中弾を浴びせた。このためメリル戦隊は応戦しつつ北方に避退行動をとり始めた。

その後、駆逐艦「白露」と接触して避退中の「五月雨」はどうにかメリル戦隊の追撃を振り切ることができたが、集中砲火を浴びて航行不能に陥っていた軽巡「川内」は、駆逐艦「初風」ともどもメリル戦隊の砲撃の餌食となって沈没した。こうした状況を見た指揮官の大森少将は、全襲撃隊に避退命令を発した。そして「川内」「初風」を除く大森襲撃隊は、翌二日午後二時十分までに次々とラバウルに帰投したのだった。

一方、米メリル戦隊では「デンバー」と「フート」の両艦が損傷を受けていたものの、早期に避退させていた揚陸兵員搭乗の輸送船四隻はただちに呼び戻された。そして翌二日の夕刻、米海兵師団のタロキナ岬オーガスタ湾上陸作戦は成功したのだった。

虚報に躍ったブーゲンビル島沖航空戦

ブーゲンビル島沖海戦は、米第三海兵師団の上陸作戦成功という形で区切りがついた。そして、四日後の十一月五日早朝、ラバウルは米空母「サラトガ」及び「プリンストン」を飛び立った艦爆機によって爆撃され、重巡「愛宕」(指揮官・栗田健男中将)ほか四隻が損傷を負った。このため警戒に当たっていた空母「瑞鶴」の偵察機は米艦隊を求めて哨戒を広げ、ラバウル南東二六〇浬地点に米艦一二隻を発見した。

夕刻、栗田艦隊は米艦隊を撃滅するため、艦攻一四機(「瑞鶴」分隊長清宮鋼大尉指揮)が発進した。ところがその途中、米歩兵部隊の上陸用舟艇、魚雷艇、戦車揚陸艇がトレジャリー島に補給に向かっているのを見つけ、艦攻はこれを米空母「シャーマン」隊と見誤って襲撃し、上陸用舟艇の後部に魚雷を放ち撃沈させた。この時、艦攻一四機のうち指揮官機を含む四機が未帰還になったが、大戦果として報告された。大本営は、これを第一次ブーゲンビル島沖航空戦と呼称した。こうしてその後、ブーゲンビル沖では第二次(十一月八日)から第六次(十二月三日)にわたる熾烈(しれつ)な航空戦が展開される。

十一月八日午前十一時過ぎ、「瑞鶴」搭載の零戦七一機、艦爆二六機(「瑞鶴」飛行隊長納富健次郎指揮)がブーゲンビル島西部海域で米艦隊を攻撃し、戦艦四隻を撃沈したとの報告があったが、指揮官機を含む四機と艦爆一機が未帰還であった。さらに同日の夕刻、空母「翔鶴」搭載の九七式艦攻九機(飛行隊長小野賢次郎指揮)及び七五一空所属の一式陸攻(分隊長野坂通夫指揮)一二機、七〇二空所属の陸攻六機が、「敵戦艦、巡洋艦など数隻を撃沈、大破」したと報告してきた。だが、野坂大尉機を含む陸攻五機、艦攻二機が再び未

ブーゲンビル島沖航空戦。ラバウル攻撃に向かう空母「サラトガ」の甲板上。

帰還になった。この日の攻撃を第二次ブーゲンビル島沖航空戦と名付け、大本営は戦艦四隻を撃沈破と発表した。

十一月十日午後、空母「瑞鶴」搭載の艦攻一七機（飛行隊長宮尾暎大尉指揮）が、モノ島の北西二〇浬に在った米輸送船団に対して薄暮攻撃を企図したが目標を発見できず、タロキナ沖にあった艦船を雷撃、駆逐艦ほかの艦船を撃沈したと報告した。のちに米海軍はその事実はないと否定しているが、ここでも指揮官機ほか四機の艦攻が未帰還であった。

ラバウルに向かう空母「サラトガ」の艦載機。

翌十一日早朝、ラバウル基地に米空母機約七〇機が来襲、次いでB24爆撃機、P38戦闘機など約七〇機が波状攻撃をかけてきた。基地所在の零戦が迎撃したが軽巡「阿賀野」ほか駆逐艦三隻が被害を受け、一隻が撃沈された。そして午前十時過ぎごろ、空母「瑞鳳」から飛び立った零戦三三機、艦爆二〇機、艦攻一四機（飛行隊長佐藤正夫）は、基地航空隊の彗星四機とともにラバウル南東一四〇浬で、空母を含む敵艦隊との戦闘を報じた。この戦闘で艦攻は全滅、艦爆一七機、彗星二機、零戦二機が未帰還となった。

この日、夜に入ってから、七五一空所属の陸攻六機（飛行隊長足立次郎指揮）及び七〇二空所属の陸攻五機（分隊長八木田喜良指揮）が一航戦所属の艦攻四機、五八二空所属の艦攻六機と合流して、先の敵艦隊を襲撃して戦艦、駆逐艦、巡洋艦各一隻に魚雷を命中させ打撃を与えたと報告した。この報告を大本営では巡洋艦一隻を轟沈し、空母二隻を撃破の大戦果と報じた。これが第三次ブーゲンビル沖航空戦である。

十一月五日から一週間にわたったこの航空戦で、日本は航空機に大きな損失を被った。戦いが開始される前には一七三機あった航空機が、三分の一の五二機にまで減少してしまったのである。加えて実戦で指揮した飛行隊長及び分隊長が一八名中一〇名戦死し、人的被害の多かったことも問題視された。そして「ろ」号作戦は十一月十三日に打ち切られたのだった。

「ろ」号作戦終結後も、古賀連合艦隊司令長官はあらゆる戦域から航空兵力を抽出して航空部隊の補強に精魂を傾けていた。しかし、航空機の絶対数において、その力不足はいなめなかった。実際、古賀長官が苦心惨憺の末に集めた航空機は零戦六六機、艦爆三六機、艦攻二一機、陸攻二〇機の計一四三機に過ぎなかった。それは新鋭機開発の遅れ、優秀なパイロットの補充の困難、陸軍航空部隊の非力による海軍の負担増といった、当時の日本海軍の実情を露呈していた。

日本軍のラバウル基地を攻撃して帰投した空母「サラトガ」の搭乗員。1943年11月5日。

ブーゲンビル島沖海戦編成表

日本軍（×は沈没　△は損傷）

連合襲撃部隊　指揮官＝大森仙太郎少将

第１襲撃部隊

第５戦隊＝重巡・妙高、△羽黒

第２襲撃部隊

第３水雷戦隊＝軽巡・×川内

　駆逐艦・時雨、△五月雨、△白露

第３襲撃部隊

第10戦隊＝軽巡・阿賀野

　駆逐艦・長波、×初風、若月

輸送隊

駆逐艦・天霧、文月、卯月、水無月、夕凪

米軍（△は損傷）

指揮官＝スタントン・メリル少将

第12巡洋艦隊

軽巡・モントペリアー、クリーブランド

　コロンビア、△デンバー

第45駆逐隊

駆逐艦・オースバーン、ダイスン、

　スタンリー、クラックストン

第46駆逐隊

駆逐艦・△スペンス、サッチャー、

　コンバース、△フート

小沢司令長官に代わって第一基地航空部隊指揮官となった草鹿任一中将は、これらなけなしの航空機を総動員して十一月十三日の第四次、十一月十七日の第五次、十二月二日～三日の第六次と「ブーゲンビル島沖航空戦」を続行した。そして各航空戦の成果をまとめて、大本営は「大型空母五隻の撃沈を含む大戦果」と発表した。だが、米軍の報告では駆逐艦一隻が撃沈され、重巡洋艦一隻が大破しただけであったという。

セント・ジョージ岬沖海戦

一九四三年十一月二十五日

兵器の水準が勝敗の分かれ目
米軍の最新兵器に敗れた日本軍

ブカ島陸軍増援隊の輸送

ブカ島はブーゲンビル島の北端沖合に位置する小島である。そのブーゲンビル島の北の突端をセント・ジョージ岬という。ブカ島には日本海軍の航空基地が置かれ、約一〇〇〇名の海軍部隊と二〇〇名あまりの陸軍部隊が進出していた。そして、ブーゲンビル島沖航空戦全般を通じて水上偵察機が時折出撃し、敵情を伝えていた。ただ米軍はこの小島への積極的な上陸作戦は考えておらず、ブカ島水道に機雷を敷設した程度にとどまっていた。

一九四三年（昭和十八）十一月中旬といえば、ブーゲンビル島ではタロキナに上陸した米軍に対して第六師団が絶望的な戦いを挑もうとしているときであった。ブーゲンビル島にはガダルカナル島戦を指導し、その後のソロモン諸島の陸上戦闘を指揮してきた第一七軍司令部も進出していたので、そう簡単には引き下がれない事情もあった。

日本海軍はオーガスタ湾での「ブーゲンビル島沖海戦」や、ラバウル東方海上で米空母を攻撃した「ブーゲンビル島沖航空戦」に完敗したことで、すでに勝負はついていたが、陸軍の対米戦闘はこれからというときであった。

そこで、いまや戦力外的存在になってしまったブカ

島の海軍航空基地要員約一〇〇〇名を撤収し、代わりにタロキナ戦の後詰めとして歩兵部隊を増強することになった。すでにその主力を十一月七日に送り込んでいる第八一歩兵連隊の残存部隊約一七〇〇名をブカ島に輸送し、帰りの船に海軍部隊を乗せてラバウルに引き揚げるという作戦である。その役目を引き受けたのが、第一一、第三〇、第三一の各駆逐隊（駆逐艦合計五隻）であり、第三一駆逐隊司令香川清澄大佐が指揮を執ることになった。

作戦は十一月二十一、二十四日の二回に分けて実施され、一回目はなにごともなく成功し、二回目もまた陸軍部隊のブカ島輸送を終え、海軍部隊約六〇〇名を乗せてラバウルを目指していた。時間はすでに午後十時（十一月二十四日）を過ぎている。

警戒隊が輸送隊の三、四浬前方を進んでいたが、十時半ごろ突然敵魚雷艇と遭遇し交戦。魚雷艇が去ったあと、二十五日午前零時ごろブカ島北方四〇浬（約七四キロ）に達した。警戒隊は輸送隊との距離を縮めるため二四ノットに減速した。ちょうどその瞬間を待っ

第11駆逐隊の駆逐艦「天霧」。

ていたかのように、米軍の魚雷が「大波」「巻波」に命中した。魚雷を発射したのは、アーレー・バーク大佐指揮の第二三駆逐隊だった。

バーク大佐は、二十四日の午後三時半、ニュージョージア島クラ湾で燃料を補給し終わったとき、ブカ島方面への出撃命令を受け取った。バーク大佐はそのとき、「三一ノットで現場に急行する」と応じた。当時の駆逐隊編隊の速力は最大三〇ノットとされており、そのジョークは南太平洋方面司令部をおもしろがらせた。以後、ハルゼー司令官の命令は「31ノット・バーク」宛てで発信され、いつし

セント・ジョージ岬沖海戦編成表

日本軍（×は沈没）
指揮官＝第31駆逐隊司令：香川清澄大佐
警戒隊
第31駆逐隊＝×大波、×巻波
輸送隊
第11駆逐隊＝天霧、×夕霧
第30駆逐隊＝卯月

米軍
指揮官＝アーレー・バーク大佐
第23駆逐隊
駆逐艦・チャールズ・オスバーン、クラックストン、ダイスン、コンヴァース、スペンス

かそれはバーク大佐の愛称になったという。

ちょうど日本の警戒隊が魚雷艇と交戦していたころ、バーク駆逐隊は現場に到着した。捜索レーダーは距離一一浬（約二〇キロ）で日本の駆逐艦隊を探知し、先頭の三艦「チャールズ・オスバーン」「クラックストン」「ダイスン」が距離四、五〇〇〇メートルで魚雷を各五本発射した。その命中弾を食らった「大波」は四分後に沈没し、「巻波」は艦体を二〇度まで傾斜させながら航行しているうちに集中砲火を浴び、一時間後に沈没した。

魚雷攻撃のあと米駆逐隊の別の二艦「コンヴァース」と「スペンス」は、避退する日本軍駆逐艦を追撃し、距離七〇〇〇メートルで砲火を浴びせた。特に一番大きく見えた艦に砲撃を集中した。それは「夕霧」であり、同艦も途中で反転して魚雷九本を発射した。しかし、多くは途中で自爆し、命中弾はなかった。九三式酸素魚雷は感度が良すぎる欠点があり、しばしば海中の浮遊物に接触するだけで自爆したという。やがてその「夕霧」も撃沈された。

バーク艦隊はその後約一時間かかって〝残敵掃討〟を行ったが、生き残った他の二艦はどうにか戦場を離脱した。

この海戦には後日談がある。

当時、ソロモン海域で作戦していた第三一駆逐隊司令金岡国三（かなおかくにぞう）大佐は戦後、「当時司令仲間では、暗号が解読されているとの噂がもっぱらであった」と回想していたという。実際、バーク艦隊は実にきわどいところで日本の駆逐隊を捕捉している。正確な情報がバーク大佐のもとに届いていなければ、あの真夜中にあれほどの戦果をあげることはできなかっただろう。もちろん、真夜中でも探知できるレーダーと、レーダー誘導による射撃装備を備えていたからこそ可能であったということはいえるのだが。

ともあれ、この駆逐艦五隻対五隻の真夜中の決闘は、米軍の圧倒的勝利で終わった。そして兵器の水準からみて、もはや日本海軍の水上部隊はまともに米海軍に立ち向かうことができなくなったことを証明した、象徴的な海戦だったともいえる。

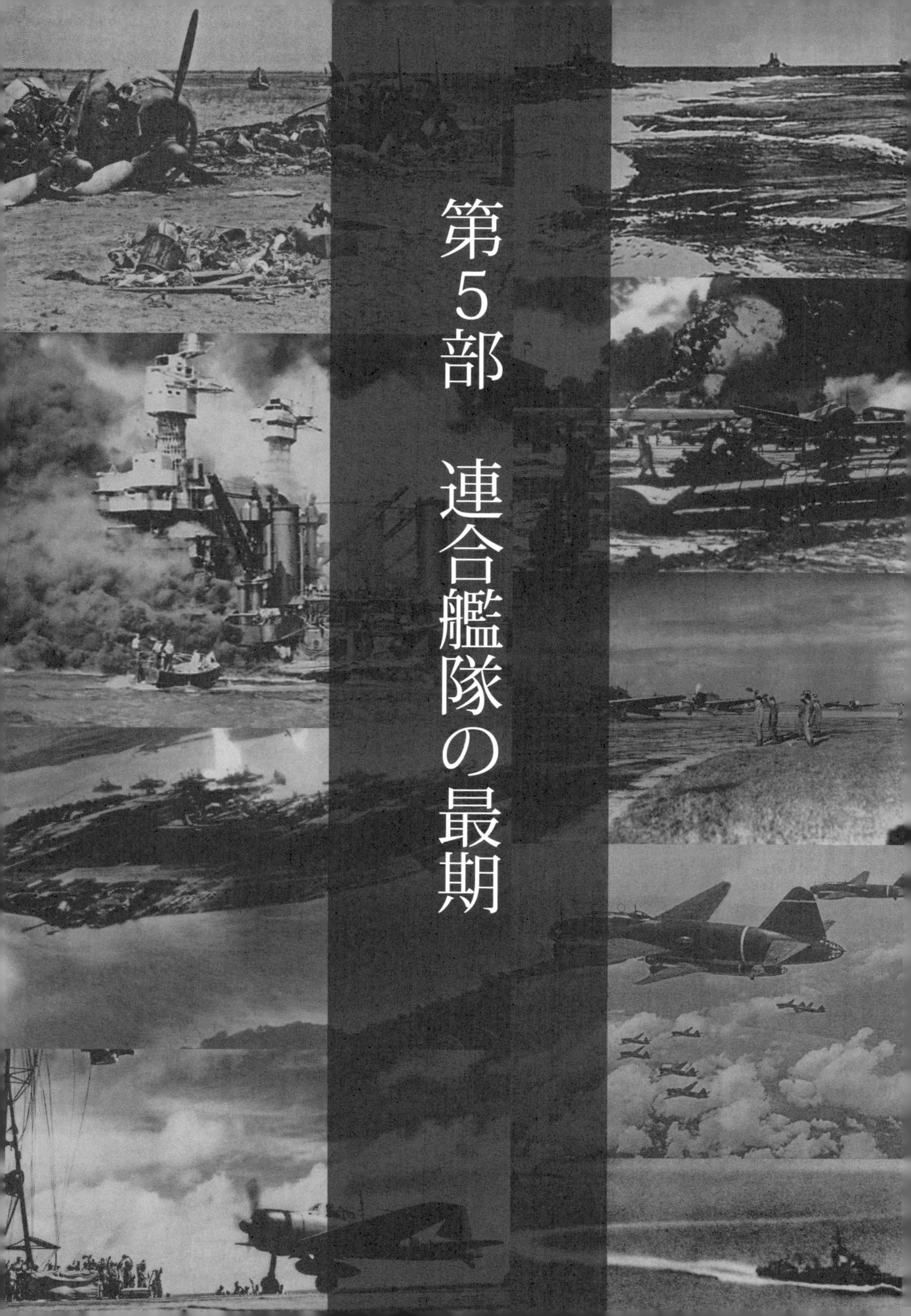

第5部　連合艦隊の最期

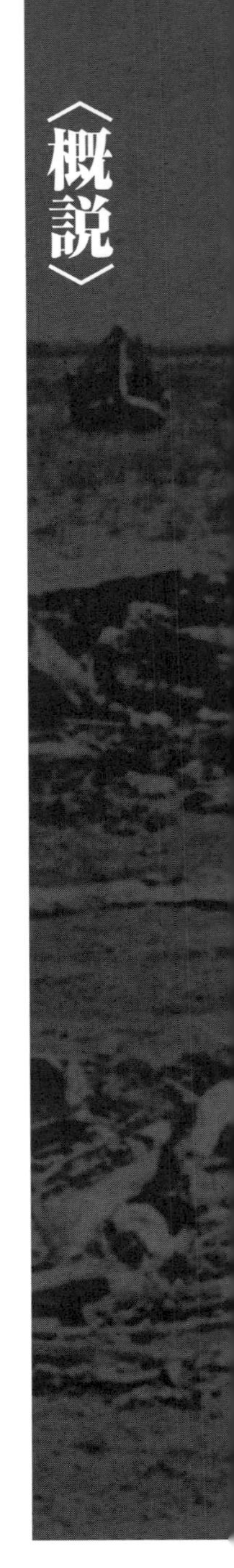

〈概説〉

一億総決起、本土に迫り来る連合国軍を阻止する悲壮な戦い

絶対国防圏の策定と日本軍の防衛態勢

ガダルカナル島を奪取して勢いに乗る米軍をはじめとする連合国軍は、一九四三年（昭和十八）半ばから日本軍に対する攻勢を強化してきた。米軍は豊富な兵力を駆使し、米太平洋艦隊司令長官のチェスター・Ｗ・ニミッツ大将が率いる太平洋地域軍（ＰＯＡ）と、ダグラス・マッカーサー大将の南西太平洋地域軍（ＳＷＰＡ）が並進する態勢をとった。ニミッツ軍はギルバート諸島からマーシャル諸島を経てマリアナ諸島に向かう中部太平洋進攻ルート、マッカーサー軍はラバウルとその周辺のビスマルク諸島を占領ないしは無力化した後、西部ニューギニアからフィリピンへと向かうルートで、最終目的地は言うまでもなく日本本土である。いわゆる米軍の〝対日二叉進攻作戦〟である。

一方、日本軍は米軍の本格的な反攻が開始される前後に、思い切って戦線を縮小して強固な防衛ラインを確立する新作戦方針の検討に入っていた。これは後に「絶対国防圏」と呼ばれるもので、陸軍側は千島列島からマリアナ諸島〜西部ニューギニアの線まで後退して防衛態勢を立て直すことを主張していた。しかし、海軍は陸軍の主張に反対した。特に四三年四月に戦死した山本五十六（やまもといそろく）大将の後任の連合艦隊司令長官となった古賀峯一（こがみねいち）大将と、参謀長の福留繁（ふくどめしげる）中将をはじめとする連合艦隊司令部は、ギルバート諸島やマーシャル諸島での艦隊決戦を想定していたため、陸軍が主張する線まで後退することには絶対反対だった。

結局、参謀本部と軍令部との話し合いで、四三年八月初めまでに東部ニューギニアと中部ソロモンは「持久を策す」こと、すなわち実質的には放棄して戦線を縮小することで合意した。このとき問題となったのが、連合艦隊の南方最大の拠点である東カロリン諸島のトラック環礁の扱いであった。

米軍の空襲を受けるトラック泊地。

海軍はトラックの確保を主張して譲らず、結果的に九月三十日に正式決定された「今後採ルヘキ戦争指導ノ大綱」、いわゆる「絶対国防圏」構想では、「帝国戦争遂行上太平洋及印度方面に於て絶対確保すべき要域を千島、小笠原、内南洋（中西部）及西部ニューギニア、スンダ、ビルマを含む圏域とす」を防衛ラインと定めたのである。そして満州（中国東北部）から陸軍部隊を抽出し、防御陣地の強化などを進めることになった。ただし、連合艦隊司令部は相変わらずマーシャル諸島、ギルバート諸島での決戦構想を捨てていなかったので、大本営の方針に不満を露にしていた。

だが、連合艦隊司令部の鼻息の荒さとは対称的に、現場の指揮官には悲壮感が漂っていた。「積極的に作戦してもすぐ兵力が無くなる。消極的にやってもいずれは無くなる。結局補給を続けてくれなければ自滅の外なし。損耗補充戦、補充の早いほうが勝つ」（第二六航空戦隊司令官意見）と、急速な戦力の消耗に頭を抱えていた。

「絶対国防圏」が策定された頃、マッカーサー軍は中部ソロモンと東部ニューギニアへの攻勢を強め、また、ニミッツ軍はギルバート諸島、次いでマーシャル諸島の攻略準備の最終段階に入っていて、一九四三年十二月にはギルバート諸島、四四年二月にマーシャル諸島を占領してきた。この間に米機動部隊は日本軍の重要拠点を次々と空襲し、ラバウルも四三年十一月からたび重なる空襲を受けて無力化され、トラック泊地も四四年二月十七日から十八日にかけての大空襲で、海軍基地は機能を喪失してしまった。こうして連合艦隊司令部が夢想した艦隊決戦は幻に終わった。

　トラック泊地を追われた連合艦隊司令部はパラオ諸島に司令部を移した。ところが米機動部隊は三月三十日から三十一日にかけて、そのパラオ諸島を空から襲ってきた。あわてた連合艦隊司令部は、二機の二式大艇に分乗してフィリピンのミンダナオ島ダバオに戦闘指揮所を移そうとパラオを飛び立った。ところが二機の二式大艇は悪天候に巻き込まれ、古賀長官機は消息を断ち、福留参謀長機は海上に不時着してフィリピンのゲリラ部隊に捕まってしまった。いわゆる「海軍乙事件」である。」

　一カ月後に豊田副武大将が新司令長官に就任し、日本軍はいよいよ「絶対国防圏」で米軍を迎え撃つ態勢となったのだが、連合艦隊、ことに航空部隊の消耗は充分に回復していなかった。地上の防備も「絶対国防圏」の策定から七カ月余り経とうとしているのに、万全とはいえなかった。満州から抽出した部隊の多くは輸送中に米潜水艦に沈められ、マリアナ諸島などでの要塞化も進捗していなかった。「絶対国防圏」とは名ばかりで、日本軍将兵は裸で米軍の怒濤の反撃を食い止めなければならなかった。

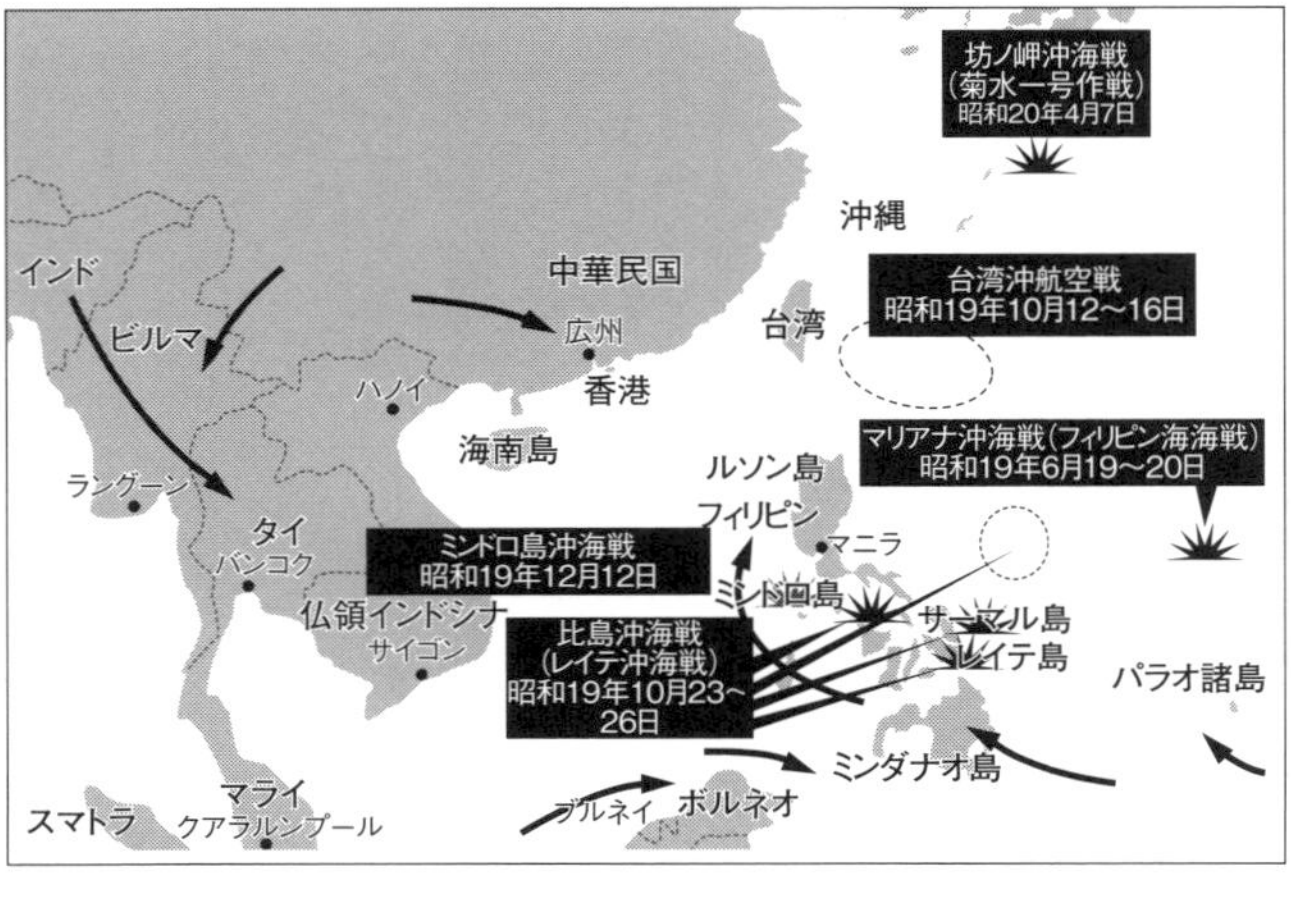

パラオ空襲と海軍乙事件

フィリピン・ゲリラの捕虜になった連合艦隊参謀長と奪われた作戦計画書

一九四四年三月三十一日

追いつめられる連合艦隊

日本海軍の偶像的存在だった連合艦隊司令長官山本五十六大将が、前線視察の途中で搭乗機が撃墜され、戦死をしたのは一九四三年（昭和十八）四月十八日だった。後任の連合艦隊司令長官には古賀峯一大将が選ばれ、参謀長には軍令部第一部長であった福留繁中将が就任した。古賀大将に乞われての就任であった。福留は開戦直前の一九四一年（昭和十六）四月までは山本五十六大将のもとで連合艦隊参謀長の職にあり、開戦後は軍令部第一部長として、文字通り日本海軍の作戦を遂してきた「戦略戦術の大家」といわれていた。

当時、連合艦隊は南太平洋における米軍との空海戦で敗北を重ね、満身創痍であった。戦略戦術の大家を参謀長に迎えた古賀新長官は、この壊滅状態の連合艦隊の立て直しをはかりながら反撃作戦を練った。一九四三年八月十五日に発令した一連の連合艦隊命令（連合艦隊第三段作戦命令、同作戦要領、連合艦隊Z作戦要領、同基本編制、邀撃帯設置要領など）がそれである。

各作戦要領の中のZ作戦は、中部太平洋を東から西へ進攻してくるニミッツ大将率いる米太平洋艦隊に決戦を挑むための、連合艦隊の作戦要領が詳細に定められていた。その別冊である「Z作戦指導腹案」には、

殉職した連合艦隊司令長官・古賀峯一大将。

使用兵力数から攻撃方法、攻撃目標など作戦構想の全貌がこと細かに記されてある。周囲は「さすがは戦略戦術の大家」だと、実質的な立案者である福留の力量に感嘆した者もあった。

だが、米軍の反攻作戦は日本側の作戦準備をはるかに上回るスピードで進んでいた。米軍は四三年五月にはアリューシャン列島のアッツ島を攻略し、六月からはソロモン、ニューギニア方面でも陸海から日本軍に大攻勢をかけてきた。そして九月三十日には、大本営が御前会議で以後の防衛線をマリアナ→カロリン→西部ニューギニアにいたる、いわゆる「絶対国防圏」を策定せざるえないほど、その追い上げは急ピッチだった。

実戦・実務型の指揮官といわれた古賀長官は、かねてから司令部は麾下の部隊とともに第一線にあることを信条としていたから、戦況に応じて司令部を移動し、指揮を執れるよう絶対国防圏内に数カ所の連合艦隊作戦司令所の設置を中央に要求していた。フィリピンのダバオもその一つだった。要求は認められたが、具体的な設置準備もできないうちに、米軍は十一月二十一日にはギルバート諸島のタラワ、マキンに上陸し、日本軍守備隊は全滅する。

ギルバートが陥ちた以上、米軍が次の目標にトラック島など東カロリン群島を選ぶことは間違いない。大本営海軍部は、艦隊のトラック待機は危険であるとして、連合艦隊司令部に再三パラオへの〝転進〟を促していた。

年が明けて一九四四年（昭和十九）、戦況はいよいよ逼迫していた。二月一日、米軍はマーシャル諸島のルオット、クェゼリンに上陸を開始し、日本軍守備隊は全滅、策定したばかりの絶対国防圏は早くも破綻をきたしていた。

二月七日、古賀長官は連合艦隊主力のトラック撤退を命じ、一部は内地へ、第二艦隊はパラオに移った。

太平洋における日本海軍の最大基地・トラックが米機動部隊の空爆にさらされたのはその直後、二月十七日であった。トラックは壊滅的打撃を受け、基地としての機能を喪失してしまった。

防空壕の中で決まった司令部のダバオ移転

パラオに逃れてからくも命拾いをした連合艦隊だったが、そのパラオも三月三十日早朝から米機動部隊の猛烈な空襲にさらされはじめた。この米機動部隊のパラオ接近は、ハワイ放送の傍受や通信諜報によって、連合艦隊司令部は二十七日夜にはキャッチしていた。そして翌二十八日午前九時三十分には、メレヨン島を飛び立った哨戒機が米空母機動部隊発見を知らせてきた。情報参謀の中島親孝（なかじまちかたか）中佐は、戦況の流れから見て敵機動部隊はパラオの艦船攻撃と補給基地の機能を奪うために来襲するに違いないものと判断した。

このとき連合艦隊旗艦「武蔵」はパラオに入泊中であった。二月二十四日に武器弾薬を満載して横須賀を出港、二十九日のこの日入港したばかりだった。連合艦隊司令部は急遽陸上に移転し、将旗をコロール島の南洋庁長官邸に掲げた。スタッフは一斉に防空壕掘りを開始し、旗艦の戦艦「武蔵」と駆逐隊はパラオ北西海上に〝退避〟した。

翌三月三十日、パラオは予想通り早朝からコロール島を中心に米艦載機の銃爆撃にさらされた。古賀長官、福留参謀長など主要幕僚は南洋庁長官邸にほど近い海軍第三〇根拠地隊司令部の防空壕に避難した。爆弾は、その防空壕や連合艦隊司令部が移った長官邸の近くにも落下し、コロールの中心街は爆発

古賀司令長官が将旗を掲げたパラオの南洋庁長官官舎。

パラオ空襲で炎上する日本の貨物船。湾内の島影でもう1隻が炎上している。1944年3月30日。

音ともうもうたる砂ぼこりに包まれた。街のあちこちから火の手が上がり、港内や沖合の艦艇は直撃弾を受けて次々沈んでいった。

空襲は翌三十一日も続いたが、敵機は午後の二時ごろには姿を消した。中島中佐は空襲の被害状況を報告したあと、

「パラオ諸島への空襲はこれで終わりだろう」

と所見を述べた。すると福留参謀長が口を開いた。

「司令部は今夜、飛行艇でダバオに移動する」

中島中佐は、ダバオの通信施設の現状はパラオよりはるかに悪いことなどを説明して、移動に反対した。しかし参謀長は聞きいれず、すでに飛行艇三機に迎えに来るよう命令を出したという。

古賀長官と福留参謀長が、空襲下の防空壕の中でどのようにして司令部のダバオ移転を決めたかはわからない。しかし、長官への進言者は間違いなく福留中将だったはずである。それはともあれ、中島中佐など一部参謀の反対を押し切って、連合艦隊司令部はダバオに移ることになった。

古賀長官以下の司令部要員が二機の二式大艇に分乗し、慌ただしくアラカベサン島の飛行艇基地を飛び立ったのは午後九時三十五分であった。

便乗の司令部要員は次の通りだった。

○一番機（八五一空・機長難波正忠大尉）

古賀峯一大将（司令長官）

柳沢蔵之助大佐（首席参謀）

上野権太大佐（艦隊機関長）

内藤　雄中佐（航空甲参謀）

大槻俊一中佐（航海参謀）

山口　肇中佐（副官）
柿原　饒軍医少佐
神宮　等大尉（暗号長）
○二番機（八〇二空・機長岡村松太郎中尉）
福留　繁中将（参謀長）
大久保信軍医大佐（艦隊軍医長）
宮本正光主計大佐（艦隊主計長）
山本祐二中佐（作戦参謀）
奥本善行大佐（機関参謀）
小池伊逸中佐（水雷参謀）
小牧一郎少佐（航空乙参謀）
島村信政中佐（航空参謀・気象）
山形　　中尉（掌通信長）
　その他二名。

当時、パラオとダバオ間には低気圧があって、荒れ模様の天候であった。一番機と二番機は離水と同時にお互いの位置を見失い、単独飛行の形になった。

　福留参謀長の乗る二番機は、パラオ離水後一時間ほどしたころ、前方に黒い雲層を発見したが時すでに遅く、二式大艇はまともに密雲に突っ込んでしまった。大艇はたちまち稲妻と雷雨にたたきつけられ、上下左右、木の葉のように弄ばれはじめた。機長の岡村中尉は雷雲を避けようと高度を上げながら、必死に北へ北へと機を迂回させた。そしてどうにか暴風雨圏の脱出に成功した。

　時刻は四月一日の午前零時三十分を越していた。天測の結果、機は予定のコースを大きく外れ、ダバオの北一六〇浬のカミギン島上空にいることがわかった。針路をどこへ取るか……。暴風雨の中のジグザグ飛行で予想以上に燃料を消費し、

1944年3月30日～31日のパラオ空襲で、米機の猛爆撃で炎上するマラカル港と日本軍施設。

機はあと三、四十分しか飛行できない。計算では目的地のダバオまでは約一時間余、マニラまでは二時間近くかかり、とても無理である。

主偵察員の吉津正利一飛曹の回想によれば、福留中将と小牧少佐の意見で、一番近いセブ島に向かうことになったという。セブには日本の海軍基地もあり、治安も安定している。

「約四十分程飛行した頃、前方におびただしい灯りが見えた。間違いなくセブ市だ、電灯があるのはこの付近ではセブ市以外にない、と言われて岡村中尉もその指示に従った。ここではじめて地理不案内が現実になってきた。この灯りは、セブ南方二二キロ地点の小野田セメント製造ナガ工場のものだったのだ。

上空を二、三回旋回し、着水照明筐（はこ）を落とし、いよいよ夜間着水の態勢に入った。しかしその照明筐は消えてしまって役に立たず、月も西へ落ち真っ暗である。高度計が一〇〇、八〇、七〇、と下がり、やがて高度五〇メートルを指す瞬間、岡村中尉が操縦桿を引き起こしにかかったが、前面に黒い塊りのように海面が立ち上がり、機は海中に突入した」（「海軍乙事件」捕われの日々＝『歴史と人物』昭和61年春号）。

時刻は四月一日午前二時五十分ごろだった。このとき二番機には司令部要員の他一〇名の搭乗員が乗っていた。

衝撃の無電「司令部一行消息不明」

パラオに残った情報参謀の中島中佐たちは、受信器の波長を八五一空と八〇二空の使用電波に合わせ、じりじりしながら連絡を待っていた。順調に飛行ができていれば、一、二番機のダバオ到着は四月一日午前三時過ぎである。だが、明け方になっても両機からの連絡は入らない。

一方、ダバオからの到着が遅れ、四月一日午前四時五十六分に離水した司令部暗号員便乗の三番機（機長・安藤敏包中尉）は、午前七時四十分に無事ダバオに着水した。ところが先着しているはずの長官と参謀長の乗った一、二番機はまだ着いていない。ここで両機とも何らかの事故に巻き込まれたことが確実となった。

古賀長官と福留参謀長たちが搭乗した2式大艇の同型機。2式飛行艇（川西Ｈ８Ｋ１～３）。通称「2式大艇」。

ダバオの第三二特別根拠地隊（司令官・代谷清志中将）からパラオに無電が飛ぶ。

「司令部一行消息不明」

中島中佐はただちに軍令部と連合艦隊の次席指揮官である南西方面艦隊司令長官高須四郎中将にあてて「司令部一行消息不明」を打電した。同時にダバオから報告を受けたマニラの第三南遣艦隊司令部（司令長官・岡新中将）では、ただちに飛行機と艦船を大動員して空海からの大捜索を開始した。しかし手掛かりは得られない。

そのころ、セブ島ナガ町沖の海面に激突した二番機は機体を三つに折って炎上し、搭乗員と同乗者は海面に投げ出されていた。お互い声をかけ合い、泳いでいる者たちは一カ所に集まった。司令部要員は福留中将、山本中佐、山形中尉の三名で、搭乗員は岡村機長以下全員の計十三名だった。

全員は一団になって岸を目指して泳ぎ続けた。福留中将と山形中尉、田口二飛曹の三名は墜落時に負傷し、なかでも田口二飛曹は重傷で、やがて絶命する。針ケ谷二飛曹は「何か浮くものを探してくる」と言って泳ぎ去ったまま帰らなかった。

どのくらい泳いだろうか、谷川整備兵長と下地上飛が「助けを呼びに言ってくる」と、岡村中尉の制止をふりきって陸地に向かった。これも後に分かるのだが、無事に陸地に泳ぎ着き、ナガの小野田セメント工場に救助を求めたのは谷川整備兵長だけで、下地上飛の姿はなかった。

夜はすっかり明け、強烈な陽光がジリジリと照りつけてきた。潮流も激しくなり、残る九名の集団は次第に散り散りになりはじめていた。泳ぎはじめてから六時間が経っており、もう体力も気力も限界を超えており、誰もが溺死寸前にあった。

一〇隻近いバンカ（漁業用のカヌー）が近寄ってきたのはこの時であった。バンカには上半身裸の男たちが二人ずつ乗っており、それぞれ司令部要員と搭乗員たちの傍らに漕ぎ寄って救出を始めた。バンカの男たちは現地の漁民に見えたし、セブ島は日本の占領下にあったから、日本兵たちは〈これで助かる〉と、何の疑いも持たずに舟べりに手を掛けた。一緒に泳いでいた福留参謀長と山本作戦参謀も、防水書類ケースを手に舟に這い上がった。書類ケースの中には、今後の連合艦隊の作戦を詳細に記したZ作戦計画書と暗号書関係の機密図書が入っている。

ところが、九人の日本兵を救い上げたバンカは、一隻は北に、もう一隻は南にとバラバラに陸地を目指して櫓を漕ぎはじめた。やがて海岸まで四〇、五〇メートルに近づくと、男たちはバンカを止めて急に立ち上がった。そして何事かをわめきながら蛮刀を振りかざしてきた。振り向くと一人の男はロープを手にしている。海岸に目を凝らすと、四〇、五〇名の人だかりが見え、自動小銃らしい小火器を肩にした男の姿も見える。

ここで福留中将と山本中佐は、初めてバンカの男たちが単なる漁民ではなく、日本軍が米匪軍（べいひぐん）と呼んでいるゲリラであることを悟った。二人は急いで書類ケースを海に投げ捨てた。アメリカのノンフィクション作家ジョン・トーランドの『大日本帝国の興亡』（毎日新聞社訳）によれば、「漁夫の一人がゆっくりと沈んで行く手さげ鞄（かばん）をチラッと見た。そして沈んでしまう前にそれを拾い上げた」という。

ゲリラの捕虜になった参謀長

福留中将たち九名は手を縛られ、それぞれバラバラにジャングル内を歩かされ、その日の夕方、セブ島のバルドに連れていかれてゲリラ隊に引き渡された。

そこは大きな木立ちが林立する斜面の中腹で、一坪ほどの丸太小屋があった。日本兵たちはその小屋の中で逃亡の有無を実検されたり、簡単な尋問を受けた。吉津一飛曹の回想によれば、尋問をした男は巧みな日本語で話しかけてきたという。男はマルセリーノ・エレディアノといい、東京の大学に一年間留学したこともあるゲリラの大尉であった。

ゲリラの捕虜になった福留繁少将（軍令部第1部長、のち中将）。

エレディアノは捕虜たちと接触しているうちに、でっぷりと太った一番年配の男（福留参謀長）が、他の捕虜たちから明らかに特別扱いされているのに気付いた。捕虜たちは、「自分たちは通例の現地視察に来た下っぱ幕僚だ」と答えているが、エレディアノ大尉は福留がかなり高級な将軍に違いないと見抜いていた。その証拠に、海中から拾い上げたカバンの中の書類には、日本の機密書類独特の赤のマーク（丸秘）が付けられていて、一目で重要書類であることが分かる。

エレディアノ大尉は、セブ島中央のマンガホン山のトパス高地にいる全セブ地区ゲリラ隊長のジェームズ・M・クッシング中佐のところに伝令を走らせ、ことの経過を報告させた。クッシング中佐はただちに小型の無線機を使って打電した。

「一人の高級将校を含む九人の日本人と、暗号書らしい重要書類の入ったカバンを捕獲した」

クッシングの電文は、隣のミンダナオ島中部に潜むミンダナオの全ゲリラ隊長である技術将校ウェンデル・ファーティグ大佐の無線局が傍受し、オーストラリアのマッカーサー司令部＝連合軍司令部に中継された。

「ここではその電報が『たいへんな興奮』をひき起こした。そして海軍は作戦中の潜水艦一隻をできるだけ早く任務からはずし、セブ島の直ぐ西のネグロス島まで派遣し、その捕虜と書類を引き取らせようと申し出た」（『大日本帝国の興亡』）

　福留中将たちは、セブ市の西方一六キロのトパスの山中にあるクッシング中佐のゲリラ隊本部に向かって歩かされた。そして五日目の夜、先発させられていた生存者九名が初めて顔をそろえた。福留、山本、山形、吉津一飛曹、岡田一整曹とゲリラの隠れ家で合流し、岡村、今西、吉津、浦杉、岡田、奥泉の九名である。

　連行は翌日も続いた。九名の日本兵は縄で数珠つなぎにされてさらに三日、丘を越え、草原を越えて歩行を強いられた。そして八日目の四月九日、十数戸の家が建ち、洋風の家も見える丘陵地に着いた。無数のアンテナが立っているところから、どうやらゲリラ隊の本拠地らしい。

　一行はコンクリートで囲まれた一軒の小屋に押し込まれ、久しぶりに縄を解かれた。やがて夕食が運ばれてきた。ゆで玉子とバナナが主だった今までと違い、米の御飯に豚の丸焼き、ワインに似た飲み物までついている。一同は思わぬ御馳走に顔を見合わせ、無言で頷き合った。

〈いよいよ明日が尋問か処刑の日だ〉

　誰もがそう思いながら、黙々と御馳走を口に運んだ。

　食事を終えると、山本作戦参謀と何事かを話していた福留参謀長が全員に訓示をした。

「明日は尋問があると思う。士官は偽名を使うが、下士官以下の者は本名を名乗っても差し支えない。自分の意思どおりでよい」

　ここで福留中将は、ゲリラに対しては「花園少将」と名乗ることになった。

日本軍討伐隊に包囲されたゲリラ本部

　一方、「救けを呼んでくる」と言って陸地に向かった谷川整備兵長は、四月一日午前五時ごろ、セブ市の南にあるナガ町の小野田セメント工場に泳ぎつき、二番機の遭難を伝えて救助を要請した。工場では二隻の機帆船に捜索を命じるとともに、ずぶ濡れの海軍兵をセブの海軍第三三特別根拠地隊にトラックで送ることにした。

谷川整備兵長の報告を受けたセブの海軍基地は騒然となった。ただちに二機の偵察機が飛び立ち、岸壁からは一二隻の内火艇が海上に疾駆していった。しかし墜落した二式大艇も生存者も発見できない。

このとき小野田セメントの工場には、ゲリラ討伐を展開中の独立混成第三一旅団独立歩兵第一七三大隊（隊長・大西精一中佐）の本部が置かれていた。海軍側は「この事故は海軍の機密事項であるから絶対口外してはならん」と工場側に口止めし、第三南遣艦隊司令部も陸軍側には一言も知らせなかったから、地元の大西大隊は何も知らずにクッシング中佐のゲリラ隊を追っていた。

四月七日、その大西大隊に旅団命令が下った。マンガホン山中のゲリラが大増員中で、武器弾薬も米潜水艦から補給されるはずという。旅団司令部は、現在約一〇〇〇名と見られる同地区のゲリラを、増員前に殲滅せよというものだった。作戦開始は翌四月八日夜とされた。

現地諜報員の報告では、ゲリラの本部はトパス高地にあるという。大西中佐はセブ島の東西両海岸から兵を進め、四月十日の夜明け近くにはトパス高地の完全包囲に成功していた。すでに第一線では散発的な銃撃戦が始まっており、大西中佐は一斉攻撃のチャンスを狙っていた。

日本軍に包囲されたことを知ったクッ

米軍から届いた武器を点検しているフィリピンのゲリラ。

シングは蒼ざめた。クッシングはアイルランド人とメキシコ人の混血アメリカ人で、鉱山技師であった。彼にはフィリピン人の妻との間に四歳の男の子がおり、ゲリラ本隊と行動を共にしていた。このままでは日本軍に妻子を殺されてしまうかもしれない。日本軍は我々が捕まえている高級将校と重要文書を取り返しにきているに違いない、クッシングはそう判断した。

彼は無線機のキーをたたいた。

「日本軍から奪取した書類はネグロス島に届けるが、敵の包囲攻撃が迫っており、捕虜を届けることはできるかどうか疑わしい」

折り返しマッカーサー司令部から「敵の捕虜はいかなる犠牲を払っても保持せよ」と返電がきた。しかし、クッシングの気持ちは決まっていた。部下と家族の身を守るために、日本軍と取り引きをしようと決心したのだ。クッシングは二人の伝令に奪取文書をネグロス島に届けさせると、捕虜たちの小屋へ走った。そのとき福留中将以下の日本兵たちは、小屋の外の銃声音で目を覚ましていた。

吉津一飛曹は書いている。

「そこへクッシング中佐達が緊張した顔付きで入って来た。山本参謀へ向かって、ひどく慌てて英語で喋っている。私達は英語は解らないので傍らで聞いているだけ。そのうちクッシング中佐が日の丸の旗と軍刀を差し出し何か話した。

山本中佐が我々に向かって説明された。我々が閉じ込められている本拠地を日本軍が完全包囲した。日本軍の包囲を解いてもらうために誰か軍使となり日本軍陣地へ赴いてもらいたい、とクッシングは言っているという」

軍使には機長の岡村中尉と奥泉一整曹が選ばれたが、岡村中尉は「二人で行くと敵と間違われるから」と、一人で夜の山道を下って行った。

四月十日の午前九時ごろ、完璧に包囲陣を形成したゲリラ討伐隊の大西大隊長は作戦開始を指令しようとしていた。そのときであった、渓谷の第一線に展開している中隊から「日の丸を結んだ旗を振っている男がいる」と報告してきたのだ。

大西中佐は、その男をただちに大隊本部に連行するよう命じた。

男の衣服は破れ、顔は泥でも被ったかのように汚れ切っている。しかし、憔悴しきってはいるが、その目は鋭く光っていた。

「私は海軍中尉岡村松太郎という者です」

男はそう言い、今までのいきさつを大西中佐に話した。そして「一行の中には、敵に偽名で〝花園少将〟と言っているが、実は高官の海軍中将もいます」と言い、ポケットから一通の手紙を差し出した。手紙は敵のゲリラ隊長クッシングからで、花園少将（福留中将）以下九名の将校を引き渡すから、討伐を中止されたいという内容だった。

岡村中尉の説明を聞いた大西中佐は、その場で作戦は一時中止し、海軍一行の救出を決断した。だが勝手に作戦を変更することはできない。大西中佐はセブの独立混成第三一旅団司令部に岡村中尉の話を打電させ、返電を待った。しかし返電はなかなか来ない。ことは一刻を争う。大西中佐は独断でクッシングに取り引きに応ずる旨の返書を書き、岡村中尉に渡した。

岡村中尉は日本軍の返書を持ってクッシングの本拠地に帰り、再び「捕虜」の引き渡し場所などを指定したクッシングの返書を持って大西大隊に戻ってきた。

福留中将たちの引渡式は翌四月十一日午前十一時、双方が対峙するほぼ中間点のマンゴー樹の下で行われた。お互い協定を守り、護衛のゲリラたちは引き取りにきた大西隊員の差し出す煙草をうまそうに吸い、笑顔を見せながら戻っていった。

連合軍の手に落ちたZ計画

福留中将たちは四月十二日に、海軍第三一警備隊セブ派遣隊に引き取られた。参謀長一行救出の報は第三南遣艦隊司令部、そして中央の軍令部へと打電された。第三南遣艦隊司令部は、参謀長一行救出の報に安堵したものの、機密図書の行方が心配だった。そこで艦隊参謀の山本繁一少佐を急派して、その行方を質(ただ)すことにした。

ところが翌日、セブ水交社で一行を出迎えた山本繁一少佐に、福留中将は「機密図書は漁民の手に渡ったが、彼らは関心を持たなかったようだ」と語ったという。

福留中将と山本作戦参謀、山形中尉の三名は、ただちに飛行機で内地に呼ばれ、四月十七日、海軍大臣官邸で事情聴取を受けた。

事情聴取をしたのは海軍次官の沢本頼雄中将を議長とする糾明委員会で、軍務局長・岡敬純中将、人事局長・三戸寿少将、軍令部次長・塚原二四三中将、同じく軍令部次長・伊藤整一中将（次長二人制）、同第一部長・中沢佑少将の六人であった。ところが福留中将と山本中佐は、Z作戦に関する計画書や暗号書の行方に対しては、セブで山本繁一少佐に話した内容を繰り返しただけだった。

六人の委員たちも、なぜか深くは追及せず、議長の沢本中将は福留たちの「機密図書は漁民の手に渡ったが、彼らは関心を持たなかった」という報告をすんなり受け入れてしまった。そして沢本議長は、事件の処理をどうするかを多数決で決定することにした。表決の結果は三対二で、事件は不問に付されることになったのだった。

こうして日本の海軍中央が、以後の戦局を左右し、日本の死命を制するかもしれない機密文書の行方を無神経にも葬り去ったころ、オーストラリアの連合軍司令部では、日系二世も含めた情報部日本語課の五人の翻訳班が、潜水艦で届けられた日本軍の機密書類の翻訳に取り組んでいた。書類は一九四四年三月八日付の「連合艦隊機密作戦命令第七三号」であった。

アメリカの戦史家ジョーゼフ・D・ハリントンは、太平洋戦争下の日系二世の活躍を描いた『ヤンキー・サムライ』（妹尾作太男訳）で書いている。機密書類は「来攻するアメリカ艦隊からマリアナ諸島をいかに防衛するか、その作戦計策が詳細に述べられていた。それには、現在の戦況と予想敵兵力ならびに、四月末までに日本海軍の水上部隊と航空部隊をどこに配備するかについて、詳細に述べられていた。古賀提督は、アメリカ軍が四月末以降はいつ進攻してくるかもしれないと考えていた」と。

五人の翻訳班のキャップはシドニー・マシュビア大佐で、部下にはヨシカズ・ヤマダ、キヨシ・ヤマシロという二人の日系二世兵士が加わっていた。この二人が、英訳文の最終点検を行い、マシュビア大佐は自ら手回しの謄写版で二二ページからなるZ作戦計画の英訳文を二〇部印刷した。文書にはナンバー1からナンバー20までの通し番号が打たれ、このうちのナンバー5とナンバー6の二部がハワイのニミッツ司令部＝米太平洋地域軍（ＰＯＡ）司令部に送られた。

そしてジョーゼフ・Ｄ・ハリントンは、こう書いている。

「海軍情報部はたっぷり時間をかけて海軍式に翻訳し直したうえで、最終的にニミッツに提出した。ニミッツはマリアナ上陸作戦に参加する各提督に渡すだけのコピーを、直ちに用意させた。（中略）

このころには、日本軍の司令官たちは、Z作戦計画を彼らのいつもの型式で、別の作戦計画に作りあげていた。これが〝あ号作戦計画〟と呼ばれるもので、古賀提督が考えていた作戦計画の最新版であった。レイモンド・スプルーアンス提督はマリアナ攻略に出動するとき、麾下の空母一五隻に搭載された九五六機に対して、日本軍は空母九隻で四六〇機であることを知っていた。スプルーアンスはまた、日本がどのような陸上機を保有し、それらをどこで、いかに制圧するかもわかっていた」

それにしても、不可抗力なこととはいえ、機密書類を奪われるという自らのミスを覆い隠そうとした当事者と、己の地位の安泰をはかって事故の糾明をないがしろにした海軍中央の将星たちの罪は大きい。日本の機動部隊はこの機密文書がアメリカの手に渡ったことによってマリアナ沖海戦で大敗し、続くレイテ海戦でも壊滅的打撃を受けて息の根を止められてしまったのだから。

古賀大将たちの乗った一番機の消息はその後もつかめなかった。捜索は四月二十二日に打ち切られ、搭乗員全員は「殉職」とされた。事件は、山本五十六大将撃墜の「海軍甲事件」にちなんで、「海軍乙事件」と呼ばれている。

「マリアナの七面鳥撃ち」と嘲られた日本機動部隊の最期

一九四四年六月十九日～二十日

米指揮官スプルーアンスの自信

この海戦の記録を読むと、名状（めいじょう）しがたい物哀しさにかられる。再建されて形だけは堂々たる機動部隊を押し出しての海戦だったが、まるで歯が立たなかった。米軍は日本側の作戦の大筋を知っており、しかも航空機撃滅のための秘密兵器を用意し、それを十二分に活用した戦いであった。

一九四四年（昭和十九）六月六日、第五八任務部隊がマーシャル諸島マジュロの泊地を出て、針路を北西にとった。第五艦隊司令長官レイモンド・A・スプルーアンス大将は重巡「インディアナポリス」に将旗を翻し、第五八任務部隊指揮官マーク・A・ミッチャー中将は空母「レキシントン」に座乗していた。彼らが率いる部隊は、空母一五隻を含む五三五隻の艦艇と海兵隊を中核とする一二万七〇〇〇名の上陸軍を満載していた。

この大艦隊が進撃を始めると、マーシャル基地と南西太平洋地区の陸軍機がカロリン諸島の日本軍航空基地に対する爆撃を開始し、航空兵力の減殺に努めた。

大艦隊は六月十一日、グアム島の東方二〇〇マイル（約三二〇キロ）に達した。ミッチャー中将はころは良しとばかりに南部マリアナのサイパン、テニアン、ロタ、グアム攻撃に空母機四七〇機を発進させた。翌十二日にはその攻撃機数は延べ一四〇〇機に達した。

この航空攻撃のために、この付近一帯に展開していた第一航空艦隊（一航艦＝角田覚治中将。司令部テニアン。当初の保有機約一六〇〇機）の陸上基地は徹底的に破壊されてしまった。そうでなくても一航艦は、当時戦われていた西部ニューギニアとビアク島の攻防戦を支援する「渾作戦」にも出撃して、保有機の大半を失っていた。ミッチャー隊の攻撃によって、それに輪をかける損害を出したのだった。

六月十三日、スプルーアンスはサイパン、テニアン上陸作戦を支援する艦砲射撃を命じて、「ワシントン」「ノースカロライナ」「アイオワ」「ニュージャージー」「サウスダコタ」「アラバマ」「インディアナ」の七隻を急行させた。それはこの大艦隊が持っていた全戦艦である。

米第５艦隊司令長官レイモンド・Ａ・スプルーアンス大将。

翌十四日にはジョゼフ・J・クラーク提督指揮の空母群を、硫黄島と父島攻撃に向かわせた。ミッチャーが直接指揮する他の二つの空母群はそのままサイパンを目指した。

日本海軍が、この大空母艦隊がマジュロの泊地から消えてしまったことを確認したのは六月九日になってからである。「彩雲」偵察機が確認したのだが、連合艦隊司令部ではその大機動部隊がマリアナを目指すとは考えていなかった。西部ニューギニアあたりに行くものと考えていた。すでに触れたように、西部ニューギニアの要衝ビアク島には米軍が上陸して守備隊殲滅戦を展開しており、海軍もまた「渾作戦」を発動して増援部隊を送り込もうとしていたからである。

だから、いきなりサイパン爆撃が始まって驚愕した。そして六月十五日、いよいよ米軍海兵隊の上陸作戦が始まると早々に「渾作戦」を打ち切り、連合艦隊は必勝の期待を込めて「あ」号作戦を発動したのだった。

「あ」号作戦、それは西カロリンやパラオ、あるいはマリアナに進出してくるはずの米軍を機動部隊と基地

第1機動艦隊司令長官小沢治三郎中将。

航空部隊の全兵力を投入して阻止するというものであった。その一つの兵力が基地航空隊の第一航空艦隊であったが、それは前記したように「あ」号発動前に一蹴されてしまった。

しかし、連合艦隊にはもう一つ大兵力があった。再建された空母九隻を擁する小沢治三郎（おざわじさぶろう）中将率いる第一機動艦隊（泊地はボルネオ島のタウイタウイ）である。基地航空部隊は早々と敗れたが、機動艦隊はなんとかしてくれるはずだ、と大きな期待が込められていた。

しかし、スプルーアンスには絶大な自信があった。『ニミッツの太平洋海戦史』（実松譲・富永謙吾訳）は次のように書いている。

「マリアナに対する米軍側の攻撃は完全な奇襲であり、その上、スプルーアンス提督はどこに日本艦隊がいたかを手に取るように知っていた……少なくとも六月十五日までは」と。そして続けて次のように記している。

「米潜水艦は日本機動部隊の目の前で接敵哨戒を続けながら、タウイタウイ泊地の付近やフィリピン海で水も漏らさぬ配備についていたし、またサイパンの周辺一帯にもくまなく配備されていた。潜水艦『レッドフィン』は、早くも十三日には小沢艦隊のタウイタウイ出撃を認めてこれを報告した。また、沿岸監視隊は日本主力部隊がフィリピン群島を縫うように通過しながら進んで行く模様を刻々と無電によって報告した。十五日には、小沢部隊がサンベルナルジノ外海に出撃したところを待ち構えていた潜水艦『フライングフィシュ』に探知され、早速スプルーアンス提督に報告されてしまった。彼はそのとき戦機がすでに切迫していることを知った」（前掲書）

紛失機密文書から知った作戦内容

なぜスプルーアンスはそんなに自信を持っていたのか。もちろん潜水艦からの報告はあった。これまでのように暗号解読班の活躍も相変わらず大きかった。しかし、今回はそれとは一味もふた味も違った情報源に接していた。だからこそフィリピン海域やマリアナ海域の要所要所に潜水艦を配置することができたし、第一航空艦隊の基地航空部隊を、サイパン攻略が始まる直前に効率よく一撃して葬り去ることもできたのだった。

　そればかりではない。「スプルーアンス提督はマリアナ攻略に出動するとき、麾下（きか）の空母一五隻に搭載された九五六機に対して、日本軍は空母九隻で四六〇機であることを知っていた」（ジョーゼフ・D・ハリントン『ヤンキー・サムライ』妹尾作太男訳）のである。

　どうしてそういう情報を得られたのか。

　実はこれは、連合艦隊参謀長福留繁中将が〝紛失〟した機密書類から得たものだった。信じられない話だが、次のような経緯があった。

　詳細は前項の『パラオ空襲と海軍乙事件』の通りであるが、当時、パラオにあった連合艦隊司令部は、一九四四年三月三十日から三十一日にかけてのパラオ大空襲を受け、急遽、戦闘指揮所をミンダナオ島のダバオに移すことにした。そして司令部一行は二機の二式大艇（水上機）に分乗、いそいそとパラオを飛び立った。一番機には古賀峯一（こがみねいち）司令長官ほか五名の司令部要員、二番機には福留繁（ふくどめしげる）参謀長ほかの一〇名の幕僚が乗り込んだ。ところが両機は悪天候に見舞われ、長官機は行方不明（のち殉職と断定）となり、福留参謀長機はセブ島沖合に不時着した。そして一行は泳いで岸にたどり着くが、待ち構えていたフィリピンのゲリラ隊に捕まってしまった。

　その際、福留参謀長はあわてて携行していた連合艦隊の機密書類を海中に捨てたのだったが、漁民を装っていたゲリラに目撃され、拾い上げられてしまった。書類は一九四四年三月八日付けの「連合艦隊機密作戦命令第七三号」であり、いわゆるZ作戦と通称されていたものである。それは「来攻するアメリカ艦隊からマリアナ諸島をいかに防衛するか、その作戦計画が詳細に述べられていた。それには、現在の戦況と予想敵兵力ならびに、四月末までに日本海軍の水上部隊と航空部隊をどこに配備するかについて、詳細に述べられていた」（前掲書『ヤンキー・サムライ』）のである。

書類は潜水艦でオーストラリアの連合軍司令部に届けられ、大急ぎで翻訳されてハワイのニミッツ司令部＝米太平洋艦隊司令部にも送られた。サイパン攻略部隊の指揮官たるスプルーアンスはニミッツ元帥の指揮下にあったから、小沢機動部隊の「あ」号作戦がどんなものであるのかを、手に取るように知っていたのは当然だったのである。

防御の布陣を敷いたスプルーアンス

日本艦隊の全容は知っていたが、海戦直前の敵情についてまでスプルーアンスが知り尽くしていたわけではない。一つはビアク島攻撃の「渾作戦」を切り上げて北上しつつあった宇垣纒中将指揮の第一戦隊の行動が判断を狂わせた。小沢艦隊と合同するのかどうか、よくわからなかった。

ミッチャーの機動部隊が小沢機動部隊に関する正確な情報を知らされたのは、六月十八日夜半だった。「敵機動部隊は貴隊の西南西三五五マイル（約五六八キロ）にあり」という、真珠湾の方位測定所からのものである。ミッチャーの部隊はそのときサイパンの西南西二七〇マイル（約四三二キロ）にあり、スプルーアンスの命令により東に向かいつつあった。

ミッチャーはスプルーアンスに対して、針路を西に反転させて夜通し西進し、小沢機動部隊に近づきこれを攻撃したいと要請した。ミッチャーは小沢艦隊を攻撃するには、二〇〇マイル（約三二〇キロ）まで距離を詰めなければならなかった。それに対して小沢艦隊は最高三〇〇マイル（約四八〇キロ）の距離から攻撃隊を発進することができる、そのことをミッチャーは知っていたのである。（マイル表示は前掲『ニミッツの太平洋海戦史』による。後で述べるように、小沢艦隊の距離表示は浬である）。なぜなら、日本の航空機は敵弾に対する重装甲を施しておらず、燃料タンクも防弾装置がなされていなかったから、飛行距離を延ばすことができたのだった。事実、小沢もまたそういう米航空部隊の唯一ともいえる弱点を衝こうとして、アウトレンジ戦法を実施するつもりでいたのだ。

スプルーアンスはミッチャーの要請を一時間以上かけて幕僚と討議した。その結果、攻撃は不可との結論を出した。

「彼（スプルーアンス）の至上目標――受けた命令に挙げられた唯一の目標は、〝サイパン、テニアンおよびグアムを攻略し、占領し、かつ防衛する〟ことであった。他のことはすべてこの至上目標の下位に置かれなければならなかった。この状況下では、第五八機動部隊は第一義的に掩護兵力であるべきであった。当時その支配的な任務は、サイパンの上陸拠点および水陸両用部隊を守護するという、いわば守勢的なものであった」（前掲書『ニミッツの太平洋海戦史』）のである。

第58任務部隊を率いたマーク・A・ミッチャー中将。

六月十九日の日の出時、第五八機動部隊はサイパンの南西九〇マイル（約一四四キロ）、グアムの北西八〇マイル（約一二八キロ）に位置していたが、小沢艦隊がどこまで進出しているか正確なことはわからなかった。
十九日午前六時半、小沢艦隊の索敵機が三群の米機動部隊を発見した。
小沢は「敵味方の距離を予定どおり四〇〇浬（約七四〇キロ）に整えた。味方の槍は届くが、敵の槍は味方に届かない。いわゆる『アウトレンジ』をとるのに理想的な距離である」「従来のサンゴ海、ソロモン方面の数次にわたる母艦戦では、ほとんどが三〇〇浬（約五五五キロ）ないし三五〇浬（約六四八キロ）でおたがいに刺し違えている」（当時小沢機動部隊参謀・海軍少佐の田中正臣「第一機動艦隊と『あ』号作戦」『丸別冊〜玉砕の島々・中部太平洋戦記』所収）
距離の間合いを確かめた小沢は、七時過ぎから八時にかけて二波約二〇〇機の攻撃隊を次々に発進させた。攻撃隊は果たして小沢の目論見どおりに敵空母群を攻撃できただろうか。この時間、自分の位置を正確には悟られていないと確信していた（それは事実だった）

小沢は絶対の自信を持っていたのだが……。

スプルーアンス機動部隊の対空捜索レーダーは第一波（約六〇機）の攻撃隊を二百数十キロの前方でキャッチした。「マーク12」「マーク22」と呼ばれるそのレーダーは、攻撃隊の高度や針路を的確に計算した。すでに七〇マイル（約一一二キロ）上空で待機していた米艦上戦闘機部隊は、電波に誘導されて攻撃隊めがけて突進した。そして、十分な上空から攻撃隊に襲いかかり、二五機を撃墜した。攻撃を免れた飛行機がやがて機動部隊上空に到達した。

激しい対空砲火が浴びせられた。その砲弾はＶＴ（ＶＴはVariable Time）信管付砲弾と呼ばれ、飛行機に直接命中しなくても飛行機の四〇、五〇メートル直前まできて爆発した。攻撃隊はいわば爆弾の破片の中に突っ込み、一瞬にして傷つけられ、爆発し、むなしく落下していくのみだった。このＶＴ信管付砲弾は近接

マリアナ沖海戦日本軍編成表

（×は沈没、△は損傷を示す）

第１機動艦隊司令長官：小沢治三郎中将

本隊

甲部隊

第１航空戦隊＝空母・×大鳳、×翔鶴、△瑞鶴
搭載機数・244機（艦戦80、戦爆11、艦爆79、艦攻74）

第５戦隊＝重巡・妙高、羽黒
第10戦隊＝軽巡・矢矧
第10駆逐隊＝朝雲
第17駆逐隊＝浦風、磯風
第61駆逐隊＝防空駆逐艦・秋月、若月、初月
付属＝防空駆逐艦・霜月

乙部隊

第２航空戦隊＝空母・×飛鷹、△隼鷹、△龍鳳
搭載機数135機（艦戦53、戦爆27、艦爆40、艦攻15）
戦艦・長門
航空重巡・最上
第４駆逐隊＝野分、山雲、満潮
第27駆逐隊＝時雨、五月雨、浜風、早霜、秋霜

前衛

第３航空戦隊＝空母・△千代田、千歳、瑞鳳
搭載機数90機（艦戦18、戦爆45、艦攻27）
第１戦隊＝戦艦・大和、武蔵
第３戦隊＝戦艦・△榛名、金剛
第４戦隊＝重巡・△摩耶、愛宕、高雄、鳥海
第７戦隊＝重巡・熊野、鈴谷、利根、筑摩
第２水雷戦隊＝軽巡・能代
駆逐艦・島風
第31駆逐隊＝沖波、岸波、朝霜
第32駆逐隊＝玉波、浜波、藤波

補給部隊

油槽船・日栄丸、国洋丸、清洋丸、玄洋丸、あづさ丸
給油艦・速吸
駆逐艦・響、雪風、卯月、初霜、夕凪、栂

空母「レキシントン」の甲板で出撃準備をする乗組員たち。

電波信管を弾頭に埋め込んだもので、航空機が五〇メートル以内に接近すると、機体から自然に発せられる電波に感応して爆発するのだった。米艦の砲手たちは飛行機の群れに向かって大量に砲火を集中するだけでよかった。事実、日本の攻撃隊はその砲火の中に突進してバタバタと撃ち落とされた。艦上でながめていると、散弾銃で大きな鳥を撃っているように見えた。彼らはその光景を「マリアナの七面鳥撃ち」と呼んだのである。

　その恐るべき砲火の網を幸運にもくぐり抜けた数機が、重巡「ミネアポリス」に至近弾を投下し、戦艦「サウスダコタ」に命中弾を与えた。しかし、それ以上の攻撃はまったくできなかった。

　こうした猛烈な反撃を受けながらも二〇数機が母艦に帰還したことは驚くべき幸運だった。

　第二波は約一三〇機という大編隊だったが、米機動部隊の手前五〇マイル（約八〇キロ）上空で待ち構えていたヘルキャット戦闘機群に半数が撃ち落とされた。生き残ったものが機動部隊上空にさしかかり、さらにＶＴ信管付砲弾の火網（かもう）の中を避け得た二機が空母「バンカーヒル」に至近弾を与え、火災を起こさせた。一機は戦艦「インディアナ」の舷側に激突した。米機動部隊に与えた損傷

マリアナ沖海戦で母艦を飛び立つＳＢ２Ｃ急降下爆撃機。

はたったこれだけである。一三〇機のうち母艦に帰り着いたのは約三〇機だった。

小沢艦隊はその後も四回にわたり合計約一三〇機の攻撃隊を繰り出したが、その大半が米機動部隊を発見できず、途中で撃墜され、あるいは母艦に帰還せずグアムの航空基地にたどり着いた。

航空戦は小沢艦隊の完敗だった。それだけではない。この日、米航空隊の攻撃こそ受けなかったが、小沢艦隊は二隻の空母を撃沈された。忍び寄った潜水艦「アルバコーア」によって小沢長官の旗艦「大鳳」が、同「カバラ」によって「翔鶴」が沈没した。

スプルーアンスの逆襲

翌六月二十日、第五八任務部隊のミッチャー中将は早朝から小沢艦隊を索敵しつつ南、あるいは西と針路を変えて進んだ。しかし小沢艦隊の姿はなかなかつかめなかったが、午後四時、ようやく発見の報に接した。ミッチャー艦隊から西北西二二〇マイル（約三五二キロ）を西寄りにコースをとっていた。実はこのとき、小沢自身は二十日の航空攻撃を二十一日に延期していた。あまりにも航空機の喪失が多かったからである。

ミッチャーは二〇〇マイル以下という攻撃圏内からいえば、やや遠すぎると感じた。しかも、今発進させれば空母への帰還は暗くなってからである。ミッチャーの航空部隊のほとんどのパイロットたちは、小沢艦隊のパイロットたちと同様に、夜間着艦の訓練を受けていなかった。

しかし、ミッチャーは全機発進を命じた。「レキシントン」をはじめとする第三群の空母群から戦闘機八五機、急降下爆撃機七七機、雷撃機五四機、計二一六機が午後四時半までに発艦した。全機の発艦が終わると、ミッチャーはその攻撃隊の去った方向に空母を全速力で進めた。

攻撃隊が小沢艦隊を発見したのは五時半過ぎで日没に近かった。最初に爆撃を加えたのは空母「千代田」と「瑞鶴」だった。二空母は沈没は免れたが、甲板を損傷され、火災を起こした。次に狙った「飛鷹」はアベンジャー雷撃機の魚雷を受けて火災を起こし、やがて爆発して艦首から沈みはじめて転覆した。小沢提督は残存の零戦を急発進させて応戦したが、二〇機を撃墜したにとどまった。

　結局、米攻撃隊は一空母を撃沈し、三空母（「千代田」のほか「隼鷹」「龍鳳」）と戦艦「榛名」、重巡「摩耶」に損傷を与えて引き揚げた。

米軍の航空攻撃を必死にかわす日本の機動部隊。

　攻撃隊が空母上空に到達したころは午後八時過ぎで、日がとっぷりと暮れていた。ミッチャーは艦上機が着艦しやすいように空母の「全灯火を点灯せよ」と命じた。日本軍の潜水艦や航空部隊の攻撃を受ける危険はあったが、大部分の飛行機が暗闇の海上に不時着してパイロットたちを犠牲にするよりは良いと判断したのだった。もちろん、二日にわたる航空戦で、日本軍奇襲の可能性は低いという判断が働いていたことは事実だが。

　それでも、夜間着艦に不慣れなパイロットは着艦に失敗し、あるいは不時着するかして八〇機が失われた。日本の戦闘機に撃墜された四倍である。帰還機の収容が終わったのは午後十時半であり、ミッチャー機動部隊はただちに小沢艦隊の方向に針路を向けて前進した。

　しかし、すでに十九、二十日の戦闘で、空母四隻を失い、残りの空母もほとんど損傷し、残存の航空機が約

ＶＴ信管付砲弾の対空砲火の前に次々撃墜されていった日本の攻撃機。

マリアナ沖海戦米軍編成表
（△は損傷）
第５艦隊司令長官：
　レイモンド・Ａ・スプルーアンス大将
第58任務部隊
マーク・Ａ・ミッチャー中将
第１群（Ｊ・Ｊ・クラーク少将）
空母・ホーネットⅡ、ヨークタウンⅡ、
　　ベローウッド、バターン
重巡・ボストン、ボルチモア、キャンベラ
軽巡・オークランド
駆逐艦12隻
第２群（Ａ・Ｅ・モンゴメリー少将）
空母・△バンカーヒル、ワスプⅡ、モント
　　レー、カボット
軽巡・モービル、サンタフェ、ビロクシー、
　　サンファン
駆逐艦・12隻
第３群（Ｊ・Ｗ・リーブス少将）
空母・エンタープライズ、レキシントンⅡ、
　　サンジャシント、プリンストン
重巡・△インディアナポリス
軽巡・モントピーリア、クリーブランド、
　　バーミンガム、レノ
駆逐艦９隻
第４群（Ｗ・Ｋ・ハーリル少将）
空母・エセックス、ラングレーⅡ、
　　カウペンス
軽巡・サンディゴ、ヴィンセント、
　　ヒューストンⅡ、マイアミ
駆逐艦14隻
第７群（Ｗ・Ａ・リー中将）
戦艦・△サウスダコタ、ワシントン、
　　ノースカロライナ、アイオワ、
　　ニュージャージー、インディアナ、
　　アラバマ
重巡・△ミネアポリス、ウイチタ、
　　サンフランシスコ、ニューオーリン
　　ズ
駆逐艦16隻

六〇機となった小沢艦隊は、作戦を中止して、沖縄の中城湾をめざして帰投中であった。

マリアナ上陸作戦を援護砲撃する米艦隊。

台湾沖航空戦

幻の「大戦果」を演出した日本海軍の罪と罰

一九四四年十月十二日〜十六日

「10・10空襲」で壊滅的打撃の沖縄の航空戦力

一九四四年（昭和十九）十月十日午前六時四十五分、沖縄の北飛行場が突然の空襲に遭った。空襲警報が発令されたのは第一撃が加えられた後であり、まさに奇襲攻撃そのものであった。さらに沖縄本島は、この第一撃を含め午後三時までに四回の空襲を受け、特に那覇市は壊滅的なダメージを受けた。

沖縄方面に配備されていた陸軍の三式戦闘機「飛燕」一〇機が邀撃に向かったが、米艦上戦闘機Ｆ６Ｆヘルキャットとの空戦で全滅してしまった。哨戒兵力として配備されていた海軍機も、艦上偵察機二機を残してすべて地上で破壊されてしまった。

攻撃したのはウィリアム・Ｆ・ハルゼー大将率いる米第三艦隊だった。同艦隊は目前に迫ったマッカーサー軍のレイテ島奪還作戦を支援するため、あらかじめフィリピン北方にある日本軍基地を無力化するのが目的だった。沖縄空襲もその一環の作戦であった。

この日十月十日の午後三時三十分ごろ、九州の鹿屋基地発進の索敵機が沖縄東方約四〇〇キロ付近に米空母群を発見した。台湾の高雄基地にあった第二航空艦隊（第六基地航空部隊）司令長官福留繁中将も全力で米機動部隊の索敵を行い、十一日の昼前後に二群の米機動部隊を発見していた。そこで福留長官は、Ｔ攻撃部隊による夜間攻撃を計画した。しかし、敵状が得られなかったため、この日の攻撃は断念した。

Ｔ攻撃部隊とは、軍令部の航空参謀源田実中佐の考案により作られた特別部隊で、その目的は台風来襲時

敵艦撃沈を胸に、出撃前の隊長訓示を受ける隊員たち。

に悪天候を利用して奇襲攻撃を行うところにあった。部隊名のTはTyphoon（タイフーン）の頭文字から取ったものである。指揮官には七六二航空隊司令の久野修三大佐が就いていた。

そして神奈川・日吉の連合艦隊司令部は、米機動部隊主力は沖縄・台湾方面にいるものと判断、「捷二号作戦警戒」を発令した。「捷二号」は九州南部から台湾方面の作戦名で、「捷一号」がフィリピン方面の作戦を指していた。「捷」は「勝つ」という意味で、勝利の作戦というわけであった。

「大勝利！」実は大打撃を被っていた攻撃隊

十月十二日未明、米機動部隊は台湾の東方およそ九〇浬の地点で一三七八機という大攻撃部隊の発進準備をし、その第一陣が午前六時四十八分から台湾各地の日本軍基地に殺到してきた。乱舞するＦ６Ｆヘルキャット、ＳＢ２Ｃヘルダイバー、ＴＢＦアベンジャーなどの戦爆連合部隊に対し、日本の第二航空艦隊と陸軍の第八飛行師団は、零戦をはじめ陸軍の「隼」「疾風」など台湾の全力に近い一二〇機を迎撃に送り出し、終日、米軍機と激しい空戦を行った。

台湾南部の高雄基地からは、新たに配備された「紫電」三一機が戦爆連合の米攻撃隊に空中戦を挑んだ。「紫電」がＦ６Ｆと戦闘をしたのは、このときが最初であった。結果は撃墜一〇機を数えたが、被害も一四機に及んだ。

二航艦の報告では、この日の戦果は「撃墜破五〇機（米側資料では四八機）」とあったが、損害も大きく八〇機と報ぜられた。この結果、在台湾の海軍戦闘機兵力は可動二六機（零戦一八、紫電八）になってしまった。

台湾上空で卍巴の戦いが展開されている午前十時二十五分、連合艦隊司令部は「基地航空部隊捷一号及び捷二号作戦発令」を下令した。本土の基地のすべての攻撃機を投入することにしたのである。

九州の宮崎、鹿屋、沖縄の小禄基地などから続々とT攻撃隊が夜間攻撃を目指して出撃した。一式陸攻三三機、銀河（艦爆）二二機、天山（艦攻）二三機、それに陸軍の四式重爆二一機の九九機である。そして午後五時二十分に米機動部隊を発見したT攻撃隊は、邀撃のF6Fとの戦闘の中で雷爆撃を敢行、「多大な戦果」を挙げて帰投した。

米機動部隊を求めて突進する海軍機。

だが、帰ってきたのは半数以下で、出撃した九九機のうち未帰還は五四機にものぼった。T攻撃隊の中心である陸攻が二四機、銀河七機、天山一四機、陸軍の飛龍（重爆）九機という損失だった。零戦など戦闘機隊の掩護なしの攻撃隊では、空戦能力に勝るF6F戦闘機には太刀打ちできなかったのである。そのうえマリアナ沖海戦でも威力を発揮したVT信管（近接電波信管）付砲弾の威力は凄まじく、この米艦艇の対空砲火の犠牲になった日本機も多かった。

翌十月十三日も激戦は続いた。米艦上機は九七四機を台湾空襲に繰り出し、T攻撃隊も午後一時半過ぎに一式陸攻二四機（攻撃隊雷装一八機、直協隊六機）、銀河四機（雷装）、零戦一二機で米機動部隊攻撃に出撃した。零戦隊は日没までの掩護で宮古や石垣島基地に帰投したが、陸攻、銀河隊は再びF6Fに邀撃され、全二八機のうち一八機（陸攻一五機、銀河三機）が未帰還となった。

だが、十月十四日の夕刻にT攻撃部隊司令

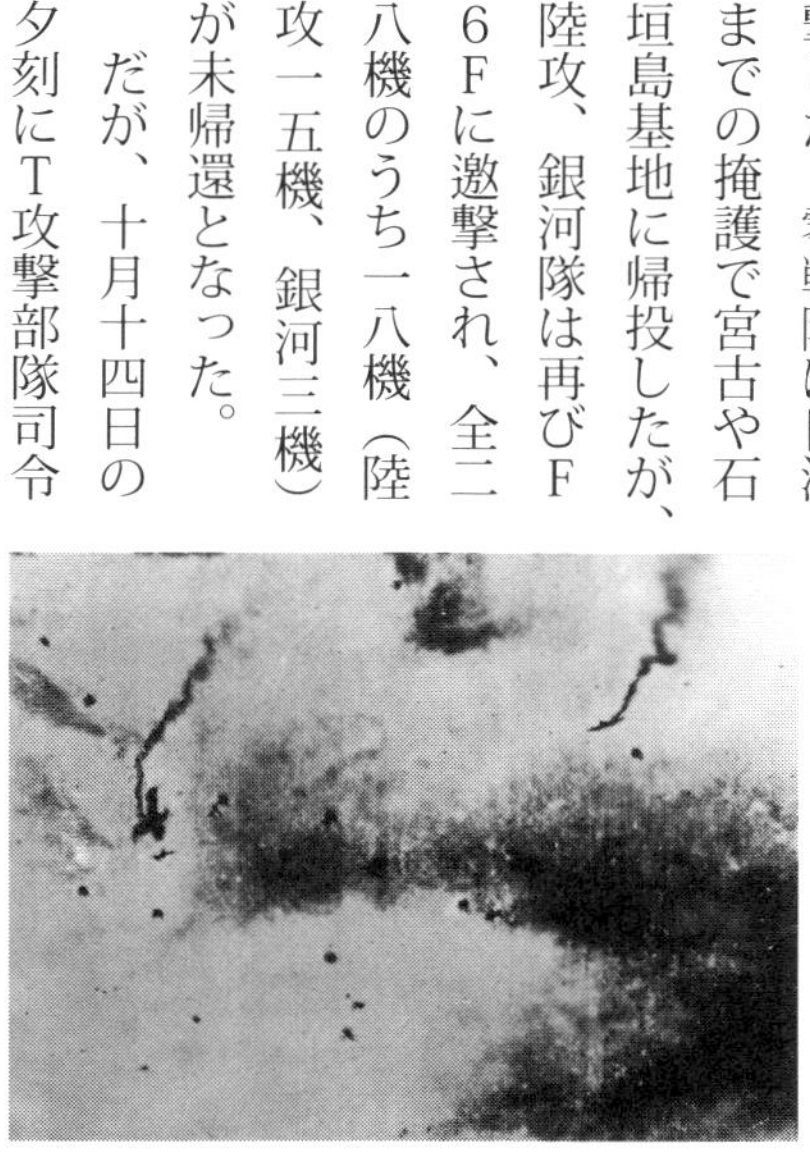

台湾沖航空戦で煙を吐いて墜ちてゆく米軍機。

米軍台湾沖航空戦投入兵力

（△は損傷）
指揮官＝第３艦隊司令長官：ウィリアム・Ｆ・ハルゼー大将
第38任務部隊（マーク・Ａ・ミッチャー中将）
第１群（Ｊ・Ｓ・マッケーン少将）
　空母・ワスプⅡ、ホーネットⅡ、モントレー、カウペンス、カボット
　重巡・△キャンベラ他１隻、軽巡・△ヒューストン、駆逐艦15隻
第２群（Ｇ・Ｆ・ボーガン少将）
　空母・イントレピッド、△バンコック、バンカーヒル、
　　　　インデペンデンス
　戦艦２隻、軽巡４隻、駆逐艦17隻
第３群（Ｆ・Ｃ・シャーマン少将）
　空母・エセックス、レキシントンⅡ、ラングレーⅡ、プリンストン
　戦艦４隻、軽巡・△レノ他ほか３隻、駆逐艦14隻
第４群（Ｒ・Ｅ・ディヴィソン少将）
　空母・△フランクリン、エンタープライズ、ベローウッド、
　　　　サンジャシント
　重巡１隻、軽巡１隻、駆逐艦12隻
この他に付属として護衛空母11隻、給油艦33隻、駆逐艦18隻、護衛駆逐艦27隻、艦隊曳船10隻
　注：駆逐艦・カッシン、ヤングも機銃掃射で軽傷

部から発表された十二、十三両日の戦果は、驚くべき「大戦果」になっていた。

十二日　空母六～八隻轟撃沈
十三日　空母三～五隻轟撃沈
その他、両日とも相当多数の艦艇を撃沈破せるものと認む。

この報告を聞いた海軍軍令部や連合艦隊司令部は狂喜したという。そして連合艦隊参謀長の草鹿龍之介少将は大喜びで「大戦果」を発表した。しかし、この報告は明らかに誤報である。十二日の戦果は皆無であり、十三日の戦果も過大で、実際は豪重巡「キャンベラ」が航行不能になり、空母「フランクリン」が火災を起こしただけだった。では、どうして二航艦司令部はこんな戦果判定をしたのだろうか。

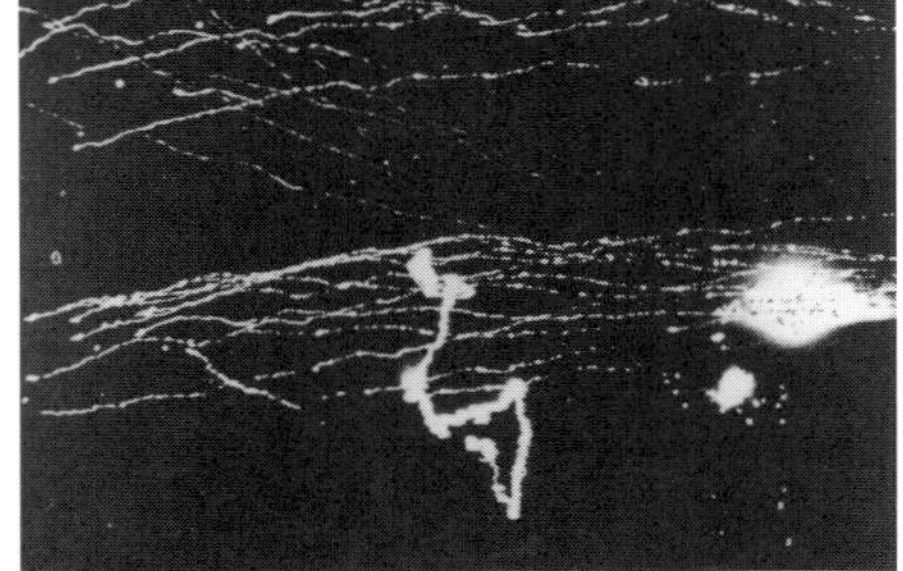
台湾沖に夜間飛び交う弾幕を衝いて敢行した海空戦。細い白線は防御砲火。S字状の白線は燃え落ちる日本機。

攻撃の大半は薄暮から夜間にかけて行われた。その

ため撃墜された味方機が発した海面での火焔を、上空の経験不足の搭乗員は米軍艦艇が発した火焔と思い込み、次々と「敵艦撃沈！」と報告した例が多かった。司令部もそれを疑いもせずに、撃沈報告をただ積み重ねていった。

もっとも敵将ハルゼー大将も回顧録の中で、誤認報告をした日本の搭乗員に同情するかのように述べている。

「十二、十三日の夜には、日本の飛行機がわが艦隊の周囲の海面で盛んに燃え、味方の艦が瞬間的に光の陰となったので、その艦自身が燃えているのではないかと思えたほどであった」

幻の大戦果が招いたレイテ決戦の大惨敗

十月十四日早朝、ハルゼー大将は各空母から戦闘機一四六機、爆撃機一〇〇機を再び台湾全土の日本軍基地に差し向けた。そして約二時間にわたる銃爆撃を行うと、空母とともに一斉に東方海上に避退していった。日本側も対空砲火と零戦隊の邀撃で応戦、F6F一七機、爆撃機六機を葬った。

同じころ、日本軍も捷一号、捷二号作戦に入り、フィリピンの第一航空艦隊（第五基地航空隊）、台湾の第二航空艦隊、それに関東地区などから南九州の基地に進出していた第三航空艦隊（第七基地航空部隊）で「西第一空襲部隊」を編成し、ハルゼー機動部隊の〝残存追撃〟を開始した。総計三七八機の攻撃隊は第一攻撃隊（偵察機一四機、戦闘機八〇機、彗星四〇機、銀河二四機）と第二攻撃隊（偵察機一二機、戦闘機一〇五機、九九艦爆四七機、天山五六機）に分かれ、午後一時半過ぎに出撃していった。

総攻撃隊は悪天候下の索敵に苦しみながらも、第一攻撃隊が米機動部隊の上空に達した。攻撃隊は視界が悪く編隊が組めないため、各機独自の判断で攻撃に移った。しかし米艦艇

台湾沖に夢幻的な白光を曳いて散る日本軍機。

日本軍台湾沖航空戦投入兵力
指揮官＝連合艦隊司令長官：
豊田副武大将
第１航空艦隊（寺岡謹平中将）
航空機134機
第２航空艦隊（福留繁中将）
航空機約680機
第３航空戦隊
　第653航空隊83機
第４航空戦隊
　第634航空隊71機
第３航空艦隊派遣
　航空機116機
第51航空戦隊派遣
　航空機126機

の対空砲火は熾烈（しれつ）で、攻撃機の大半は自爆した。

　第二攻撃隊は天山隊一七機を除いて米機動部隊を発見できず台湾に帰投したが、その天山隊も一六機が撃墜され、生還したのは指揮官機だけだった。

　この総攻撃隊で帰還したのは二六六機というから、一〇〇機以上が自爆や撃墜されたことになる。

　攻撃は十四日の夜、さらに十五日にはフィリピンの第一航空艦隊の零戦隊も参加して攻撃を続行した。そしてT攻撃隊は「敵空母撃沈の公算大」などと、次々と〝大戦果〟を報告していった。

　またこの日、二航艦司令部は従来の戦果判定を検討し、空母の撃沈を四隻に訂正した。しかし、連合艦隊司令部には報告しなかったのか、連合艦隊の戦果判定は従来どおりで、敵空母一二隻から一六隻を撃沈したと考えていた。もし日本側の判定通りなら、ハルゼーの機動部隊は壊滅したことになる。

　ところが十六日の昼前、とんでもない情報が飛び込んできた。鹿屋基地の索敵機が西航中の空母七隻、戦艦七隻、巡洋艦一〇数隻からなる米機動部隊を発見したのだ。連合艦隊の驚愕がいかに大きかったか、想像にあまりある。

　この台湾沖航空戦で、日本の航空部隊は絶望的な損害を受け、第二航空艦隊の戦力は実働二三〇機にまで低下してしまった。米軍の航空機損害はわずか八九機、空母は全艦健在だった。「大戦果」は幻だったのだ。しかし、海軍はこの事実を陸軍には知らせなかった。そのため陸軍上層部はフィリピンのレイテ島に上陸した米軍を敗残部隊と判断し、ルソン島決戦を変更してレイテに部隊を増派、一気に米軍を壊滅しようとしたのだった。結果は歴史が証明するように、レイテの戦いは海戦も陸戦も大惨敗となり、日本の敗戦に拍車をかける結果となったのである。

比島沖海戦

一九四四年十月二十三日〜二十六日

「帝国艦隊」の墓場と化した比島沖海戦

シブヤン海で魚雷攻撃にさらされた巨艦「武蔵」

　レイテ沖海戦とも称されるこの海戦は、おそらく世界最後の大海戦といえるかもしれない。戦いは一九四四年（昭和十九）十月二十三日から二十六日にかけての四日間、日米両海軍の艦艇、航空機をはじめとするすべての部隊が参加して、フィリピン群島沖約五〇万平方浬におよぶ広大な海域で繰り広げられた。

　大本営陸海軍部が、フィリピン方面での決戦を決意して「捷一号作戦」を発動したのは、十月十七日にダグラス・マッカーサー元帥が総指揮を執る米陸軍の奇襲部隊が、レイテ湾口東方のスルアン島に上陸を開始した数分後のことであった。当時、連合艦隊のほとんどの艦艇は、重油の豊富なシンガポールか、その沖合のリンガ泊地に集結して訓練・待機をしていた。大本営は、その水上部隊にレイテ湾突入を命じ、決行を十月二十五日とした。

　栗田健男中将率いる第一遊撃隊の第二艦隊が、リンガ泊地を出発したのは米軍がスルアン島に上陸した翌十八日早朝だった。戦艦「大和」「武蔵」以下総勢三九隻は、十月二十日にブルネイ泊地で燃料を補給後、二十二日午前一時に進攻を開始し

レイテ沖を目指す栗田艦隊。

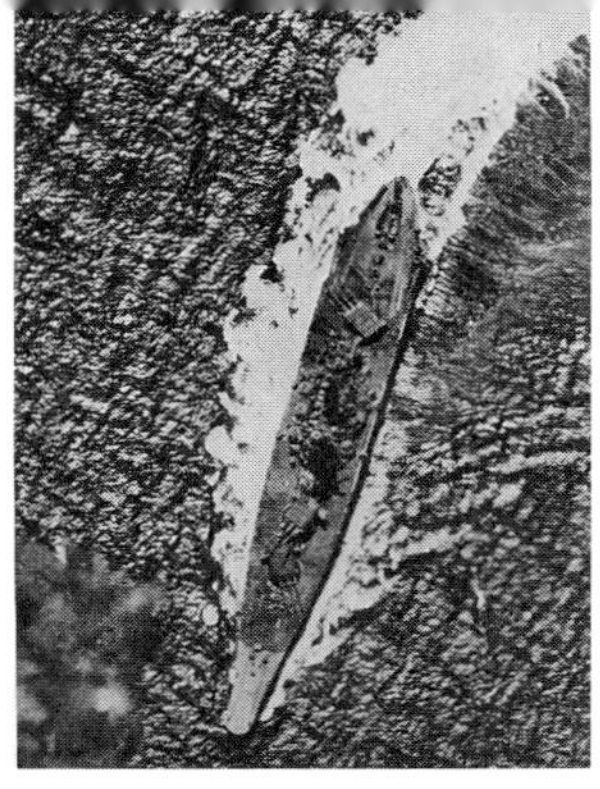

必死で回避運動をするシブヤン海の「武蔵」。

た。途中、艦隊は二手に分かれた。第一部隊（栗田艦隊）は北上してシブヤン海に向かった。第二部隊（西村艦隊）は、低速艦のみを集めたためスル湾を航行してスリガオ海峡を通過することにした。

第二遊撃隊の志摩艦隊はこの作戦に参加するため、すでに瀬戸内海を出撃、台湾海峡を通過して、戦場に向かいつつあった。

小沢中将指揮の第一機動艦隊もすでにフィリピンの北端エンガノ岬沖に近づきつつあった。機動部隊ではあるが、先のマリアナ沖海戦で惨敗を喫したため艦載機はわずか一一六機しかない。そのため目的は米空母撃滅ではなく、栗田艦隊のレイテ湾突入を援護するために米空母部隊を引きつけ、囮（おとり）になるための出撃であった。

十月二十三日午前五時半、栗田艦隊は米潜水艦への警戒態勢に入った。六時三十四分、パラワン島沖の中ごろに到達したころ、六本の魚雷が艦隊を直撃、「愛宕」と「高雄」に命中し、「愛宕」は一九分後に沈没、「高雄」は航行不能となった。続いて四本の魚雷が突進し、「摩耶」に命中、三分後に沈没した。

二十四日未明、栗田艦隊はシブヤン海に入った。そ

シブヤン海海戦日本海軍編成表

（×は沈没、△は損傷）

第１遊撃隊　第２艦隊司令長官：栗田健男中将

第１部隊（栗田健男中将）

第１戦隊＝戦艦・×武蔵、大和、長門

第４戦隊＝重巡・×愛宕、×摩耶、△高雄、鳥海

第５戦隊＝重巡・△妙高、羽黒

第２水雷隊＝軽巡・能代

　第２駆逐隊＝早霜、秋霜

　第３駆逐隊＝長波、朝霜、岸波、沖波

　第32駆逐隊＝島風、浜波、藤波

第２部隊（鈴木義尾中将）

第３戦隊＝戦艦・金剛、榛名

第７戦隊＝重巡・熊野、鈴谷、利根、筑摩

第10戦隊＝軽巡・矢矧

　第17駆逐隊＝浦風、磯風、浜風、雪風

　駆逐艦・清霜、野分

注①愛宕、摩耶、高雄は出撃直後、潜水艦の魚雷で、武蔵、妙高はシブヤン海の航空攻撃でそれぞれ沈没、損傷。

注②シブヤン海海戦のあと、レイテ湾を目指した栗田艦隊の陣容は、戦艦４隻、重巡６隻、軽巡２隻、駆逐艦11隻に減少。

の様子が米第三艦隊の哨戒機に発見された。ハルゼー提督に指揮された第三艦隊は、フィリピン東方沖合に布陣していたのである。

午前十時四十分、栗田艦隊の上空に最初の空襲部隊が現れた。空襲は五次にわたり、第二次空襲で魚雷三発を受けた戦艦「武蔵」は合計一九本、直撃弾一七発を受けて午後七時十五分に沈没した。

すでに栗田艦隊は第五次空襲が開始された午後三時三十分には反転を命令していた。艦隊がレイテに背を向けたことを確認した米第三艦隊は反復空襲を中止し、北方エンガノ岬沖の小沢艦隊に攻撃を集中することになった。

午後六時三十分、栗田艦隊は再び反転、予定通りサンベルナルジノ海峡へ向かった。そして二十五日午前零時、栗田艦隊は同海峡に入った。米第三艦隊は栗田艦隊の退却を信じて、同海峡をまったく警戒していなかったのである。小沢囮部隊の最大効果であった。

午前零時三十分、栗田艦隊は海峡を無事通過し、広々

シブヤン海海戦米海軍編成表

（×は沈没、△は損傷）

第３艦隊　司令長官：
ウイリアム・F・ハルゼー大将

第38任務部隊（マーク・A・ミッチャー中将）

第２群（ジェラルド・F・ボーガン少将）
空母・イントレピッド、インディペンデンス、カボット
◆この空母群からシブヤン海に３波、約80機が出撃。
戦艦・ニュージャージー、アイオワ
重巡・ビンセンス
軽巡・マイアミ、ビロクシー
駆逐艦・16隻

第３群（フレデリック・C・シャーマン少将）
空母・×プリンストン、レキシントンII、エセックス、ラングレーII
戦艦・マサチューセッツ、サウスダコタ
軽巡・サンタフェ、モービル、レノ、バーミンガム
駆逐艦・？隻

第４群（ラルフ・E・デビソン少将）
空母・フランクリン、エンタープライズ、サンジャシント、ベローウッド
◆この空母群からシブヤン海に2波、約130機出撃。
戦艦・ワシントン、アラバマ
重巡・ニューオーリンズ、ウイチタ
駆逐艦11隻

注①空母プリンストンの沈没は、第２航空艦隊の航空攻撃（艦爆約200機）による。２航艦はこの攻撃で67機喪失。
注②シブヤン海上空で撃墜された米軍機は18機。

レイテ沖海戦で炎上する空母「プリンストン」。

とした太平洋に出た。ここから南下してスリガオ海峡を抜け、レイテ湾に突入するのである。突入日は二十五日午前十一時と確認された。

西村艦隊、スリガオ海峡で全滅す

一方の西村艦隊は十月二十五日午前四時にレイテ湾突入の予定で、スリガオ海峡を突き進んだ。右手にディナガット島を見やりながら進み、あと一時間でレイテ突入という地点で、突然、前方七〇〇〇、八〇〇〇メートルに米駆逐艦隊を発見した。探照灯で照らし砲撃を開始した。しかし、もうその時は、その米第二四水雷戦隊は、二七本もの魚雷を発射した後だった。目標まで八分の距離である。

まず「扶桑」に命中、航行不能となり火災が発生、続いて「山城」が直撃弾を受け、さらに「山雲」「満潮」「朝雲」と命中弾を受けた。単縦陣で航行していたことが、魚雷攻撃をまともに受ける結果となったのである。それでも西村艦隊は進撃をやめなかったが、そのことがかえって新手の魚雷攻撃を続けて浴びることになった。

魚雷攻撃のあとは砲撃戦が開始された。その最大の目標が、最後尾についていて魚雷攻撃を免れていた「最上」だった。西村艦隊は四時前、進路を反転して退却に移ったが、ときすでに遅く、被弾した「山城」とともに「最上」は戦艦と巡洋艦の集中砲火を浴びたのだった。反撃するには敵は圧倒的な攻撃陣であった。

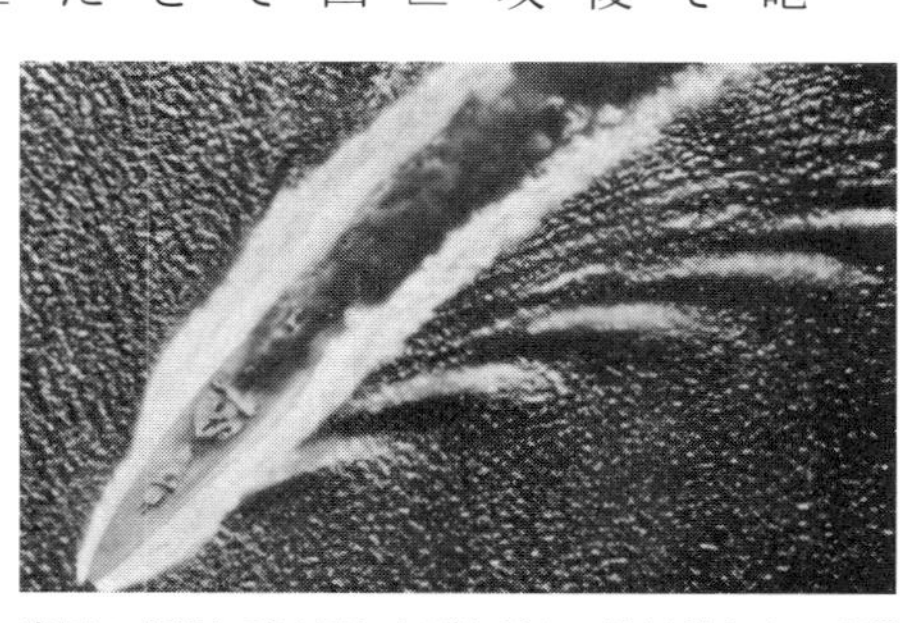

米軍の攻撃を受け煙を上げながら回避行動をする重巡「那智」。

西村艦隊をスリガオ海峡の出口で待ち受けていたのは、オルデンドルフ少将指揮の戦艦六、重巡四、軽巡四、駆逐艦二一という膨大な兵力だったのだ。「大和」「武蔵」の艦隊でも、果たして勝てるかどうか分からないほどの圧倒的兵力だったのだ。

なぜなら、「ウェストバージニア」の四〇センチ砲や「テネシー」「カリフォルニア」などの三六センチ砲は、センチメートル方式の精密な射撃指揮用レーダーを装備しており、その着弾は驚くほど正確だったからである。「山城」はこれらの砲弾の餌食となった。

海峡を退却中はオルデンドルフ部隊による艦砲射撃の雨が降り、ミンダナオ島方面に抜けたら第七艦隊護衛空母隊の艦載機が空から襲ってきた。「最上」は火災に包まれながらも自力航行でミンダナオ島まで退避したが、艦載機の空襲でついに航行不能に陥り、沈没していった。結局、この空爆で西村艦隊は巡洋艦、駆逐艦の各四隻が撃沈させられた。戦場から離脱できたのは駆逐艦「時雨」一艦のみである。

志摩艦隊がスリガオ海峡に入ったのは、西村艦隊に遅れること二時間だったが、すでに西村艦隊は猛烈な

スリガオ海峡海戦編成表

日本軍

(×は沈没、△は損傷)

第1遊撃部隊第3部隊(西村祥治中将)

第2戦隊=戦艦・×山城、×扶桑

　　　　重巡・×最上

第4駆逐隊=×満潮、×朝雲、×山雲

第27駆逐隊=時雨

第2遊撃部隊(志摩清英中将)

第21戦隊=重巡・△那智、足柄

第1水雷戦隊=軽巡・×阿武隈

　第7駆逐隊=曙、潮

　第16駆逐隊=×不知火、霞

　第21駆逐隊=×若葉、初春、初霜

米軍

第77任務部隊(キンケイド中将)

戦艦部隊(オルデンドルフ少将)

戦艦・ペンシルバニア、カリフォルニア、テネシー、ミシシッピー、メリーランド、ウェストバージニア

重巡・ルイスビル、ポートランド、ミネアポリス、シュロプシャー

軽巡・デンバー、コロンビア、フェニックス、ボイス

駆逐艦・21隻

魚雷艇:39隻(うち2隻撃沈された)

西村部隊の戦艦「山城」と「扶桑」は、重巡「最上」とともに25日午前4時、スリガオ海峡を経てレイテに近づこうとしたが、米艦隊に全滅させられた。

攻撃にさらされており、炎に包まれて退却する「最上」と出合い、レイテ突入を断念し、引き返したのだった。このため、志摩艦隊の被害は「阿武隈」が大破したにとどまった。

十月二十五日午前五時二十二分、志摩艦隊は栗田艦隊に「西村艦隊全滅、重巡最上大破炎上中」と電報を打った。

サマール島沖の海戦

栗田艦隊（残艦は「大和」以下二三隻）はレイテ突入を目指して南下を続けていた。そして十月二十五日午前六時四十四分、「大和」が米空母艦隊を発見した。スプレイグ少将指揮の小型護衛空母六、駆逐艦三、護衛駆逐艦四から編成された第一護衛空母隊であった。

午前六時五十八分、距離三万一〇〇〇メートルで「大和」の前部主砲が一斉に咆哮（ほうこう）を始めた。まともに立ち向かったら、米艦隊など木っ端微塵である。スプレイグ隊は煙幕を張り、スコールの中に逃げ、艦載機を飛ばして必死に退避しようとした。しかし、退避しなが

サマール沖海戦。米空母部隊に駆逐艦が必死で煙幕を展張している。

らも米駆逐隊は雷撃で猛然と反撃に出た。

「大和」はその魚雷を回避しようとして北方に流され、米空母との距離が大きく開けられた。「金剛」「榛名」は単独で米空母群を追い、それを護衛しようとする駆逐艦と航空機を相手に激烈な戦闘を展開した。そうした最中に「熊野」が魚雷を受けて艦首を切断、「鈴谷」も至近弾を受けて左舷推進軸が故障、「筑摩」「利根」も数回にわたる雷撃をかわし奮戦したが、「筑摩」は艦尾を大破されてしまった。

午前八時三分、「全軍突撃」の

戦艦「金剛」が米空母「ガンビアベイ」を仕留め、大爆発を起こさせた。

サマール沖海戦編成表

日本軍
（×は沈没、△は損傷）
第１遊撃部隊（栗田健男中将）
第１部隊（栗田健男中将）
第１戦隊＝戦艦・大和、長門
第４戦隊＝重巡・×鳥海
第５戦隊＝重巡・△羽黒
第２水雷戦隊＝軽巡・能代
　第２駆逐隊＝早霜、秋霜
　第31駆逐隊＝岸波、沖波
　第32駆逐隊＝島風、浜波、藤波
第２部隊（鈴木義尾中将）
第３戦隊＝戦艦・金剛、榛名
第７戦隊＝重巡・△熊野、×鈴谷、×筑摩、利根
第10戦隊＝軽巡・矢矧
　第17駆逐隊＝浦風、磯風、雪風
　駆逐艦・×野分

米軍
（×は沈没、△は損傷）
第77任務部隊第４群第３集団
クリフトン・Ｆ・スプレイグ少将
護衛空母・×セントロー、×ガンビアベイ、△ファンショーベイ、△キトカンベイ、△ホワイトプレーンズ、△カリニンベイ
駆逐艦・×ジョンストン、×ホール、ヒアマン
護衛駆逐艦・×サミュエル・Ｂ・ロバーツ、△デニス、レイモンドＪ・Ｃ・バトラー
注：「セントロー」は特攻による最初の沈没。「ホワイトプレーンズ」「カリニンベイ」「キトカンベイ」も特攻による損傷。

第２艦隊司令長官・栗田健男中将。

命令で激しく追撃したが、「羽黒」は米機の爆弾が二番砲塔に命中、「鳥海」にも致命的な命中弾が相次いだ。比較的健全だった「利根」は、米空母「セントロー」を追って一万メートルまで肉薄したが、栗田司令部の命令で追撃を断念した。九時十分に追撃中止の命令が出されたのである。

午前十時三十分、各艦は集結した。開戦前に二三隻だった艦隊は、戦艦四、重巡二、軽巡二、駆逐艦七の計一五隻に減っていたが、艦隊はいよいよ最終目的地のレイテ湾に向かうのである。

レイテ湾突入を断念

栗田艦隊がサマール島沖で米軍の第一護衛艦隊と戦っていたちょうどその頃、ルソン島北端エンガノ岬沖では、囮部隊の小沢機動部隊がハルゼーの第三艦隊の猛攻を受けていた。第一波は十月二十五日午前八時二十分ごろから始まり、一時間続いた。空母「千歳」「瑞鳳」に爆弾が、「瑞鶴」には魚雷一、爆弾二が命中、「千歳」は二時間後に沈没した。軽巡「大淀」も被爆、「多摩」は雷撃を受けて落伍、駆逐艦「秋月」は爆弾による大爆発を起こして沈没した。

第二波攻撃では空母「千代田」が急降下爆撃で航行不能となり、駆逐艦「初日」も撃沈され、「多摩」は再度の雷撃で沈没した。機動部隊の要であった「瑞鶴」「瑞鳳」も午後二時過ぎに沈没した。こうして小沢機動部隊はついに全滅していった。

小沢機動部隊がこのハルゼーの機動部隊の艦載機群を引きつけていたとき、栗田艦隊はレイテ湾に突入する手筈になっていた。しかし、サマール島沖で数時間の海戦を実施して、一呼吸入れた栗田艦隊が、再びレイテを目指したのが十一時二十分。しかし、途中、盛んに交わされる米軍の通信を傍受した。その結果、北方に有力な米機動部隊がいるということが判然としてきたという。

もともとレイテ湾突入作戦は、同湾に停泊し揚陸中の敵輸送船団を急襲し、物資もろとも撃滅することであった。しかし、日本海軍の伝統として、艦隊の任務は敵艦隊の撃滅である。栗田艦隊も連合艦隊司令部も、その作戦途中で米艦隊が周囲にいると判断されたら、そちらを優先攻撃するという暗黙の了解があったともいう。

午後一時十三分、栗田長官は北上反転を命じた。レイテ湾口スルワン島まで四五浬（約八三キロ）に至ってレイテ湾突入を断念し、北方の米機動艦隊との決戦の道を選んだのである。いわゆる「謎の反転」である。しかし、五回にわたって延べ三〇〇〇機の空襲を受けながら北上したが、ついにハルゼーの機動部隊を発見することはできなかった。

栗田艦隊が再びサンベルナルジノ海峡を抜け、シブヤン海からコロン湾（パラワン島北端）に帰還したのは二十六日夕刻だった。

こうしてレイテ湾突入という最終目標を果たさず惨敗に終わった「捷一号作戦」の日本海軍の損害は、空母四、戦艦三、重巡六、軽巡三、駆逐艦八、潜水艦三〇、航空機一〇〇機以上喪失という膨大なものであった。米側の損失は護衛空母一、駆逐艦二、護送用駆逐艦一であった。

レイテ沖海戦によって、日本の連合艦隊は壊滅したのだった。

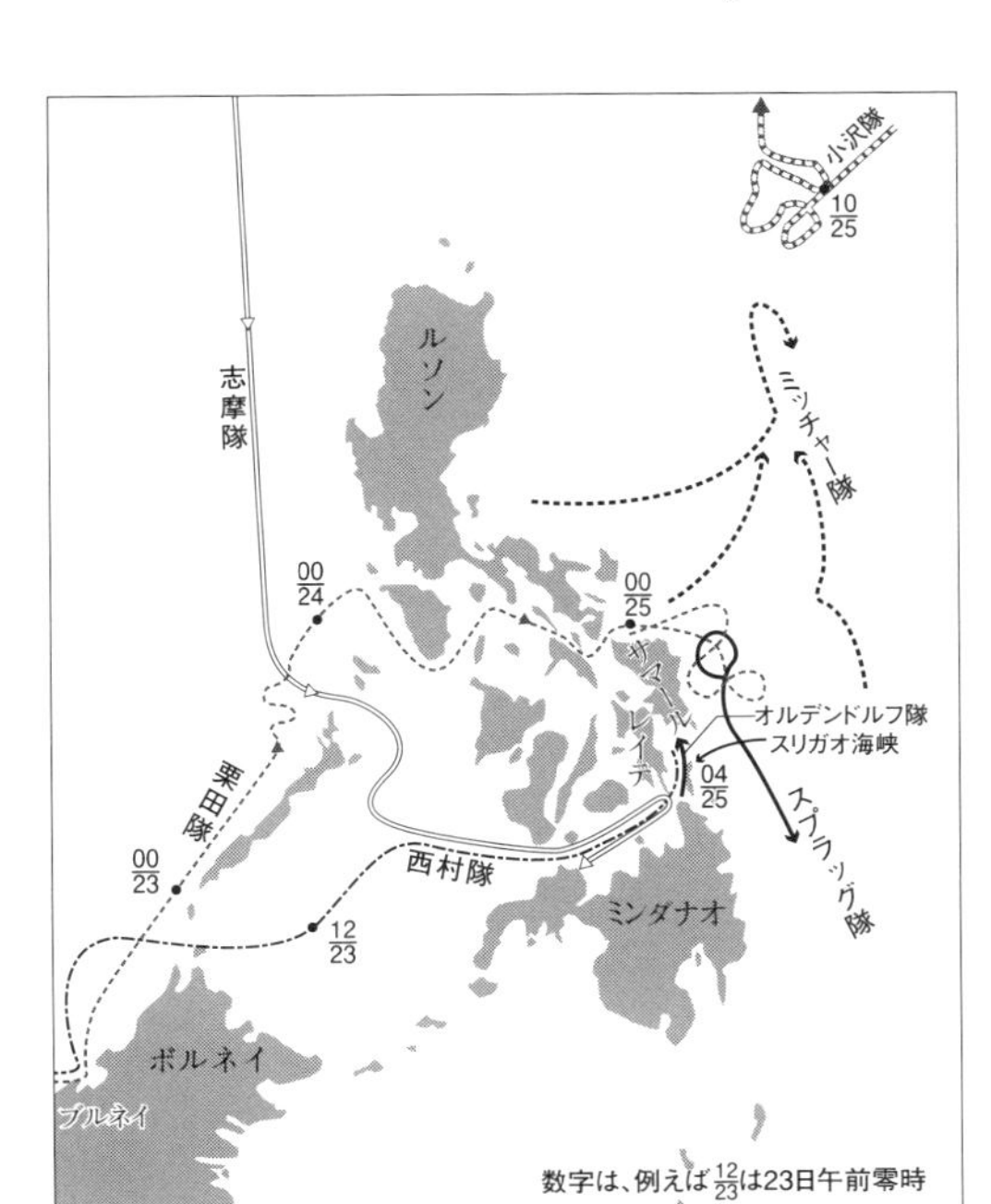

神風特別攻撃隊

米軍を恐怖に包んだカミカゼのスタート

一九四四年十月二十五日より

レイテ決戦の逆転を狙って 神風特別攻撃隊を編成

一九四四年（昭和十九）十月十八日、連合艦隊司令部は「捷一号作戦発動」を下令した。捷一号作戦の目的は、戦艦「大和」「武蔵」を基幹とする第一遊撃部隊（栗田健男中将指揮）をレイテ湾に突入させ、レイテ島に上陸したマッカーサー大将指揮の連合軍部隊を艦砲射撃で殲滅することにあった。

連合艦隊司令部は第一遊撃部隊のレイテ湾突入日（Y日）を十月二十五日と決定した。だがこのとき、フィリピン東方海上にはおよそ二〇隻の空母を擁する米機動部隊が遊弋していた。これら空母の艦上機による攻撃を受けては、いかに巨砲を誇る「大和」「武蔵」を擁する第一遊撃部隊といえどもレイテ湾突入は難しい。そこで連合艦隊司令部は基地航空部隊と機動部隊本隊に対して、その前日の十月二十四日に米機動部隊に対して航空総攻撃を実施するよう命令した。

在フィリピンの第一航空艦隊（第五基地航空部隊）の新長官に就任した大西瀧治郎中将が、前任の寺岡謹平中将からその職を引き継いだのは、捷一号作戦が発動される前日の十月十七日であった。そのとき一航艦の現有兵力は主力の零戦が二四機、攻撃機一五機、偵察機一機の四〇機に過ぎなかった。陸軍の航空兵力も六五機内外という惨状とあっては、とても戦にはならない。

そこで大西長官は、零戦に二五〇キロ爆弾を抱かせて敵艦に体当たり攻撃を加える特攻作戦の実施に踏み切る決意を固めた。敵機動部隊の撃滅は不可能としても、敵空母群の飛行甲板を一時使用不能にして攻撃力を弱め、栗田艦隊に敵機動部隊の水上艦艇撃滅を託することが第一航空艦隊の任務と考えたのである。この体当たり戦法は、一航艦に赴任するにあたって、軍令部総長と連合艦隊司令長官にも内諾を得ている作戦である。

　十月十九日、大西中将はマバラカットの第二〇一航空隊を訪れ、司令の山本栄大佐が不在のため副長の玉井浅一中佐に特攻攻撃を提案した。玉井副長は大西長官に同意し、その日のうちに攻撃隊の編成にとりかかった。特攻隊員は「志願制」を建前に編成されたが、実際は、辞退するにはかなりの勇気と覚悟を必要としたから、中には渋々手を挙げた隊員もいたといわれている。

戦艦「ミズーリ」に突入するカミカゼ。

　最初の隊員は二〇一空の志願者の中から二四名が選ばれた。そして玉井副長は隊長に関行男大尉（海兵第70期）を選んだ。関大尉はこの年の五月に結婚したばかりの二三歳で、ようやく第一線部隊に配属になったばかりだった。

「体当たり部隊の指揮官でどうか」

　と持ちかけられた関大尉は、さすがに驚いて「一晩考えさせてください」と答えたという。特攻攻撃は零戦に乗るが、関大尉の専門は急降下爆撃機（艦爆）だったことも、躊躇の一因にあったかもしれない。

　しかし、関大尉は隊長

特攻機に前部第２エレベーターをえぐられて飛行甲板が大破した米空母「エセックス」。

を引き受け、攻撃隊は「神風特別攻撃隊」と命名され、さらに敷島・大和・朝日・山桜の四隊に区分された。そして早くも各隊は十月二十一日、二十二日、二十三日と出撃したが、米機動部隊を発見できずに各隊は基地に帰投した。十月二十三日には新たに初桜隊や若桜隊、葉桜隊、菊水隊、彗星隊が編成されて二十四日の総攻撃に備えられた。

神風特別攻撃隊が見せた特攻作戦の凄まじさ

一航艦がフィリピン地区に固定して作戦を展開するのとは違い、戦況の変化に応じて移動する機動基地航空隊として一九四四年六月に第二航空艦隊（第六基地航空部隊）が編成され、福留繁中将が司令長官に就いていた。

台湾沖航空戦を戦い、大きな痛手を被っていた二航艦だったが、捷一号作戦の発動によってマニラ進出を命ぜられた。そこで福留中将は戦闘機一二六機、攻撃機七〇機の可動兵力一九六機を率いて十月二十二日夕刻にマニラへ進出し、一航艦と協同作戦を行うことになった。

大西中将は福留中将にも体当たり攻撃の実施を強く要望したが、福留は在来方式の大編隊による爆撃と雷撃戦法に固執して譲らなかった。そして戦爆一六〇機で十月二十三日に攻撃を開始し、二十四日、二十五日と米機動部隊に攻撃を繰り返していた。だがその戦果は、二十四日に艦爆「彗星」一機が軽空母「プリンストン」に二五〇キロ爆弾を命中させて撃沈したのみだった。

米艦「フランクリン」に特攻機が突入して粉々に飛散した瞬間。

一方、天候に阻まれて米機動部隊を発見できないでいた一航艦の神風特別攻撃隊も、この十月二十五日、ついに米機動部隊を発見していた。

まずダバオを発進した加藤豊文一飛曹の菊水隊（零

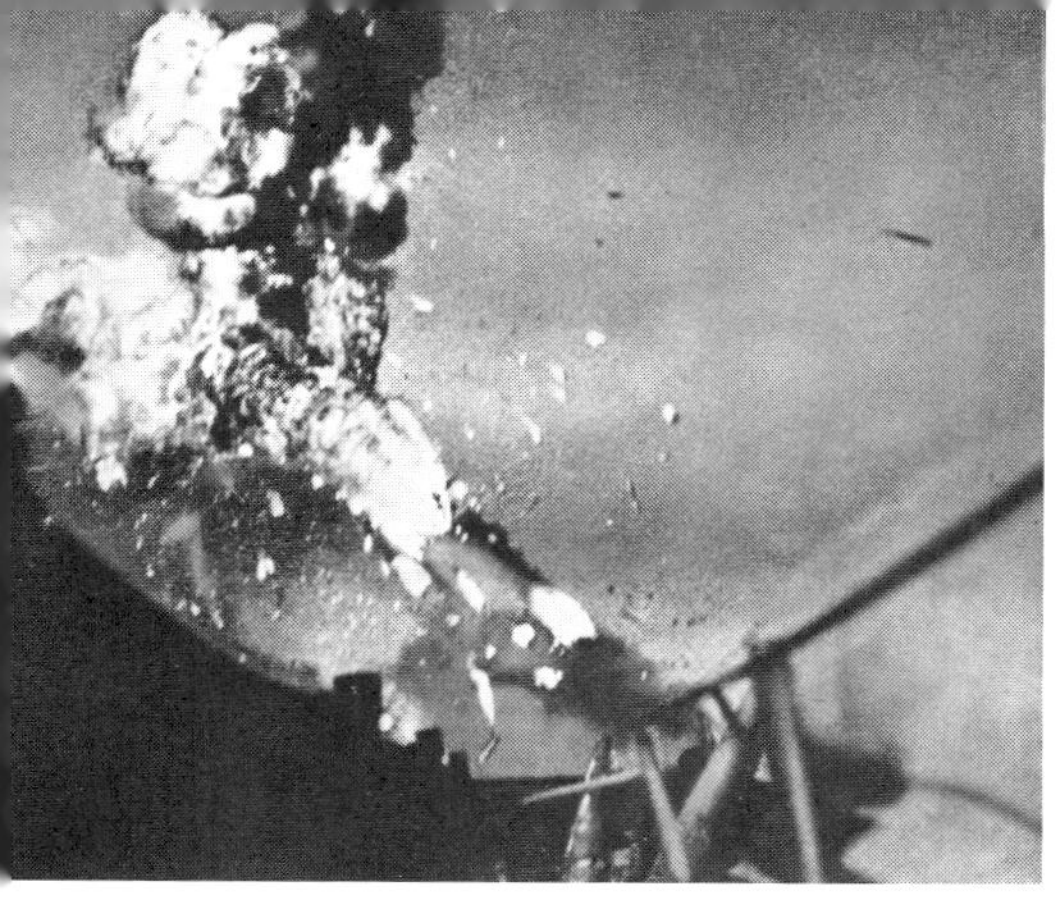
ルソン島沖で特攻攻撃に遭った空母「イントレピッド」。

戦三機＝攻撃二、直掩一）は、午前八時ごろスリガオ海峡東方を北進中の米空母群（軽空母六、駆逐艦八）を発見した。米側の資料では「日本軍機六機の攻撃を受けた」というから、菊水隊と同じダバオ発進の朝日隊（零戦三機＝攻撃二、直掩一）と山桜隊（零戦四機＝攻撃二、直掩二）も同じ目標を攻撃した可能性が強いといわれている。

この六機の零戦攻撃機のうちの一機が空母「サンティー」に命中、格納甲板を突き抜けて爆発し、乗員四三名を殺傷して火災を起こさせた。この直後、零戦三機が空母「スワニー」に突進していた。二機は激突寸前に撃墜されたが、一機は飛行甲板と格納庫の間で炸裂し、多数の死傷者を出していた。これが神風特別攻撃隊の初戦果だった。

マバラカットを発進した関大尉率いる敷島隊（零戦九機＝攻撃五、直掩四）は午前十時四十分、タクロバン沖で別の米空母群を発見していた。海面すれすれを飛んできた敷島隊は、米艦隊発見と同時に急上昇し、高度一六〇〇〜一八〇〇から一斉に急降下で米空母に突撃した。

最初の一機は空母「キトカンベイ」の艦橋すれすれに落ちて〝至近弾〟となり、かなりの損害を与えた。空母「ファンショーベイ」を狙った二機は直前に撃墜されたが、空母「ホワイトプレーンズ」に向かった二機は必死の形相で目標に食らいついた。

まず一機は激しい集中射撃の中を突進し、横転しながらも左舷外側通路をかすめて水面との間で爆発した。『海軍戦闘機隊史』（零戦搭乗員会編）は「機体の破片と搭乗員の屍片が飛行甲板に降り注ぎ、乗組員一一名が傷ついている」と記している。そしてもう一機は、集中射撃を受けて煙を吐きながら急旋回し、空母「セントロー」に突入し、甲板を貫通して爆発炎上した。炎は格納甲板にあった魚雷と爆弾に引火誘爆し、「セントロー」は午前十一時十五分に沈没していった。

やがて一航艦司令部にセブ基地から戦果報告が届く。

「空母一隻二機命中撃沈、空母一隻一機命中火災停止、軽巡一隻一機命中撃沈」

これは敷島隊の直掩隊長西澤義広飛曹長がセブ基地に着陸して打電したものだった。撃墜王といわれていた西澤飛曹長は、翌十月二十六日、セブから輸送機に同乗してマバラカットに帰還する途中、輸送機がF6F戦闘機に襲撃されて墜落、西澤飛曹長も戦死してしまった。

航空作戦唯一の手段となった特攻攻撃

神風特別攻撃隊が文字どおりの「必死戦闘」を決行した十月二十五日、栗田健男中将の第一遊撃隊と、志摩清英中将の第二遊撃隊はシブヤン海、ミンダナオ海にあって敵機の猛攻にさらされていた。すでに十月二十四日にシブヤン海で巨艦「武蔵」が撃沈されており、二十五日午前五時三十分にはスリガオ海峡で西村艦隊も全滅していた。さらに同日午前には、小沢治三郎中将の機動部隊の空母四隻も撃沈され、日本の連合艦隊は壊滅していた。

2機が突入し、黒煙を上げる空母「バンカーヒル」。

敷島隊の戦果報告が届いた十月二十五日夜、大西中将は改めて福留中将に二航艦の特攻参加を要望した。わずか二〇機にも満たない零戦による「多大な戦果」を前に、福留中将も大西の説得に応ぜざるをえず、ここに一航艦、二航艦をもって第一連合基地航空部隊を編成することになった。指揮官は先任の福留中将で、大西中将は参謀長役で特攻作戦を指揮することになった。

二航艦は第七〇一航空隊司令木田達彦大佐を指揮官として、九九式艦爆による純忠・誠忠・至誠・神武・

恐怖の眼差しでカミカゼの侵入を見つめる「ミンドロ」隊員。

神兵の諸隊と、彗星による忠勇・義烈の二隊を編成した。そして一航艦所属の隊を「第一神風特別攻撃隊」、二航艦所属の隊を「第二神風特別攻撃隊」と名づけた。以後、フィリピン方面の海軍航空作戦は、この特別攻撃隊を中心として実施され、第三、第四、第五の神風特別攻撃隊が追加編成されていく。この海軍特攻隊に、かねて体当たり攻撃を想定して準備を進めてきた陸軍の「万朶隊」「富嶽隊」も十月末には内地からフィリピンに進出し、陸海合わせた特攻作戦が本格化していった。

同時に、十月下旬から十一月上旬にかけての基地航空隊の兵力損耗はうなぎ登りで、母艦搭載予定であった第三航空艦隊の大部分を一航艦と二航艦に増勢するとともに、内地からも逐次飛行隊がフィリピンに増派された。

こうしてフィリピンにおける特攻作戦は一九四五年（昭和二十）一月九日、ツゲガラオ基地を発進した零戦特攻二機と掩護零戦二機からなる第二六金剛隊を最後に終わりを告げた。

この間、神風特別攻撃隊の出撃機数は四二四機。戦果は以下の通りである。

撃沈―空母四、戦艦一、巡洋艦五、駆逐艦三、輸送船二三。

撃破―空母一三、戦艦三、巡洋艦八、駆逐艦一、輸送船三四。

フィリピン上空での海軍の特攻作戦は終わった。だが、これは、それから始まる地獄の作戦のほんの序章に過ぎなかった。一九四五年三月十八日、沖縄攻略を目指す米艦隊と、老雄・零戦を中心とした特攻隊との新たな対決が開始されるからである。その詳細は別項に譲るが、この沖縄の戦いでは海軍機は二〇〇五機一九八一名、陸軍機は八八六機一〇二一名が突入を敢行する。

フィリピン戦線陸軍特攻隊 一九四四年十一月十二日より

比島に進出した「万朶隊」と「富嶽隊」

軍中央が計画していた陸軍の特攻作戦

フィリピン戦線で陸軍が初めて航空特攻作戦を決行したのは、一九四四年（昭和十九）十一月十二日だった。海軍特攻の初出撃から十八日後である。この部隊は万朶隊と命名され、次いで富嶽隊が出撃した。十一月の特攻出撃はこの二隊だけだが、いずれも内地で編成され、はるばるフィリピン戦線に進出してきた隊だった。

当時、フィリピンには第四航空軍という大規模な航空部隊が、ルソン島を中心に展開していた。地上要員も含めて八万人を超える（ただし八五パーセントは地上勤務部隊）大部隊であり、飛行機もアメリカ軍がレイテ島に上陸したころは一五〇機は保有していた。軍司令官は東條英機首相兼陸相時代の陸軍次官だった冨永恭次中将だった。

ではなぜ第四航空軍機は特攻に出撃せず、わざわざ内地から呼び寄せて特攻をさせたのか——。それは、陸軍航空隊では早い時期から航空機による体当たり戦術が決定され、それに向けての準備が進んでいたからである。実際に茨城県の鉾田教導飛行師団で万朶隊が編成されたのは十月二十一日で、浜松教導飛行師団で富嶽隊が編成されたのが十月二十四日である。これだけを見ると海軍航空隊の神風特攻隊編成の時期とほとんど同じだが、背景はかなり違う。

陸軍の参謀本部が体当たり戦法を採用したのは、なんと一九四四年三月十八日と、海軍よりかなり早い。当時の参謀総長は東條英機首相兼陸相だった。政治と統帥の高度な統合を図るという名目で、参謀総長も兼ねるという異様な人事を断行した直後のことだ。このころの戦局は、海軍関係では連合艦隊の泊地・トラック諸島が米空母艦載機の大群に大空襲を受け、ほぼ息の根を止められていた。陸軍はニューギニア戦線が青息吐息で、ここに展開していた第四航空軍は見るも無惨な敗勢にあった。連合軍が西部ニューギニアのホーランジアに上陸したのは四月二十二日だが、ここにあった第四航空軍は、上陸前の空襲で壊滅しており、そうでなくとも迫り来る連合軍に対してなに一つ有効な反撃ができなくなっていた。

出撃を前に、無念の空戦に斃れた万朶隊の岩本隊長らの遺骨を抱いて別れの盃を交わす富嶽隊の隊員たち。

　そこで陸軍航空隊は、思いきって連合国軍の海軍航空隊と同じように船団攻撃を行うことに決し、雷撃部隊や跳飛爆撃部隊を編成して訓練を始めていた。雷撃はもちろん航空魚雷で攻撃すること、跳飛爆撃は、海面すれすれに飛びながら爆弾を落とし、海面を爆弾が何回か跳ねながら進み、敵艦の土手っ腹に当てる攻撃法である。米陸軍航空隊はすでに早くから採用していたもので、「スキップ・ボンビング」と呼んでいた。

　このような攻撃をより効果的に行うために、直前に四式重爆撃機（飛龍）と九九式双軽爆撃機によって船団に体当たりさせ、その混乱に乗じて雷撃部隊や跳飛爆撃部隊が船団をいっせいに襲って止めを刺すという戦法をとろうとした。決して単独の体当たり戦術を思い描いての〝特攻〟ではなかったという。四式重爆には海軍の八〇〇キロ爆弾を二発、九九双軽爆には一発装備できるように改装が進められた。

　しかし、一九四四年の戦局は連合軍のサイパン上陸から急転回を描く。特にマリアナ沖海戦（六月十九日）の敗北は、陸軍航空関係者の間にも深刻な憂慮を抱かせた。そしてこのあたりから、特攻機による単独体当

特攻隊の体当たり攻撃から逃げ惑うレイテ湾の米艦船。

たり戦法へと傾斜していったようだ。その流れを追えば次のようになる。

●六月二十九日　陸軍・航空総監部の関係部隊長会同で、「体当たり攻撃実行」の訓示。

●七月七日　航空部隊関係高級軍人の会議で大本営の航空参謀が「体当たりの非常手段」を強調。

●十月四日　教導航空軍（航空総監部と一体の機関）が鉾田教導飛行師団長今西六郎少将に九九双軽体当たり部隊編成を内示。

●十月十三日　今西師団長が教導航空軍と体当たり部隊について打ち合わせ。

●十月中旬　体当たり用に改装された九九双軽が鉾田基地に到着。

●十月十八日　捷一号作戦の発令。

●十月二十一日　今西師団長が体当たり攻撃隊の一六人（八機）を発表。

●十月二十四日　浜松教導師団において、南方派遣の特別任務要員二六人（九機）を命令。全員が四式重爆の経験者。

以上のような手順を踏みながら、体当たり特攻隊が編成されていった。伝えられるような海軍航空の神風特攻隊の編成とは違い、陸軍特攻隊は軍中央によって事前に計画的に編成されたのである。

続々フィリピン戦線へ送られる特攻隊

鉾田の九九双軽体当たり部隊は万朶隊と命名され、十月二十六日ルソン島マニラ南方のリパ飛行場に到着した。浜松の四式重爆の部隊は富嶽隊と命名され、十月二十六日、参謀総長代理としての菅原道大（すがわらみちお）航空総監が見送るなか浜松基地を出発、二十八日にルソン島の

クラーク飛行場に到着した。

海軍の神風特攻隊敷島隊が米護衛空母「セントロー」に体当たりして撃沈させた直後、陸軍は感激興奮する国民の声に押されるようにして、さらに特攻隊六隊を編成した。まだ万朶隊も富嶽隊も特攻出撃していなかったが、これに続くものとして編成したのである。

海軍が戦闘機・零戦の特攻隊を編成したことにならって、戦闘機「隼」の特攻隊として第一八紘(はっこう)隊から第四八紘隊（各一二機編成）を編成した。編成地は明野、常陸の各教導飛行師団（いずれも将校操縦者の戦技教育を担当）、第五一教育飛行師団（内地と朝鮮で下士官の戦技教育を担当）、第一〇飛行師団（開東地区防空師団）である。さらに九九式襲撃機による特攻隊を、鉾田教導飛行師団（一二機編成）と下志津教導飛行師団（一八機編成）によって編成した。襲撃機は本来、重厚な大型戦車を爆撃するための飛行機である。これらがフィリピンに進出して八紘隊、一宇(いちう)隊、靖国隊、護国隊、鉄心(てっしん)隊、石腸(せきちょう)隊などとなった。

フィリピンに出撃するに当たって忠魂碑に必勝を祈願する丹心隊の隊員たち。

では、最初の特攻隊である万朶隊と富嶽隊はどうなったか。

万朶隊は非常に悲しい運命をたどった。特攻出撃の直前の十一月五日、リパからマニラに進出してから特攻出撃する予定のところ、そのマニラへ向かう途中で米軍機の一群につかまった。万朶隊には隊長と小隊長三人、航法担当一人の計五人の将校がいたが、このときの戦闘で将校全員が戦死してしまった。そのため七日の陸軍最初の特攻出撃は富嶽隊に命じられた。しかし目標を発見することができず、戦果を挙げることはできなかった。

十一月十二日、満身創痍の万朶隊四機に特攻命令が下り、レイテ湾の米輸送船団めがけて体当たりを敢行した。作戦は一機が引き返したため、三機で行われた。この特攻作戦には掩護として戦闘機一一機が随伴し、戦果を確認している。それによると「沈没寸前の大型艦船二隻と炎上中の小型船一隻」を確認したというが、米軍の記録ではちょうどレイテ湾あたりで上陸用舟艇修理艦「エジヤリア」、同「アキリーズ」が特攻機によって損傷を受けたと記録されている（『第二次大戦米国海軍作戦年誌』）。なお、このときは掩護の戦闘機一機も体当たりを行った。

富嶽隊再度の特攻出撃は、万朶隊出撃の翌十一月十三日に行われた。米機動部隊への特攻命令だった。出撃したのは西尾常三郎少佐機以下の五機。米機動部隊をクラーク東方約四〇〇キロで発見したが、米軍機による手痛い反撃を受けて西尾機は爆発炎上、他の一機がそのすきに体当たりを敢行、残る二機は体当たりの機会を逸して生還した。一機は途中からエンジン不調で引き返していた。富嶽隊二度目の特攻も戦果はなかったのである。

その後も万朶隊と富嶽隊生き残りによる散発的な特攻出撃が続いたが、天候不良や目標を発見できなかったり、戦場が遠すぎたりして、体当たりを敢行するまでにはいかないケースが多かった。

その間、内地では十一月十六日に次のような特攻隊が編成された。やはり戦闘機中心の特攻隊で、のちに丹心（たんしん）隊（一式戦・隼。明野教導飛行師団）、勤皇（きんのう）隊（二式複戦・屠龍（とりゅう）。鉾田教導飛行師団）、一誠（いっせい）隊（隼。明野教導飛行師団）、殉義（じゅんぎ）隊（隼。常陸教導飛行師団）、皇魂（こうこん）隊（屠龍。鉾田教導飛行師団）、進襲（しんしゅう）隊（九九式襲撃機。下志津教導飛行師団）と命名された各隊である。二人乗りの戦闘機「屠龍」も襲撃機として改装されて特攻機となった。

これらの部隊は九州や台湾の基地を経由して、相当難儀しながら数日かけてフィリピンに進出した。

この頃（十一月中旬）になると、特攻隊として編成されていなくても体当たり攻撃を決行する飛行機が出ていた。こうした敢闘ぶりを見て、フィリピンの第四航空軍でも現地部隊による特攻隊編成が急速に進められていった。

冨永第四航空群司令官の狂乱の特攻指導

陸軍特攻に関しては十一月中旬までは万朶隊と富嶽隊のみの特攻であり、十一月二十二日から十一月末まではその他の特攻隊も出撃して、一八人が戦死した。

学窓から一気に激戦の空に飛び立つ「石腸隊」の出撃。

この期間に第四航空軍は第二次航空総攻撃と称する大攻勢をかけたので、特攻機もそれなりに出撃したのである。もちろん海軍の神風特攻が量的には多かった。

米軍の記録では十一月二十五日、二十七日、二十九日に特攻機による損害が集中している。軍事史研究家の生田惇氏は「二十七日の相当部分および二十九日の全部は、陸軍特攻の挙げた戦果であろうと推定される」（『陸軍航空特別攻撃隊史』）としている。なお本稿は同書に多くを負っている。

その米軍記録では、二十七日は駆潜艇SC七四四が沈没、空母「コロラド」、軽巡「セントルイス」「モントピーリア」が損傷、二十九日は戦艦「メリーランド」、駆逐艦「ソーフレー」「オーリック」が損傷となっている。

十二月に入っても陸軍特攻は果敢に行われている。そのおもなケースを見てみよう。以下のほかにも特攻出撃はあり、それぞれに戦果が報告されたが、ここでは米軍記録からも体当たりが確認されるケースにとどめる。

●十二月十日　丹心隊がレイテ水域で駆逐艦「ヒューズ」に損傷を与えた。

●十二月十二日　レイテ水域で八紘隊、石腸隊、丹心隊のいずれかが駆逐艦「コルドウェル」に損傷を与えた。

フィリピンの陸軍特別攻撃隊を激励する冨永恭次指揮官。

●十二月二十一日　殉義隊、旭光隊がミンドロ島水域で駆逐艦「フート」に　損傷を与え、戦車揚陸艇「LST四六〇」「LST七四九」を撃沈した。旭光隊は第四航空軍所属の飛行第七五戦隊で編成された。

●十二月二十二日　殉義隊が駆逐艦「ブライアント」に損傷を与えた。

●十二月三十日　ミンドロ島水城で進襲隊が駆逐艦「プリングル」、同「ギャンスバート」に損傷を与えた。「ギャンスバート」は機関室が破壊され、海上に放棄されたので、事実上の撃沈とみなしてよいかもしれない。

十二月の陸軍特攻の出撃数は九七機という。前半は海軍特攻よりも機数が多く、後半は海軍特攻よりも少なかった。このなかで大規模かつ悲劇的な出撃として第五飛行団全力（飛行第七四戦隊、飛行第九五戦隊）による特攻出撃があった。

状況は「十二月十三日午前九時ごろ、ミンダナオ島のカガヤン監視哨は、北方約八〇キロ付近を西進中の艦船約八〇隻を発見した。空中偵察によっても中型輸送船一〇隻、上陸用舟艇七〇隻、護衛艦一〇隻という大船団が発見された」というもので、特攻のチャンスであったが、第四航空軍には手持ちの特攻兵力がなくなっていた。

そこで軍司令官の冨永恭次中将は、唐突に第五飛行団に対する全力特攻を命じたのである。一〇〇式重爆撃（呑龍）九機の菊水隊はあわただしくクラーク飛行場を離陸したが、全機未帰還となった。状況はよくわからない。この特攻出撃で丸山義正大尉以下四七人が、ネグロス島近海で戦死した（特攻隊慰霊顕彰会『特別攻撃隊』）。

そもそも「呑龍」は一〇〇〇キロもの爆弾を搭載する八人乗りである。爆弾を投下する装置はあっても、体当たりした瞬間に爆発させるような改装は行われていなかった。その「呑龍」にいきなり体当たり特攻を命じたのは、無謀というより無知としか言いようがない。こうした〝特攻指揮〟を前出の生田氏は「冨永軍司令官の作戦指導は狂乱に近いもの」と評している。

二五〇余名の戦死を出した フィリピンの陸軍特攻

一九四五年（昭和二十）に入ると、連合軍のリンガエン湾上陸が現実の問題となってきた。実際に上陸したのは一月九日だが、日本軍は一月四日ごろからリンガエン湾に向かいつつある大船団の消息をキャッチしていた。そこで陸軍航空隊は四日、五日、六日と特攻機を出撃させ、一部が船団への体当たりに成功した。

八日にはいよいよ海岸に近づいてきた敵大艦隊に対して皇魂隊、石腸隊、一誠隊、進襲隊、精華隊から計一四人が出撃した。

九日にも数機が出たが、十日には富嶽隊、皇魂隊、護国隊、皇華隊（飛行第四五、第二〇八飛行戦隊で編成）、精華隊から計七機が出撃した。

そしていよいよ一月十二日、全力特攻となった。すなわち富嶽隊三人、旭光隊五人、精華隊二一人、皇華隊二人、小泉隊（小泉康夫少尉率いる部隊で、同少尉は十二月二十一日特攻戦死しており、この日は准尉一

燃料を使い果たして海上に不時着した特攻機。搭乗員の救出にカッターが向かう。

人が出撃）一人の計三二人だった。この特攻隊が大型軍艦に体当たりした光景は、リンガエン湾一帯の最前線を防備していた陸上部隊からも目撃されたといい、部隊長は特攻隊を指揮していた第三〇戦闘集団に感謝と哀悼の気持ちを伝える電話をしたという。陸軍特攻の最後は、この一月十二日の精華隊の二人によって行われた。

こうしてフィリピンにおける陸軍特攻は終わった。実際の突入機数は二〇二機、戦死二五一人だった。これは前出生田氏の『陸軍航空特別攻撃隊史』の数字だが、森本忠夫氏の『特攻』（文藝春秋）では機数は二〇四機で戦死者数は同じである。こういう誤差はよく起こり得るようで、一月の陸軍特攻戦死者数は生田氏によれば七九人だが、生田氏も編集にかかわった『特別攻撃隊』の戦死者名簿によれば、一月の陸軍特攻戦死者名簿には七八人しか記載されていない。（文・森山康平）

坊ノ岬沖海戦

日本の最期を象徴する戦艦「大和」の特攻作戦

一九四五年四月七日

戦艦「大和」の特攻作戦
「菊水」作戦発動まで

完敗に終わった比島沖海戦は、その後の日米決戦に最後の断を下したものといえよう。その敗因は外的要因、内的要因など多岐にわたっている。この比島沖海戦につづく「菊水」作戦で巨大戦艦「大和」が海中に没したことは、それらすべての要因を象徴するできごとだったともいえる。

結果は画餅(がへい)に終わったが、「捷号(しょうごう)作戦」は大規模な計画であった。この作戦の失敗によって洋上の貴重な戦力を失って「空しく瀬戸内海の一隅に待機していた戦艦・大和以下の残存艦隊の姿はまさしく神の前に跪(き)拝(はい)する囚人の赴きがあった」とは元海軍省詰め某ジャーナリストの回想である。

比島沖海戦から生き残った艦隊の各艦には燃料もなく、中には主要軍港の周りに繋留され、スクラップ同然に扱われたものもあった。例えば、マストや甲板には樹木を盛りこんで偽装網でカムフラージュして軍艦であることとの見分けがつかないようにしたり、水上防空砲台として再利用されているものもあった。

だが、戦艦「大和」は軽巡洋艦「矢矧(やはぎ)」、駆逐艦八隻とともに広島湾の柱島泊地に在った。これらの艦はいずれも戦闘可能な状態におかれていた。そして戦況は、一九四五年(昭和二十)二月中旬から約三週間で硫黄島が陥落、米軍は日本空襲のための戦闘機基地を設けた。その戦闘機はマリアナから日本本土を爆撃するB29爆撃機の護衛に当たった。さらに三月も中旬に

公試運転中の「大和」。

なると主要都市の焦土化作戦が始められ、九州、四国方面への攻撃も頻繁に行われるようになってきた。ここにおいて日本軍部の迎撃作戦案は、米軍の本土上陸が開始されるまでは隠忍自重して、航空機は使用せずに保存し、米軍が本土に上陸するときに、陸海空の協同作戦で一気に殲滅しようという、いわば捨て身の水際作戦であった。しかし米機動部隊の戦力規模を考えると、飛行場の防衛施設、その方法には限界があった。事ここに至り、軍令部は積極的攻撃以外に防御戦法はないという結論になった。

三月十八日から二十日にかけて南九州に来襲した米機動部隊に対して、第五航空艦隊（宇垣纒司令長官）は、特攻機を含む全兵力を挙げて相対したが、米空母三隻を大破もしくは中破するという結果に終わった。この戦闘で初めて出撃した神雷特攻隊のアイデアも目的を果たさず、多大の犠牲を出したのだった。特攻隊は一式陸上攻撃機がロケット推進機の付帯した「桜花」と名付けられた小型特攻機をその胴体に抱き、米空母に接近、数一〇浬の距離から発進させて狙い撃つというものであった。だが、機体に弱点をもつ一式陸攻は、発進地点に到達する前に米戦闘機の餌食になってしまった。

三月二十五日、米軍は機動部隊の援護の下に沖縄県の慶良間列島へ上陸を敢行してきた。艦船七〇隻に武器、弾薬、兵員を満載しての強行上陸作戦であった。これに対して連合艦隊は「天」号作戦を発動したが、作戦準備の不十分さから何らの効果も上げ得なかった。そして、四月一日には、米軍の沖縄本島嘉手納海岸上陸が開始され、北、中の日本軍飛行場はあっけなく米軍に占領されてしまった。いよいよ本土の危機が迫ってきたのであった。

戦艦「大和」に出撃命令

　連合艦隊参謀長・草鹿龍之介少将が、三上中佐参謀を伴い突如、第二艦隊司令長官伊藤整一中将を柱島泊地の戦艦「大和」に訪れたのは、一九四五年四月六日のことであった。用件は、前日の五日に発令されていた「大和」出撃命令について伊藤長官の意見を聞くためであった。

　これより先、「菊水」作戦が発動されたとき、草鹿参謀長は第五航空艦隊との作戦打ち合わせのため、鹿屋に出張中であった。草鹿参謀長がこれを知ったのは作戦決定後であり、電話で神重徳参謀から知らされたのだった。参謀長不在のまま「全力特攻」を作戦として主張していたのが、ほかならぬ神参謀だったからである。

連合艦隊参謀長草鹿龍之介少将。

「第二艦隊は四月八日未明、沖縄嘉手納沖の米艦船泊地に突入せよ。但し燃料は片道分とする。故に帰還の道なき特攻作戦である」

　というものであった。「……すれば……かも知れない」という、連合艦隊司令部の藁にもすがる思いが滲み出ている。何を期待しているのか？　これが、自滅作戦といわれる「菊水」作戦の本質であった。

　戦艦「大和」の長官室で開かれた艦隊幹部の極秘の研究会では議論百出、怒声さえ飛び交った。

「無為に死ねというか！」

「全滅は必死だ。戦果なし！」

「なにも期待し得ない自殺作戦には大反対だ！」

「連合艦隊司令部は、穴から出て陣頭に立て！」

　次々と司令部の作戦計画に憤懣の声があがった。作戦としてはあまりにも

第２艦隊司令長官伊藤整一中将。

「大和出撃す」の報で母艦を飛び立ったグラマン雷撃機。

矛盾が多かったからだ。第一、沖縄まで乗り込んでいける可能性はなきに等しい。百分の一の可能性に賭けるのでは作戦になりえない。研究会でただの一人の賛成者もなかったのは当然のことであったろう。草鹿参謀長自身、釈然としない感じを抱いていた。むしろ反対の立場をとりたかった。しかし、命令には絶対服従という軍の法則は曲げられない。

伊藤司令長官に会見する草鹿は「つらい役目だ」と感じていた。連合艦隊司令部の意向を伝える口も自然に重くなった。

「この作戦の目的は、戦艦『大和』に一億特攻の先駆けになっていただきたいということなのです」

草鹿に同行した三上中佐参謀が口を添えた。ややあって、伊藤司令長官の厳しい顔に決意の笑みが浮かんだ。作戦を承認したのである。

「大和」艦上では、第二回目の会議が開かれた。草鹿参謀長は縷々出撃の要を説いた。艦隊幹部は出撃論に譲歩を示し、艦隊の沖縄突入は決定した。連合艦隊司令部では「海上特攻部隊」と呼称した。

各艦は燃料の補給、弾薬、魚雷を搭載した。準備完了して隊形を整えた艦隊に、伊藤長官から訓示が与えられた。

「神機将に動かんとす。……海上特攻隊の本領を発揮せよ」

簡潔ながらも毅然とした姿勢を感じさせる訓示であった。その後、艦隊は二手に分かれて戦艦「大和」に対して実戦さながらの襲撃訓練を展開した。これは第二水雷戦隊司令官古村啓蔵少将の発案で作戦会議で了解されたものであった。この出撃は、帝国海軍最期のものになるであろう、ならば形見に駆逐隊伝統の襲撃運動を披露したい、という主旨が皆の感動を呼んで許されたものであった。さながら出陣前の武者が舞う別れの調べにも似た趣がある。

　これより先、「大和」艦長の有賀幸作（ありがこうさく）大佐の配慮によって、数日前に乗り組んで来た若い兵学校出身の候補生たち、乗艦して間のない補充兵たちは瀬戸内に在泊する艦艇に転乗の手続きがとられた。

奇跡は起こらなかった

　海上特攻艦隊は、一九四五年四月六日の午後三時二十分に徳山沖を出撃した。対潜警戒隊（第三一戦隊）三隻が援護につき、軽巡「矢矧」を先頭に縦陣列、速力二〇ノットで豊後水道を南下した。米機B29の高々度偵察、そして潜水艦が出没して海上特攻艦隊の動きを警戒し、通信していることが分かった。特攻艦隊の動きは確実に米機動部隊にキャッチされていたのである。

　特攻艦隊は「大和」を中心に輪形陣（りんけいじん）を張り、九州南西海岸に進出した。「大和」「矢矧」に搭載していた水上機は鹿児島基地に帰した。上空直衛機もやがて去った。この頃から米マーチン偵察機が頻繁に姿を見せ始めていた。しかし艦隊はジグザグ運動を行いながら南下を続けた。夜半過ぎに九州南端の大隅海峡を抜け、東支那海に入った頃、駆逐艦「朝霜」が「機関に故障発生」の信号を掲げて落伍した。そして翌七日正午頃、「米機と交戦中」の一電を発し、音信は絶えた。

　四月七日、天候は曇り、時折小雨。積乱雲が多く対空警戒には不都合であった。そして後方に米潜水艦が見え隠れし、空には米空軍機が監視の態勢に入っていることが誰の目にもよく分かった。

　午前八時過ぎ、米索敵機は「大和」の艦影をとらえた。この時、特攻艦隊の進路は北西に向いていて、報告を受けた米第五八機動部隊のミ

大和隊の攻撃編成表

日本軍
（×は沈没）
海上特攻隊（第２艦隊司令長官：伊藤整一中将）
戦艦・×大和
第２水雷戦隊（司令官：古村啓蔵少将）
軽巡・×矢矧
　第41駆逐隊＝冬月、涼月
　第21駆逐隊＝×朝霜、初霜、×霞
　第17駆逐隊＝×磯風、△雪風、×浜風
注：「大和」戦死者は伊藤長官以下2740名、第２水雷戦隊戦死者は981名（計3721名）。

爆撃と魚雷攻撃を受けてジグザグ航進をする「大和」。

ッチャー提督は怪訝（けげん）な面持ちを隠せなかった。彼は比島沖海戦でシブヤン海峡で戦艦「武蔵」を葬った実績を誇りにしていた。だから戦艦「大和」をも自分の手の獲物にしたかった。果たして特攻艦隊は沖縄攻撃に向かってくるのか、という疑問が一瞬頭をかすめた。特攻艦隊のジグザグ航行がミッチャー提督の頭を混乱させたのだった。

正午過ぎ三十分、それまで本格的な攻撃を仕掛けてこなかった米艦上機が、三機、五機、一〇機と前方を横切るように右へ飛行していく。それはいきなり雲間から現れた。だが、攻撃を仕掛けてこない。包囲網を敷いてから一挙に叩くつもりなのか。雲の高さは約一〇〇〇メートル。この状態では急降下爆撃はまず不可能である。雲を出てからでは照準する時間がない。魚雷を発射する雷撃機にしても同様で、ある程度の高度が必要である。

特攻艦隊は雷爆撃を回避するため三〇ノットにスピードアップし、距離五〇〇〇メートルの疎開隊形を作った。そして艦隊が上空に最初の米機を発見してから約二十分、二〇〇機ほどの編隊が姿を現し、今度は一挙に襲いかかってきた。攻撃目標は明らかに「大和」であり、「矢矧」であった。戦闘初期においては機種機数が判定でき、回避することも可能だった。しかし二波、三波と連続して数百機が雲霞（うんか）のように来襲し、水面低く飛来して雷撃するかと思うと不意に反転して機銃掃射に転じる。あるいは雲の中から急降下爆撃をするなど変幻自在の攻撃のため、特攻艦隊は混乱を余儀なくされた。

戦艦「大和」は最大の速力で回避運動をしながら対空射撃で応戦していたが、後部マストの周辺に爆弾一発、左舷前部に魚雷一本の命中弾を浴びた。輪形陣の左翼にいた駆逐艦「浜風」が爆撃されて航行不能となり、さらに魚雷命中で炎上し、沈没した。その直後、軽巡「矢矧」が爆弾、魚雷の命中弾を浴びて航行不能になった。「冬月」「涼月」も被弾する。雷撃機は「大和」を狙い続ける。攻撃は左舷に集中し、魚雷三本が命中。船体が左方に傾斜した。艦の水平を維持するため右舷の注排水区画に三〇〇〇トンの海水が注入された。

一時四十四分、再度左舷に魚雷二本が命中した。そして午後二時頃、米機は姿を消した。だが、米軍の攻撃は終わらなかった。一〇数分後、再び一〇〇機を超える艦載機が襲ってきた。「大和」は傷ついた巨体にさらに左右両舷から三本の魚雷を受け、その上、急降下爆撃による爆弾も三発命中、さしもの「大和」も大きく左舷に傾き始めた。

米艦上機カーティス・ヘルダイバーの操縦席から撮影した「大和」。

もはや沖縄への到達は不可能になっていた。森下参謀長は伊藤艦隊司令長官に状況判断を示し、事後処置について意見を具申した。艦橋に集められた幹部たちに、伊藤長官から悲痛ながらも激励の挨拶があった。

潔く撤退し事後の作戦に万全を期せ、幕僚は駆逐艦「冬月」に移乗し、残存艦を指揮し、生存者を救出して帰投せよ。諸君の奮闘に感謝する……。

伊藤長官は幕僚の一人一人の顔を改めて記憶にとどめるかのように敬礼をして、長官室に消えた。

スピーカーは「総員最上甲板に集合」を命令していた。艦内の惨状は想像するに余りある。直後、「大和」は堪えきれぬかのように転覆した。しばし水上に艦底を見せていた「大和」は、やがて主砲塔の弾薬庫が大爆発を起こし、火焔と巨大な黒煙の柱を噴き上げて爆沈していった。時に午後二時二十三分、所は九州南西端坊ノ岬二六〇度九〇浬付近だった。目的地・沖縄までの約半分の行程であった。艦上および艦内での戦死者は、乗組員二七六七名のうち、二四九八名といわれる。

大爆発を起こして沈没する「大和」。巨艦の最期は、日本軍の最期でもあった。

史上最大の戦艦、不沈戦艦と称され、世界の海軍に恐れられた戦艦「大和」は、僚艦「武蔵」も同様であったが、それだけ絶好の標的とされる宿命を背負っていた。米機動艦隊の提督たちが競って「大和」との遭遇を願い、これを射ち止めることに執念を燃やしていたのは、むしろ当然のことであったろう。ただ、その最期が航空機による雷爆撃によるものであったということに、胸がつかえる思いが残る。

特攻艦隊一〇隻のうち、無傷といえるのは「初霜」のみで、「大和」「矢矧」「霞」「浜風」「朝霜」の五隻が沈没。損傷艦は「雪風」「磯風」「涼月」「冬月」であり、「磯風」は損傷がひどいため「雪風」が砲撃で処分した。軽巡「矢矧」以下の戦死者は計一一六七名であった。「……すれば……かも知れない」の無定見に操られた「菊水作戦」の犠牲はあまりにも大きかった。

だが、戦艦「大和」の最期は、無謀な戦争に走った日本及び日本の軍部の最期をも象徴しているエンドマークの事件でもあった。

沖縄特攻作戦

米軍を震撼させた史上最大の体当たり攻撃

一九四五年三月十八日より敗戦日まで

沖縄めがけて連日出撃する特攻隊

九州地方南部の陸海軍飛行場をマーク・A・ミッチャー中将率いる第五八任務部隊（高速空母機動部隊）の艦載機が襲ったのは、一九四五年（昭和二十）三月十八日のことだった。沖縄上陸に先駆けて日本の航空基地を叩いておこうというのである。翌十九日には米機動部隊は攻撃範囲を拡大して中国・四国地方の飛行場を爆撃した。

この方面の海軍航空部隊を指揮していた第五航空艦隊司令長官・宇垣纏（うがきまとめ）中将は、米機動部隊への反撃を命じ、十八日から二十日にかけて、零戦、艦上爆撃機「彗星」、陸上攻撃機「銀河」など六〇機が出撃した。米軍に与えたもっとも大きな損害は、十九日の空母「フランクリン」に対してのもので、八〇〇名近くが戦死し、同艦は大破、ハワイに回航されて戦線離脱を余儀なくされた。

三月二十日、九州に展開する陸軍の第六航空軍（菅原道大（すがわらみちお）中将）が連合艦隊の指揮下に入った。陸海軍が統一した作戦を行うためで、沖縄方面に来襲する米軍を迎え撃つための航空作戦として「天一号作戦」の準備が進められていた。

九州・中国・四国地方を襲った米機動部隊は、補給のためいったん南下していたが、三月二十三日に再び現れ、沖縄方面への攻撃を開始した。上陸部隊を乗せた船団も同時に北上、二十五日には沖縄本島西方約四〇キロにある慶良間（けらま）諸島に迫った。二十六日、米軍が慶良間諸島に上陸を開始すると、「天一号作戦」が発

陸軍特攻「振武隊」の出撃準備が終わり、上官の訓示を聞く隊員。

令され、陸軍から特攻機九機が出撃、二十七日には海軍一四機、陸軍一〇機の特攻機が出撃した。両日の攻撃で戦艦「ネバダ」、軽巡「ビロクシー」、駆逐艦三隻などに損傷を与えた。

沖縄を取り囲んだ上陸前の米軍に与えた最大の損害は、米第五艦隊旗艦の重巡「インディアナポリス」に対するものだったろう。急降下した特攻機が投じた爆弾は船体を貫通し、船底で爆発した。投弾後、特攻機も艦尾に突入してバラバラになった。「インディアナポリス」は慶良間諸島の島陰に退避、工作艦を横付けして応急修理が行われたが、ドックに入れて修理する必要があったため、五日後に沖縄を離れて米本土西海岸のメーア・アイランド海軍工廠に向かった。第五艦隊司令長官レイモンド・A・スプルーアンス大将は、修理後も「インディアナポリス」を旗艦とすることを強く望み、一時的に旗艦を戦艦「ニューメキシコ」に移して指揮を執った。

四月一日、米軍は沖縄本島の読谷海岸に上陸を開始した。第三二軍（司令官・牛島満中将）は前年十一月、精鋭の第九師団を台湾に引き抜かれたことで、米軍を水際で撃退することをあきらめていたため、米軍は無抵抗の中で読谷、嘉手納両飛行場をあっさりと手に入れた。

だが、地上からの攻撃は行われなかったが、空からは激しい体当たり攻撃が実施された。四月一日には特攻機により戦艦「ウェストバージニア」と上陸作戦用の輸送艦三隻を損傷させた。二日も輸送艦「ヘンリコ」の艦橋に特攻機が突っ込んで艦長以下将校や下士官ら三〇名を戦死させるなど、輸送艦四隻、戦車揚陸艦（LST）一隻に損害を与え、三日には護衛空母「ウェークアイランド」と掃海駆逐艦を傷つけた。四日には旧式駆逐艦を改装した上陸用高速輸送艦（ＡＰＤ）「ディッカースン」の船体を特攻機がずたずたに切り裂いて、回復の見込みがなくなった同艦は米軍によって自沈処分されている。米軍が沖縄への侵攻を開始してから四月五日までに、大小合わせて約三〇隻が特攻機に葬られている。

特攻機「桜花」、米駆逐艦を葬る

四月六日から七日にかけて、陸海軍の大規模な特攻出撃が開始された。海軍の菊水一号作戦、陸軍の第一次航空総攻撃である。これが沖縄戦で行われた最大の特攻で、海軍から約二一〇機、陸軍からは約九〇機の特攻機が出撃した。これ以外にも海軍から一八〇機、陸軍から一三〇機前後の、体当たりを目的としない通常作戦の機も出撃している。この日の攻撃を米軍の記録は次のように伝えている。

「半数以上が神風特別攻撃隊よりなる日本機七〇〇機以上が第五艦隊に対して攻撃を加えてきた。第五八機動部隊の上空直接援護部隊が二三三機を撃墜し、対空砲火によってさらに三五機を撃墜したが、『神風』二二機がアメリカ軍の防御火網を突破し、スプルーアンス指揮下の艦隊に殺到した」（トーマス・Ｂ・ブュエル著／小城正訳『提督・スプルーアンス』）

米軍の損害はそれまでと比較にならないほど大きかった。特攻機による損害が原因で、駆逐艦「ブッシュ」と「コルフウン」が沈没した。他にも掃海駆逐艦（ＤＭＳ。旧式駆逐艦を転用）一隻、ＬＳＴ一隻、輸送船二隻が沈没し二〇隻の艦艇が特攻機によって損傷した。さらに特攻機を避けようとして同士討ちが多発。上陸した米第二四軍団では四人の兵士が死亡、三四

米軍に押収された特攻機「桜花」。

「桜花」のエンジンを調べる米兵。

名が負傷、さらに弾薬集積所に流れ弾が飛んでタンカーが破損し、友軍機四機が誤って撃墜されたという。

　四月七日は撃沈した艦艇こそなかったが、特攻機は空母「ハンコック」、戦艦「メリーランド」、駆逐艦など三隻に損害を与えて、二七二名の戦死・行方不明者と、二六四名の負傷者を生じさせたという。一方、日本軍の戦死者も四一六名を数えた。

　海軍の菊水二号作戦、陸軍の第二次航空総攻撃は四月十二日から開始された。使用された飛行機は約四〇〇機に達したが、そのうち海軍機約一〇〇機、陸軍機五〇〜七〇機が特攻機となった。戦艦「アイダホ」「テネシー」の他に駆逐艦四隻、護衛駆逐艦四隻、旧式駆逐艦二隻、掃海艇一隻に損傷を与えている。

　この日の攻撃には海軍の秘密兵器が参加している。特別攻撃機「桜花」。全長約六メートル、全幅約五メートルの機体に、個体ロケット三基を搭載、機首に一・二キロの炸薬を詰めた体当たり専用機である。飛行機というより実態はグライダーで、自力で離陸する能力はなく、一式陸上攻撃機の胴体下に吊り下げられて発進、目標手前で切り離されたのち滑空してロケットに点火、最大九秒の燃焼時間で得られた加速をもって敵艦に体当たりするというものだった。こうした突飛なアイデアによって生まれた数々の兵器の例にもれず、「桜花」も予期した性能を発揮できなかった。敵に接近するのが非常に難しく、「桜花」を切り離す以前に親機の一式陸攻が敵戦闘機に捕捉撃墜されてしまうからである。「桜花」を使用する神雷部隊の指揮官・野中五郎少佐も運用方法に疑問を呈していた。

　神雷部隊の初陣は三月二十一日。一式陸攻一八機（そのうち「桜花」装備一五機）、護衛戦闘機五五機という大兵力だったが、「桜花」搭載機はすべて撃墜され戦果は皆無、野中少佐をはじめ一五九名が戦死した。

しかし三回目の出撃となった菊水二号作戦中の四月十二日、一機が駆逐艦「マンナート・L・エイベリ」への突入に成功して同艦を葬った。また、二機の「桜花」が駆逐艦「スタンリー」と掃海駆逐艦「ジェファーズ」の至近に突入して損傷を与えている。その後、神雷部隊は六月二十二日まで、通算一〇回にわたって出撃したが、大きな損害を与えることはできなかった。

水上偵察機も使われた苛烈な体当たり

菊水二号作戦・第二次航空総攻撃は四月十五日まで続いた。十三日には護衛駆逐艦「コンノリー」、十四日は戦艦「ニューヨーク」と駆逐艦「シグズビー」など三隻、十五日には駆逐艦「ウィルソン」「ラッフェイ」、給油艦「タルーガ」が特攻機の突入を受けた。この作戦での特攻隊の戦死者は海軍が二二七名、陸軍が七一名におよんだという。

無線の傍受によって、米軍が特攻攻撃に相当まいっており、沖縄からの撤退を考えていると判断した日本軍は、四月十六日と十七日に菊水三号作戦・第三次航空総攻撃を実施した。両日で陸海軍合わせて二二八機の特攻機と、二六五機の通常作戦機が出撃して駆逐艦「ピリングル」を撃沈、空母「イントレピッド」、戦艦「ミズーリ」、駆逐艦三隻に損害を与えた。この作戦で二七三名の特攻隊員が戦死している。そのなかには、陸軍の四式重爆撃機「飛龍」を改造、機首に三トンの炸薬を詰めた「桜弾」と呼ばれる体当たり専用の特殊機が二機、十七日に出撃しているが、米軍の記録を見る限り戦果は挙げられなかった。

四月二十二日からは陸軍単独で第四次航空総攻撃が実施され、四二機の特攻機が出撃、駆逐艦三隻、旧式駆逐艦一隻、掃海艇二隻が損傷を受けたと米軍の記録にはある。

海軍の菊水四号作戦、陸軍の第五次航空総攻撃は四月二十八日から二十九日にかけて行われた。海軍約一〇〇機、陸軍約六〇機の特攻機が出撃、海軍からはほかに通常作戦機約二〇〇機が参加した。特攻機は駆逐

米艦に突入して爆発した特攻機。

艦七隻、旧式駆逐艦三隻に損害を与えた。この作戦中、二十九日には鹿児島県指宿から複葉三座の九四式水上偵察機二機も出撃した。

水偵による特攻は第五次菊水作戦・第六次航空総攻撃でも行われた。作戦は五月三日夜からはじまり、陸海軍合わせて二〇〇機以上の特攻機が参加した。駆逐艦「リュース」「モリソン」「リトル」を撃沈し、護衛空母「サンガモン」軽巡「バーミンガム」ほかを傷つけた。この攻撃に指宿から琴平水心隊と第一魁（さきがけ）隊の水偵一九機が出撃して駆逐艦を葬る戦果を挙げた。木俣滋郎の「練習機、水上機まで投入した特攻作戦」(光人社NF文庫『写真太平洋戦争』第九巻所載）によると、まず駆逐艦「モリソン」に陸軍の九七式戦闘機が突入したあと、続いて五〇〇キロ爆弾を抱えた九四式水偵が艦尾に体当たりしたという。

終戦まで続いた空の沖縄戦

菊水六号作戦・第七次航空総攻撃は五月十一日から四日間にわたって続けられた。特攻機は海軍六九機、陸軍四〇機で、他に海軍の通常作戦機一七五機が参加している。十一日の攻撃では零戦と「彗星」艦爆が空母「バンカーヒル」に突入、同艦は炎上・大破して四〇〇名前後の乗組員が戦死・行方不明となった。「バンカーヒル」は第五八任務部隊の旗艦となっていたため、ミッチャー中将は空母「エンタープライズ」に移ったが、この艦も十三日に特攻機の攻撃を受けたので、ミッチャー中将は再び旗艦を移さなければならなかった。

第五艦隊の旗艦「ニューメキシコ」も五月十二日に特攻機の攻撃を受けた。艦橋の後方に特攻機が突っ込み、五〇名近くが戦死し、一〇〇名以上が負傷した。

海軍は新鋭機「雷電」も特攻に使用するようになった。

スプルーアンス大将は運よく負傷を免れたが、損傷した「ニューメキシコ」には工作艦が横付けされて応急修理が行われた。ただし、スプルーアンス大将は将旗を降ろさず同艦で指揮を執(と)り続けた。

　五月二十四日、一三六名の陸軍特殊部隊＝義烈空挺隊（隊長・奥山太郎大尉）が読谷飛行場の奪還を目指して出撃した。隊員を乗せた一二機の九七式重爆撃機が熊本の健軍基地から発進したが、エンジントラブルで四機が引き返し、沖縄にたどり着いた八機のうち七機が撃ち落とされた。しかし一機が読谷飛行場への突入に成功、米軍を混乱に陥れた。義烈空挺隊の突入に呼応して陸軍は二十四日から二十五日にかけて、七〇機以上の特攻機を用意して第八次航空総攻撃を実施した。また、海軍でも二十四日に特攻機二一機（ほかに通常作戦機九九機）が出撃、二十五日には菊水七号作戦として特攻機八五機、通常作戦機二六二機による攻撃が行われた。この特攻によって一四七名の陸海軍特攻隊員が戦死した。

　五月二十七日と二十八日には菊水八号作戦・第九次航空総攻撃が実施された。陸軍は五七機の特攻機と三三機の護衛戦闘機を用意、海軍では水偵と機上作業練習機（おもにパイロット以外の搭乗員を訓練する練習機）合わせて四六機が出撃している。戦果は駆逐艦「ドレックスラー」を撃沈したほか艦艇五隻を損傷させたが、八九名の特攻隊員が戦死した。

　この出撃を最後に、陸軍の第六航空軍は連合艦隊の指揮から外された。第六航空軍の菅原中将は、連合艦隊の小沢治三郎(おざわじさぶろう)新司令長官よりも先任（先に昇進した）だったため、後任の小沢中将から指揮を受けるのは都合が悪い、というのが表向きの理由だった。しかし、すでに沖縄戦の帰趨は決していたので、大本営は沖縄

赤トンボと呼ばれた「93式中間練習機」。複葉の練習機でさえ最後には特攻に使用された。

を見捨てて本土決戦にシフトしたかったのだといわれる。

それでも特攻隊の出撃は続いた。六月三日から陸軍は特攻機三九機、戦闘機一七機をもって第一〇次航空総攻撃を実施する。海軍も三日と七日に菊水九号作戦として特攻機二〇機を出撃させた。

米軍は指揮官がスプルーアンス大将からウィリアム・F・ハルゼー大将に交代し、艦隊も第三艦隊と名を変えたばかりだったが、ちょうど台風の直撃を受け大小三六隻の艦艇が損傷した。そこへ陸軍の特攻機が殺到、五日に、戦艦「ミシシッピー」と重巡「ルイスビル」が特攻機の突入を受け、六日には護衛空母「ナトマベイ」と駆逐艦三隻が被害に遭った。

六月二十二日、海軍は特攻機二八機と一七四機の通常作戦機を用意して菊水一〇号作戦を実施した。戦果は水上機母艦二隻、護衛駆逐艦一隻、掃海駆逐艦一隻など（二十一日の戦果を含む）で、これが沖縄戦をめぐる最後の大規模な特攻出撃となった。翌二十三日、第三二軍司令官の牛島大将と長勇（ちょういさむ）参謀長は、本島南端の摩文仁で自決、地上での組織的な戦闘は終わった。

陸海軍航空部は米軍上陸後の昭和二十年四月六日から、沖縄守備隊の第三二軍司令部が壊滅する直前の六月二十二日までの期間、特攻による戦死者は海軍が一五九〇名、陸軍のそれは一〇二〇名にもおよんだという。

しかし、その後も散発的な特攻は続けられ、海軍では「赤トンボ」と呼ばれた複葉の九三式中間練習機まで特攻機として出撃させている。沖縄の空の戦いは終戦まで止むことはなかった。（文・大原　徹）

伊58潜水艦の完勝

原爆搭載艦「インディアナポリス」を轟沈

一九四五年七月二十九日

同じ日に出港した重巡「インディアナポリス」と伊58潜水艦

米軍が日本に落とした原爆には二種類あった。初めて広島に落としたのはウラン爆弾で、次に長崎に落としたのはプルトニウム爆弾だった。

一九四五年（昭和二十）七月十六日に、アメリカのニューメキシコ州アラモゴードで行われた世界初の原爆実験に使われたのは、長崎型のプルトニウム爆弾だった。実験は成功し、その凄まじい破壊力を見せつけた。実験を目のあたりにした原爆開発計画（マンハッタン計画）の責任者レスリー・R・グローブス少将は、傍らにいた副官のファレル准将につぶやいた。

「戦争は終わりだ。これを一、二発落とせば、日本もそれまでだ」

折しもドイツのポツダムでは、米英ソ三国首脳が日本の降伏に関する会談をするために集まっていた。ルーズベルト大統領の死去で、はからずも副大統領から〝昇格〟したトルーマン新大統領は、原爆実験成功を知らされるや、躊躇（ちゅうちょ）なく日本への投下を決定した。

ところがそのとき、実はウラン二三五を使った広島用の原爆は、すでに前線基地のマリアナ諸島に向けて運ばれつつあったのだ。俗に「リトルボーイ（小僧）」と呼ばれたウラン二三五爆弾は、ロスアラモスの原子力研究所でのテストのみで、完全な爆弾としての実験は一度も行われなかった。グローブス少将は回顧録『原爆はこうしてつくられた』（恒文社）に書いている。

「というのは、U二三五の生産はプルトニウムにくら

アメリカの原爆開発の責任者レスリー・R・グローブス少将とオッペンハイマー博士。

べてひじょうに遅々たるものだったので、テストにまでまわす余裕などなかった」からだと。しかし「考えおよぶ可能な要素のテストは一つのこらずやっていた。われわれはその一つ一つに確信を持っていた」し、「成功疑いなしという徴候は十分にあったので」、いわばぶっつけ本番で投下することを決めたのだという。

このためウラン爆弾の主要な部分は長崎型のプルトニウム爆弾の実験結果を待たずに、原爆投下機B29の基地であるマリアナ諸島のテニアン島に運ばれることになったのだ。この爆弾こそが広島を一瞬のうちに壊滅させた原爆だったのである。

一九四五年七月十四日、テニアン島に運ばれるリトルボーイの主要部分を載せた黒塗りのトラックが、ロスアラモスを出発した。トラックは前後を七台の乗用車でガードされて、アルバカーキ飛行場（ニューメキシコ州）にたどり着いた。そこで原爆と護衛隊は三機のＤＣ３に乗り換え、サンフランシスコのハミルトン飛行場に飛んだ。そして待ち受けた治安部隊に守られて、重巡洋艦「インディアナポリス」の待つハンターズ・ポイントに運ばれた。

七月十六日の朝八時、リトルボーイの入った木箱と円筒を積み込んだ「インディアナポリス」はあたふたと出航した。ちょうどそのころ、アラモゴードの原爆実験場では、初のプルトニウム爆弾が見事に爆発し、研究者たちは歓喜につつまれていた。そして歴史は時に悪戯をするのだろうか、ほとんど同じ時刻に、一万三〇〇〇キロも離れた広島市に隣接する呉軍港から一隻の潜水艦が出撃していた。艦橋の横に措かれた日の丸の上には、黒地に白の菊水を染め抜いた紋所を掲げている。艦長の出航の号令が飛ぶや、さっと「非理法権天」「宇佐八幡大武神」と大書された二旗の旗が艦橋にひるがえった。潜水艦は海中特攻艇「回天」六隻を搭載した大型の「伊号第58」で、潜水艦長は橋本以行少佐といった。

重巡「インディアナポリス」はゴールデンゲート橋をくぐり抜け、艦長のチャールズ・バトラー・マックベイ大佐の鳴らす全速航行の鐘を合図に速力を上げ、二九ノットで外洋に向かった。

出航の前日、マックベイ大佐はロスアラモスの原子力研究所からやってきた爆薬の専門家であるウィリアム・S・パーソンズ海軍大佐から、積み荷の件で厳重に言い渡されていた。

「いいですか、全速力でテニアン島に行き、荷物を受取人に渡していただきたい。何の荷物かは言えないが、たとえ艦が沈んでも荷物は守らなくてはならない。万が一艦が沈没する事態を招いたときは、救命ボートに積んででも救わなければなりません。あなたの艦の航海が一日縮まれば、戦争の期間も一日縮まることになります」

マックベイ大佐の「インディアナポリス」が大役に選ばれたのは、偶然からだった。同艦は第五艦隊司令長官スプルーアンス大将の旗艦だったが、先の沖縄戦で神風特攻機の体当たり攻撃を受けて九人の乗組員が犠牲になり、船体にも二つの大きな穴が開いてしまった。そのためアメリカ西海岸で最大の修理工場メーア・アイランドで修復され、カリフォルニア沖で新たに乗組員になった新入りたちの訓練と演習を繰り返していたところだった。一九三二年の竣工だから相当の年寄りではあるが、九九五〇トン（基準排水量）という大

世界で初めて広島に投下された原子爆弾は「リトルボーイ」と称されたウラン爆弾だった。

「リトルボーイ」の主要部分をアメリカからマリアナ諸島のテニアン島まで運んだ重巡「インディアナポリス」。

きさと、巡洋艦の高速、そしてなによりも一番手短にいたということが大役に選ばれた理由だった。

伊58潜が潜む海面に突き進む重巡「インディアナポリス」

「インディアナポリス」は順調に航海を続け、七月十九日にはハワイの真珠湾に着き、一息入れてただちに出航し、七月二十六日に無事テニアン島に入港することができた。荷揚げは簡単だったから、ナゾの荷物を陸軍当局に渡すと「インディアナポリス」は隣のグアム島に向かい、しばしの休養ののち二十九日に錨を揚げて艦隊に合流するためフィリピンのレイテ島に舳先(へさき)を向けた。

「インディアナポリス」がテニアン島を離れたころ、橋本少佐の伊58潜はフィリピンとマリアナ諸島を結ぶ海域で交通破壊戦に従事していた。呉を出撃した翌七月十七日、伊58潜は山口県の柳井に近い平生(ひらお)の特攻隊基地で六基の人間魚雷「回天」と六名の隊員を収容すると、一路南下していた。任務は「比島東方海面で敵艦を攻撃する」ことである。

橋本潜水艦長が戦後に著した『伊号58帰投せり』によれば、「敵の重要基地をレイテ、サイパン、沖縄、グアム、パラオ、ウルシーと考えて、これを結ぶ航路の交叉点で待機するにかぎると判断した。だが大洋上に幅二万メートルくらいの手を拡げて通せんぼをしてみても、なかなかむずかしいのはわかりきっている。けれども今度は回天を載せているから、静かで昼間でさえあれば『みつけたら逃さないぞ』と張り切っていた」という。

だが、サイパン―沖縄線に着いて待ったけれども敵影はなく、沖縄―グアム線に移っても敵影はない。そして七月二十七日、伊58潜はグアム―レイテ航路に移動して西航していると、二十八日の午後二時、三本マストの大型油槽船を発見した。

橋本少佐はただちに「回天戦用意！」「魚雷戦用意！」を下命し、二基の人間魚雷を発進させた。艇長は一号艇が伴中尉、二号艇が小森一飛曹だった。戦果は激しいスコールに遮られて目視はできなかったが、聴音に

広島の原爆投下の仇討ちを先取りする形で、「インディアナポリス」を一瞬の間に轟沈した伊58潜水艦。

よって爆発音が捉（とら）えられ、攻撃は成功したものと判断した。

　橋本艦長は全乗組員とともに二人の特攻隊員の冥福（めいふく）を祈り、レイテとグアムを結ぶ米艦船の通常航路と、パラオ諸島のペリリュー島と沖縄を結ぶ航路の交叉海面に艦を移動した。グアムから九六〇キロの位置である。七月二十九日だった。

　日が沈み、橋本少佐は月が出る午後十時過ぎまで潜航することにし、当直の乗員を残して三分の二は仮眠に入った。

　同じころ、「インディアナポリス」のマックベイ艦長も、当直将校にジグザグ航行を中止してもよろしいと運命的な命令を出して、艦橋のすぐそばの自室のベッドに入った。夕方になって海はうねりを増し、視界も良くなかったからだろう。そして「インディアナポリス」は伊58潜のいるグアム島とレイテ島を結ぶ航路を時速一六ノットで一直線に進んでいった。このとき、二つの艦の間は二〇キロにも満たない距離だった。

　午後十時半、橋本艦長は哨戒長に起こされて司令塔に登った。潜望鏡を上げて観測をする。周囲に異常は認められない。対空電探を水面に出したが何の反応もない。橋本艦長は浮上を命じた。そして夜間用の潜望鏡を目いっぱい高くして四囲を見回した。そのとき、艦橋に登って双眼鏡で探索していた航海長が叫んだ。

「艦影らしきもの左九〇度！」

　橋本艦長は艦橋に飛び上がり、双眼鏡を目に当てた。月に映える水平線上にはっきりと黒点が見える。

「潜航！」

1944年末、大津島の特攻基地出撃に際して司令の訓示を受ける金剛隊伊58潜の隊員。最前列の左端が橋本潜水艦長。

橋本艦長は間髪を入れずに叫んだ。伊58潜は海面から一〇メートル下で水平を保ち、近付いてくる艦艇に艦首を向けるためにゆっくりと取舵（とりかじ）をとった。すなわち艦首を左方に向けるための舵取りで、右方に向けるときの舵取りは面舵（おもかじ）という。もちろん舵取りの間も橋本艦長は潜望鏡の接眼レンズに目をぴたっとくっつけたきりだった。その涙でぼやけがちな両眼に、黒い点は次第に三角形になってきた。これは商船ではない。もっと大きい艦だ。橋本艦長は「しめた！」と心の中で叫んだ。

橋本艦長は矢継ぎ早に命令を発し始めた。

「魚雷戦用意！　発射雷数六」「回天戦用意！」

そのとき不安がよぎった。こちらに一直線に向かってくる敵艦は、わが艦を発見した敵駆逐艦で、爆雷攻撃をしようとしているのではないか……。しかし、橋本艦長は不安をかみ殺して命令を続けた。

「魚雷連続発射用意」「回天六号乗艇、回天五号待機」

黒点は次第に大きくなり、敵艦との距離は八〇〇〇メートルを切った。橋本艦長は相手のマストの高さを三〇メートルと見当を付けた。重巡か戦艦に間違いない、そう思った。

伊58潜から発射された六本の酸素魚雷

時刻は一九四五年七月二十九日の午後十一時四十五分を回り、三十日の午前零時に近付いていた。伊58潜から二五〇〇メートル離れた「インディアナポリス」艦内では、午前零時から四時までの哨戒班が艦橋に到着、前任グループとの交代式が行われた。そして将校と下士官兵一三名からなる新たな哨戒班が針路と速力の監視を開始した。

橋本艦長は相変わらず潜望鏡にしがみついていた。

そして魚雷発射時の予想距離を二〇〇〇メートル、方位角右四五度、敵艦の速度一二ノットと読んだ。しかし、少佐は伊58潜の艦首を敵艦に向けてさらに待った。

「方位角右六〇度、距離一五〇〇メートル」

調定を変更する。

「用意」「射てッ！」

六本の魚雷は二秒間隔で扇型に発射された。日本時間では七月二十九日二十三時二十六分、現地時間では午前零時二分であった。少佐は潜望鏡に目を押しつけたまま秒読みを続けた。

「五一、五二、五三……」

長い長い一分間が過ぎて行く。

同時刻、「インディアナポリス」の艦橋で哨戒任務に就いている将校の一人が、艦の進行方向に月が昇ったのを見て「視界が良くなってきたぞ」とつぶやいた。その艦橋の下の甲板では、数百人の乗組員がうだるような暑さを避けてマットレスと毛布だけで眠っていた。右舷艦首寄りの船室の一つではパーティが終わりかけていた。そして艦橋の後ろの応急船室では、マックベイ艦長がベッドに裸で眠っていた。

その「インディアナポリス」号を、突然、激しい衝撃が襲った。同時に艦首一番砲塔の右側から巨大な水柱と炎が立ち上り、続けて後方の一番砲塔の真横からも炎と水柱が立ち上った。さらに二番砲塔の真横から前艦橋にかけても三本目の水柱と炎が立ち上り、「インディアナポリス」はまたたく間に炎に包まれて右舷に傾きだした。一時は呆然としていた乗組員たちだったが、ただちに非常事態の処理に走り始めた。しかし、もう手の付けようがなくなっていた。艦内に海水があふれ出し、次第に艦尾が空中に持ち上がり、巨大な艦体が海面に宙づりになったかのように逆立ちした。そして次の瞬間、乗組員を周辺一帯にまき散らしながら、ドドドドドォーッと海中に姿を消していった。轟沈である。一九四五年七月三十日午前零時十四分であった。

潜望鏡に目を当てていた橋本艦長は戦後の回顧録に記している。

「艦首一番砲塔の右側に水柱らしきもの、続いてその後方一番砲塔の真横に水柱が上がると見るや、パッと真赤な火を発した。続いて上る第三番目の水柱は二番砲塔の真横から前艦橋にかかっている。三本の水柱は火に映えて明らかに前部檣楼より高く並立した。思わず、

『命中、命中！』

と一本当るごとに叫んだ。いち早く艦内に伝えられ、乗員のすべてはおどり上ってよろこんだ」

間もなく伊58潜の艦内に敵艦の誘爆音らしい音が響いてきた。魚雷が命中したときの爆発音より大きい。四つ連続で聞こえ、さらに爆発音は続いた。橋本艦長は二本の魚雷装填を命じ、発射準備ができたのを確認して潜望鏡を上げた。何も見えない。そして敵艦が沈没したと思われる海面に艦を進め、浮上した。聴音や探信の報告から判断して敵艦の沈没は間違いないと思ったが、証拠が欲しかった。しかし、夜の海上から漂流物を発見することはできなかった。

「心には残ったが、敵の僚艦、僚機の来襲のことも考えて一路東北へ移動、次の戦闘準備を完了するため約一時間水上を走ったのち潜航した。まさかこれが数日後、広島、長崎を一瞬にして壊滅させた世紀の新兵器原爆をテニヤン島に揚げた米重巡インディアナポリス号とは、神ならぬ身の知るよしもなかった」

この日の「インディアナポリス」は護衛艦なしの単独航行の上、魚雷攻撃で電気系統が故障して救難信号のSOSを発信することができなかった。そのため沈没の事実は八二時間も知られないままで、海上に逃れた乗組員は次々と命を落としていった。そして最初の救助船が数少ない生存者を海面から救い上げ始めたのは、なんと沈没してから九六時間も経ってからだった。救助されたのは乗組員一一九九名のうち艦長以下三一五名で、わずか二六パーセントに過ぎなかった。

アメリカの軍事法廷に立たされた橋本艦長

「インディアナポリス」の沈没は第二次世界大戦で米軍が失った最後の巨艦であり、その沈没は米海軍史上最悪の惨事とされた。だが、米政府とロスアラモスの原子力研究者たちには別の衝撃を与えていた。原爆搬送の機密が日本軍に漏れていたのではないかという疑

広島に投下された原爆のキノコ雲。

惑である。すなわち、日本軍は原爆のマリアナ輸送の情報をつかみ、原爆もろとも「インディアナポリス」を撃沈するため、あらかじめマリアナ諸島一帯に潜水艦網を張り巡らせて待ち構えていたのではないかという疑念だった。その疑惑は日本が降伏したあとも続き、米軍は戦後、橋本艦長をワシントンに招き、ジグザグ航行をさせなかったなど職務怠慢で起訴されていた「インディアナポリス」艦長だったマックベイ大佐の軍法会議の証人として出廷させ、情報の真偽を確かめている。

伊58潜は終戦の玉音放送があった一九四五年八月十五日は、豊後水道に入って母港の呉軍港を目指していた。呉に入港したのは八月十八日で、以後、橋本艦長は伊58潜に残り、司令代理を兼ねて残存艦の米軍引き渡し作業の準備に追われていた。そうした一九四五年十月、米海軍の潜水艦調査団が呉を訪れ、さまざまな調査を開始した。その中には「米軍の巡洋艦を撃沈した潜水艦長の記録」という項目もあった。

「私はその時、各潜水艦長の最近の撃沈艦艇について

原爆は一瞬の間に広島市街を焼き尽くし、20万人余の人々を殺害した。「リトルボーイ」は写真中央上部のTの字橋を目標に投下された。

の記録を提出したことがあった。戦犯にされるから報告しない方がよいという者もあったが、戦争で敵艦を撃沈するのは当たり前で、戦犯などになるまいと思って各潜水艦長の記録を出したのだった」
(『伊号58帰投せり』)

ところが十一月に入ったある日、「ワシントンの軍事法廷に証人として出廷するため、ただちに出張の準備を整えて上京せよ」という海軍省からの電命を受けた。こうして中佐に昇進していた橋本艦長は上京し、米海軍中尉の案内で旧木更津海軍航空隊基地からダグラスDC54輸送機でアメリカに送られた。奇しくもその日は、日本の空母機動部隊がハワイ真珠湾の米太平洋艦隊を奇襲した日から丸四年目の一九四五年十二月七日（現地時間）の午後だった。

ワシントンには十二月十日に着き、海軍基地内で検事の大佐からさまざまな事前質疑を受けた。「インディアナポリス」の発見状況も含めて、その内容を橋本中佐は「なにかあらかじめ情報を入手しておって待ちかまえたのではないか。どういう理由であの海面におったか」と聞くから、「ただ多くの敵と出会いそうなところにおったに過ぎない」と返答し、撃沈までのいきさつを詳しく説明した。隠す理由はなかったからである。その説明に検事の大佐も納得し、ホッとしたのか、通訳官を通してこんなことを言った。

「貴君は戦犯でも捕虜でもない。海軍中佐の待遇をするのだから申し出ることがあればいつでも電話をしてくれるように」

それを聞いた橋本中佐は、さっそく要望した。

「日本を出発するときは、国内の事情によって服装が整えられなかったので、服装を整えたい」

実際、よれよれのシャツにズボンだったから、このまま法廷に立って多くのアメリカ人に身をさらすことを思うと情けなかったからだった。要望は即座に認められ、帽子、靴、白いシャツから日用品に至るまで部屋に届けられた。

アメリカ海軍の軍事法廷は十二月十三日から開始された。日本側が事前に「インディアナポリス」の原爆積載情報を知らなかったことを確認できたためか、討議の中心は「インディアナポリス」がジグザグ運動をしていたかどうかに集中された。橋本中佐は「大角度は認めないが、小角度のはあったかもしれない、夜間では明瞭に判定し難い」と証言したが、通訳の中佐が「おおむね直線航路」と訳したので、橋本中佐は再三にわたって抗議をした。しかし「簡単でよろしいのだ」と言い、取り合わなかった。このとき「インディアナポリス」艦長だったマックベイ大佐は職を解かれ、階級も降格させられていたから、法廷としては橋本中佐に無罪につながる証言をされては困ると考えていたのかもしれない。

裁判は十二月十九日に終わった。橋本中佐は二十九日に帰国の途につくまで、海兵隊少尉の案内で基地内を見学したり、ジグソーパズルで暇をつぶしたりしていた。ワシントンに着いてから世話役をしてくれている海兵隊のコドレー大尉が、家族への土産物を買ってくれた。橋本中佐は回顧録『伊58号帰投せり』に書いている。

「子供の革靴を示してコドレー大尉が『日本にはこのようなものがないか』という。『日本では底は紙だ』と答えると『米国にはなんでもある。日本はなぜそのように物がないのに戦争を始めたのか』という。一言も返す言葉がない。強いていえば、『物がないから戦争したのだ』と言いたいが、下手な英語では表現がむつかしい」

橋本中佐が米軍艦艇で横須賀に着いたのは一九四六年（昭和二十一）一月二十一日だった。言ってみれば、この日が伊58潜艦長にとっては、真の帰投日だったともいえる。

おわりに

二度の「聖断」で無条件降伏した鈴木内閣

ポツダム宣言に対する「黙殺」発言で、原爆投下とソ連参戦に口実を与えてしまった日本政府

鈴木に託された暗黙の終戦内閣

枢密院議長で海軍大将（退役）の鈴木貫太郎（すずきかんたろう）に組閣の大命が下り、首相に就任したのは一九四五年（昭和二十）四月七日だった。七七歳の高齢だった。鈴木は予備役に編入された一九二九年（昭和四）一月から三六年十一月まで、八年近くも侍従長を務め、昭和天皇の信任はきわめて厚かった。この間の三六年二月二十六日には、青年将校たちが起こしたクーデター未遂事件（二・二六事件）で瀕死の重傷を負った。

当初、鈴木は重臣たちの首相就任要請をかたくなに断り続けていた。「軍人は政治に関与せず」をモットーに生きてきたし、さらに高齢のうえ耳も遠くなっていたからだ。木戸幸一内大臣と重臣たちは天皇の説得に期待した。しかし鈴木は、天皇にも正直な気持ちを述べ、大命を辞退した。

すると昭和天皇はにっこりと笑みを浮かべて言った。

「鈴木がそのように考えるだろうということは、私も想像しておった。鈴木の心境はよくわかる。しかし、この国家危急の重大な時期に際して、もうほかに人はいない。頼むから、どうか、気持ちを曲げて承知してもらいたい」

天皇が臣下に頼み事をする、いわば頭を下げるなどとは異例中の異例である。鈴木は引き受けざるを得なかった。天皇はもちろん鈴木に首相就任を要請した重臣たちも、また鈴木自身も、新内閣の最大の役目が和平──終戦にあることは言わずもがなのことだった。

終戦のために組閣された鈴木貫太郎内閣。中央が鈴木貫太郎。

前年の一九四四年十一月末から始まったマリアナ諸島を基地とする米軍爆撃機B29による本土空襲は衰えを知らず、すでに東京は焦土と化し、大阪、名古屋、神戸といった主要都市も灰燼に帰しつつある。硫黄島の守備隊は玉砕し、沖縄では住民を巻き込んだ戦闘が始まっている。いまや戦局が絶望的なのは誰の目にも明らかだった。だが、それをはっきりと口に出すことは、まだタブーに近かった。陸軍の中堅幕僚を中心とする抗戦派・継戦派の動きが活発で、いつクーデター騒ぎが起こらないともかぎらないからだった。

ソ連を仲介の和平工作開始を決定

鈴木内閣が発足して一カ月もたたない五月二日、ドイツが降伏した。このドイツの降伏で日本の陸軍がもっとも恐れたのが、ソ連の対日参戦だった。もしソ連が参戦してくれば、満州の関東軍には対抗する兵力はすでにないし、米軍との本土決戦もおぼつかなくなるからだ。そこで阿南惟幾陸相や梅津美治郎参謀総長らの陸軍首脳は、政府に参戦防止を目的とする対ソ工作を要求してきた。

これを受けて五月十一日から三日間、最高戦争指導会議構成員会議が行われた。その結果、ソ連に対日参戦をしないで好意的中立を守るよう働きかけ、さらに「戦争の終結に関し、我が方に有利なる仲介をなさしむる」よう交渉を開始することを決定した。すなわち、ソ連を仲介者して米英との戦争を終結に持って行こうというのである。最高戦争指導会議構成員会議とは、東郷茂徳外相が入閣直後に提案した戦争指導の最終意思決定機関である。メンバーは首相、外相、陸相、海相、陸軍参謀総長、海軍軍令部総長の六名だけだった。

　東郷茂徳外相はあまりソ連を信用していなかったが、政府の決定でもあり、佐藤尚武駐ソ大使に「日ソ友好の強化」を交渉するよう訓令を発し、国内では広田弘毅元首相にマリク駐日ソ連大使を通じての対ソ交渉を依頼した。そして広田—マリク会談は六月三日に行われたが、二回目以降はマリク大使の逃げにあって交渉は頓挫してしまった。

　そうした中の六月八日、日本政府は御前会議で本土決戦を中心とする徹底継戦を決定した。会議で天皇は一言も発しなかった。そして会議終了後、木戸内大臣に「こういうことが決まったよ」と言いながら、会議の文書を示したという。きわめて異例のことである。

　木戸は陛下が御前会議の内容を見せたのは「困ったことになった」ということだと考え、ただちにソ連を仲介とする和平案の起草に着手した。その内容は、天皇の親書を持った特使をソ連に送り、対米英との仲介を依頼する。和平の最低条件は国体の護持と皇室の安泰にあるというものだった。相手がソ連なら陸軍も反対はしないだろうというヨミもあった。ここで言う「国体」とは天皇制のことである。

　六月九日、木戸は天皇に言上した。天皇はタイプされた試案を熱心に読んだあと、

「ひとつ、やってみろ」

と許可を与えた。木戸は鈴木首相、米内光政海相、東郷外相らの賛成を得たのち、六月十八日に阿南陸相に会い、賛同を求めた。阿南は「敵が本土に上陸したときに一大打撃を与え、しかるのちに戦争を終結に導くのが最良である」として賛成しなかった。

　木戸は反論した。事態が本土決戦にまでもつれ込めば国土の破壊は極限に及ぶ。しかも本土上陸作戦を開

始したのちでは米英は容易に和平に応ずるとは思えない。結局は一億玉砕しか残される道はなく、そうなれば国体の護持も怪しくなる。これが陛下のもっとも憂慮なさるところである――と説いた。

迫水久常内閣書記官長と鈴木首相は木戸内大臣と相談し、徹底抗戦から和平工作に入るという国策の大転換をはかるには、いまや天皇に「聖断」を仰ぐしか方法はないと考えた。

六月二十二日、最高戦争指導会議構成員六名による御前会議が開かれた。いや、正式な会議ではなく、「懇談会」として開かれた。正式な御前会議にすれば阿南や梅津、豊田など軍部継戦派の抵抗が予想されたため、迫水と鈴木が考えた奇手だった。

そして天皇の強い意思表示で、徹底抗戦を決めた六月八日の決定は白紙に戻され、ソ連を仲介役に米英に対する和平工作を開始するという、戦争指導方針の一八〇度転換が決められた。そして、この「すみやかに終戦工作に入れ」という天皇の意志を受けた政府首脳は、ソ連に派遣する天皇の特使に元首相の近衛文麿を選び、当人の同意をとりつけた。

原爆実験の成功で一挙に対日降伏勧告

一九四五年七月十二日の夜、東郷外相は佐藤尚武駐ソ大使に「和平工作のため近衛公をモスクワに派遣したいので、大至急モロトフ外相の同意をとりつけてもらいたい」旨訓電した。このとき東郷は、近くドイツのポツダムで米英ソ三国首脳会談が行われることは知っていたので、会談前の特使派遣は無理と判断していた。

佐藤大使はただちにモロトフ外相に会見を申し入れたが、ポツダムに出発しなければならないので会えないから、次官に会ってくれという。すでにソ連は八月中の対日参戦を決めており、日本の特使を受け入れる気など毛頭なかったから、「ポツダムから帰るまで適当にあしらっておけ」といった態度だった。しかし、そんなソ連側の決定など知らない佐藤大使は、十三日夕刻、ロゾフスキー次官に面会し、東京からの訓令を伝えたのだった。

ところで、これら東京とモスクワの間で取り交わされる日本の外交暗号は、アメリカ海軍にすべて傍受され、解読されて米政府首脳に伝えられていた。七月十三日の佐藤大使への訓令も解読され、ポツダムに着いたばかりのトルーマン大統領やバーンズ国務長官、スチムソン陸軍長官らに報告されていた。

ポツダムでの三国首脳会談は、七月十七日から八月二日までの十七日間にわたって行われた。主要議題は第二次世界大戦の戦後処理であったが、同時にソ連の対日参戦を含めた日本との終戦についても話し合われた。この会談で、米英にソ連の対日参戦をできるだけ高く買わせようと、戦後処理で過大な分け前を要求するスターリン首相に対し、トルーマンは厳しい態度を見せていた。

トルーマンをがぜん元気にし、強気にしたのは、会談開始直前の七月十六日夕刻にアメリカ本国から届いた原爆実験成功のニュースだった。この恐るべき威力を持つ新兵器を手に入れた以上、もはや日本を屈服させるのにソ連の助けは必要なくなったからだ。暗号名

ポツダム会談で握手をする3巨頭。左からチャーチル、トルーマン、スターリン。

「マンハッタン工兵管区計画」と呼ばれる原爆開発責任者のグローブス少将の報告によれば、早ければ七月末から八月早々には実戦に使用できるという。

ポツダムにおける対日軍事戦略は、ソ連はまだ日本に対して中立の立場だったから、米英軍事専門家委員会で討議されていた。その対日戦略は日本本土上陸を基本とし、一九四六年（昭和二十一）十一月十五日までに日本の組織的抵抗を終わらせるというものだった。しかし原爆実験の成功でトルーマンの考えは大きく変わっていた。新兵器（原爆）の開発成功をちらつかせて、ただちに日本に降伏勧告をするというものだった。

やがて「ポツダム宣言」として日本に発出される対日降伏勧告宣言案は、すでにトルーマンの手元に用意されていた。開戦まで駐日大使だったグルー国務長官代理ら国務省の知日派が作成したものを、トルーマンとバーンズが修正したものである。この対日宣言の最終案は七月二十四日にチャーチル英首相に示され、同時に重慶駐在の米大使を通じて中華民国の蔣介石総統にも同意が求められた。日本と中立関係にあるソ連は除外された（対日宣戦布告後に参加）。

「聖断」で終戦に持ち込んだ鈴木首相

ポツダムはあわただしかった。七月二十五日、トルーマン米大統領は日本への原爆投下命令書にサインし、総選挙の開票を見きわめるために帰国するチャーチル首相を見送った。そして翌七月二十六日午後七時、対日降伏勧告宣言（米英華三国宣言）いわゆる「ポツダム宣言」を発表した。

サンフランシスコの無線中継所を使って日本に発信されたポツダム宣言は、七月二十七日早暁、日本の六カ所の受信所でキャッチされた。東郷外相をはじめとする日本の外務省幹部は、受諾すべきであるとして天皇にも上奏した。その理由は、宣言の言う無条件降伏は言葉のアヤで、軍隊同士の戦闘で使われてきた「無条件降伏」という言葉にとらわれる必要はない。また国体についても、選択を国民の自由意思に委（まか）せるとあるから、ここは国民を信頼して宣言を受け容（い）れるべきであるということになったのだ。

8月9日の御前会議。この会議で日本は無条件降伏を受け入れた。（白川一郎画））

だが、この日開かれた最高戦争指導会議構成員会議は、統帥部を代表した豊田副武軍令部総長が宣言受け容れを断固拒否し、阿南惟幾陸相も、新聞発表するなら断固たる反対意見を添えよと激論が展開された。結局、国民の戦意を低下させる心配のある文言は削除し、政府の公式見解は出さずに単なるニュースとして発表することになった。

ポツダム宣言の概要は、翌七月二十八日の新聞にさりげなく報道された。ところが軍の統帥部（参謀本部と軍令部）の幕僚たちから、この宣言をそのままにしておくことは軍の士気に大きく影響する。政府の「宣言を無視する」という公式発表を出すべきであると、強硬な申し入れが行われた。

政府側は申し入れを受け容れ、その日の記者会見で鈴木首相のコメントという形で政府見解を発表することにした。首相の発言内容は、事前に陸海軍省の両軍務局長と迫水久常内閣書記官長が話し合いで文言を決め、記者の質問もあらかじめ示し合わせたヤラセ会見だった。

「この宣言はカイロ宣言の焼き直しで、政府としては重く見ていない。ただ黙殺するのみである。われわれは戦争完遂に邁進する」

この首相の「黙殺」声明は七月三十日の新聞で報じられ、アメリカの原爆投下の理由となり、ソ連の対日参戦の口実にされるという重大事を引き起こしてしまった。

米軍側に日本への原爆投下にはなんらの障害もなく

なった。そして日本時間の八月六日午前一時四十五分、ウラニウム原爆を積んだB29爆撃機エノラ・ゲイ号がテニアン島を飛び立ち、広島上空に達した午前八時十五分過ぎ、人類史上初の原子爆弾を投下した。続いて三日後の八月九日午前十一時二分、今度は長崎にプルトニウム原爆が投下された。そしてこの日、ソ連は対日宣戦を布告し、一三〇万の軍隊が満州になだれ込んできた。

このとき、首相官邸ではポツダム宣言受諾のための最高戦争指導会議構成員会議が行われていた。米内海相を除く三人の軍部メンバーは、事ここに至っても宣言受諾に抵抗していた。ことに阿南陸相や梅津参謀総長は、中堅幕僚たちによる戦争継続の軍事クーデターが進行しているのを知っていたこともあり、軽々しく宣言受諾賛成とはいかなかったのかもしれない。しかし、もはや待ったはできない。鈴木首相は会議を中断して臨時閣議を招集、無条件降伏受け容れをリードしていった。

さらに鈴木首相と迫水書記官長は、「聖断」を仰ぐための御前会議の開催を画策していた。軍部を抑え、戦争を終わらせるには、もう天皇の力を借りる以外にないと判断したのである。最高戦争指導会議の全メンバーと、平沼騏一郎枢密院議長に御前会議への緊急召集がかけられた。

会議は八月九日午後十一時三十分から宮中の地下防空壕で始められた。そして参加者の意見が述べられたあとの八月十日午前二時三十分、聖断が下された。

「……この際、忍びがたいことも忍ばねばならぬ。私は三国干渉のときの明治天皇を偲ぶ。私はそれを思って戦争を終結することを決心したのである」

ポツダム宣言受諾――無条件降伏はやっと決まったのである。米・英・華・ソ連に対するポツダム宣言受諾の回答は、中立国のスイスとスウェーデンを通じて伝えられた。このあとも、日本国内では戦争継続を叫ぶ一部の軍人たちの騒動もあったが、三年八カ月に及んだ太平洋戦争は終わった。同時に満州事変以来の長い長い戦いにも終止符が打てた。戦争の時代のエピローグである。

【編者プロフィール】
平塚柾緒（ひらつか・まさお）

1937年、茨城県生まれ。戦史研究家。取材・執筆グループ「太平洋戦争研究会」を主宰し、これまでに数多くの従軍経験者への取材を続けてきた。主な著書に『東京裁判の全貌』『二・二六事件』（以上、河出文庫）、『図説・東京裁判』『図説・山本五十六』（河出書房新社）、『玉砕の島々』『見捨てられた戦場』（洋泉社）、『写真で見る「トラ・トラ・トラ」男たちの真珠湾攻撃』『太平洋戦争裏面史　日米諜報戦』『八月十五日の真実』（以上、ビジネス社）、『写真で見るペリリューの戦い』（山川出版社）、『玉砕の島ペリリュー』（PHP）など多数。

【著者プロフィール】
太平洋戦争研究会

日清・日露戦争から太平洋戦争、占領下の日本など近現代史に関する取材・執筆・編集グループ。同会の編著による出版物は多く、『太平洋戦の意外なウラ事情』『日本海軍がよくわかる事典』『日本陸軍がよくわかる事典』（以上、PHP文庫）、『面白いほどよくわかる太平洋戦争』『人物・事件でわかる太平洋戦争』（以上、日本文芸社）などのほか、近著には『フォトドキュメント本土空襲と占領日本』『フォトドキュメント特攻と沖縄戦の真実』（以上、河出書房新社）がある。

【写真提供＆主要出典】

U.S.Navy Photo
U.S.Army Photo
U.S.Marine Corps Photo
U.S.Air Force Photo
アリゾナ記念館
オーストラリア戦争博物館
「写真週報」（内閣情報局）
「大東亜戦争海軍作戦寫眞記録」Ⅰ・Ⅱ
（大本営海軍報道部）
「歴史寫眞」（歴史写真会）
「國際寫眞情報」（国際情報社）
「世界画報」（国際情報社）
近現代フォトライブラリー

太平洋戦争大全〔海空戦編〕

2018年7月18日　第1刷発行

編　者　平塚柾緒
著　者　太平洋戦争研究会
発行者　唐津　隆
発行所　株式会社ビジネス社
〒162-0805　東京都新宿区矢来町114番地　神楽坂高橋ビル5階
電話03-5227-1602　FAX03-5227-1603
URL　http://www.business-sha.co.jp

〈カバーデザイン〉大谷昌稔
〈本文DTP〉茂呂田剛・畑山栄美子（エムアンドケイ）
〈印刷・製本〉株式会社光邦
〈編集担当〉本田朋子　〈営業担当〉山口健志

©Masao Hiratsuka 2018 Printed in Japan
乱丁・落丁本はお取り替えいたします。
ISBN978-4-8284-2039-4